Socialismo.info

edizione 2018
proprietà riservata

MIKOS TARSIS

SCIENZA E NATURA

per un'apologia della materia

Alla natura si comanda solo ubbidendole.

Francesco Bacone

Nato a Milano nel 1954, laureatosi a Bologna in Filosofia nel 1977, già docente di storia e filosofia, Mikos Tarsis (alias di Enrico Galavotti) si è interessato per tutta la vita a due principali argomenti:
Umanesimo Laico e Socialismo Democratico, che ha trattato in homolaicus.com e che ora sta trattando in quartaricerca.it e in socialismo.info.
Ha già pubblicato *Pescatori di favole. Le mistificazioni nel vangelo di Marco*, ed. Limina Mentis; *Contro Luca. Moralismo e opportunismo nel terzo vangelo*, ed. Amazon.it; *Protagonisti dell'esegesi laica*, ed. Amazon.it; *Metodologia dell'esegesi laica*, ed. Amazon.it; *Amo Giovanni*, ed. Bibliotheka.
Per contattarlo info@homolaicus.com o info@quartaricerca.it o info@socialismo.info
Sue pubblicazioni: Lulu.com e Amazon.it

Premessa

Supponiamo che la Terra finisca, che il genere umano scompaia, che l'universo sia pieno delle nostre anime: miliardi e miliardi di anime umane, quasi quanto le stelle.

Cerca cerca, nessun'anima riesce a trovare una sola traccia della divinità: non c'è nessun dio! Tutti si chiederebbero: "E adesso cosa facciamo?".

Viaggiamo infatti alla velocità della luce, abbiamo grandi cognizioni tecnico-scientifiche, possediamo molte più capacità di quante ne avevamo prima. Dunque, non ci resta che fare le stesse cose che facevamo, in piccolo, sul nostro pianeta.

"Alt, ferma! - direbbe qualcuno - io non ho nessuna intenzione di tornare a lavorare sotto padrone". Un altro, anzi un'altra potrebbe dire: "In quanto donna non voglio stare sottomessa all'uomo: m'è bastata la Terra!". Un altro ancora: "Pretendo che ognuno faccia sia lavori manuali che intellettuali!". "Guarda che qui nessuno può pretendere niente". "Voglio la proprietà privata!". "No, la voglio collettiva!". "Voglio lo Stato centralizzato!". "No, lo voglio federato!". "Voglio fare quello che mi pare!". "Lo fai a casa tua!". "Quale casa? Non ne ho più una". "Guarda quante stelle e quanti pianeti! Scegliti un sistema solare e fatti un mondo a tua immagine e somiglianza, con altri che la pensano come te. Ma non provate a conquistare altri pianeti, quando tra di voi non andrete d'accordo".

In un certo senso sarebbe abbastanza incredibile vedere che esiste un "aldilà" e una vita eterna per ogni essere umano e soprattutto che, nonostante questo, non vi è alcuna traccia di divinità.

Nel buio dell'universo però tutto ci diventerà *trasparente*. Infatti la consapevolezza dell'eternità della materia ci offre l'immagine di un passato come se fosse sempre presente. Non sarà possibile interpretarlo autonomamente, cercando di mistificarlo il più possibile, per impedire che venga alla luce qualcosa di sconveniente. Chi vuole trasparenza sul passato, la troverà. Chi cerca un futuro migliore del passato vissuto sulla Terra, avrà il diritto di averlo.

L'universo è talmente grande che a nessuno potrà essere impedito di diventare quel che vuole diventare. La sua prima legge fondamentale sarà il *rispetto della libertà di coscienza*. Nessuno potrà impedire a qualcuno d'*essere quel che vuole essere*. Cioè se uno vorrà usare violenza e gli altri non vorranno subirla, al massimo la eserciterà solo nei confronti di se stesso. Nessuno potrà essere indotto a fare cose contro la propria volontà. Non potremo mai e poi mai leggerci nel pensiero, se vogliamo davvero restare liberi.

- Ti piacciono queste condizioni di vita? Sono conformi ai tuoi criteri di umanità e di democrazia?

- Sì, tutto sommato mi piacciono, anche se avrei preferito un dio che sistemasse bene tutte le cose.

- Ecco, ti sei spiegato da solo il motivo per cui sulla Terra non le abbiamo avute.

Uomo e natura

Le condizioni generali del nostro pianeta, nel momento in cui ha fatto comparsa l'essere umano, dovevano essere molto particolari, poiché per moltissimo tempo nessun essere umano ha potuto viverci. Questo significa che la natura, nel suo complesso, ha leggi che possono anche non tener conto delle caratteristiche umane.

Tuttavia, se consideriamo l'essere umano come il prodotto più evoluto della natura, è difficile pensare che la natura possa avere delle leggi che contrastino in maniera irreparabile con la sopravvivenza dell'essere umano.

Se e quando la natura sembra comportarsi così (vedi le cosiddette "catastrofi ambientali"), ciò molto spesso dipende dagli effetti che le azioni degli uomini provocano sul pianeta, nel senso che la natura restituisce all'uomo il danno che è stato arrecato alle sue proprie leggi.

L'essere umano è l'unico ente di natura che può causare un danno irreversibile alla natura. I danni a volte sono così macroscopici che si stenta persino a credere che siano stati provocati dall'uomo e si preferisce pensare che esistano delle leggi di natura la cui comprensione in parte ci sfugge.

È comunque davvero singolare constatare come la natura, pur senza averne la necessità, pur senza essere costretta da alcunché, abbia saputo modificare le proprie condizioni generali per permettere all'uomo di esistere.

In assoluto non esiste nulla all'esterno dell'uomo più prezioso della natura e nulla al suo interno più importante della coscienza. Se natura e coscienza non riescono a coesistere, il più delle volte la responsabilità è della coscienza.

Sono scomparse intere specie animali (p.es. i dinosauri), esistite per milioni di anni, per far posto alla specie umana; e sono scomparse non perché l'uomo le abbia distrutte ma proprio per permettere all'uomo di esistere.

Da questo punto di vista la diversità dell'essere umano da qualunque essere animale è così evidente da far escludere una parentela comune. Al punto che anche quando l'uomo si comporta in maniera disumana, qualunque paragone col mondo animale è improbabile, in quanto gli animali, in condizioni naturali, non hanno mai comportamenti peggiori di quelli che possono avere gli uomini.

Peraltro gli animali sono fondamentalmente ignoranti, cioè sanno per istinto quel che serve loro per sopravvivere e non s'interessano ad apprendere più dello stretto necessario. Si comportano come quegli studenti di cui gli insegnanti dicono: "Fa il minimo indispensabile". Con la differenza che gli animali non potrebbero fare di più. Cioè se vengono addestrati a fare qualcosa di diverso, perdono inevitabilmente la loro natura istintiva, dimenticano ciò che sanno dalla nascita, e se venissero rimessi in un contesto naturale non riuscirebbero a sopravvivere.

Gli animali sono fondamentalmente pigri, almeno secondo i nostri standard, proprio perché vivono schiacciati sul presente e intenzionati a soddisfare unicamente bisogni primari: non si pongono obiettivi che vadano al di là della mera contingenza. Hanno solo bisogno d'essere rassicurati: di qui il fatto che la natura li mette nelle condizioni di adottare delle strategie di attacco e di difesa.

*

L'uomo non può avere un antenato in comune con le scimmie più di quanto non l'abbia coi pesci o con qualunque altro mammifero. Le uniche affinità possibili sono soltanto quelle sul piano fisico, in quanto l'uomo è nato per ultimo e la natura ha dovuto tener conto di esperienze collaudate. In tal senso la "sintesi umana" è ben più grande della somma delle sue parti, nel senso che se attribuissimo tale superiorità ai prodotti che l'uomo riesce a creare, non potremmo mai uscire dalle determinazioni *quantitative* e non riusciremmo a spiegare la vera differenza *qualitativa* che lo separa dagli animali.

La natura ha subìto un'evoluzione che trova nell'uomo il suo *compimento*, poiché è chiarissimo come essa sia passata da un primato attribuito alla *forza* e all'*istinto* a un primato attribuito all'*intelligenza* e alla *sensibilità*. La natura ha trovato nell'essere umano il principio della propria razionalità e libertà. Essa ha prodotto una specie la cui *libertà*, per la prima volta, ha raggiunto i livelli massimi dell'autoconsapevolezza e, negativamente, ha potuto volgersi contro le stesse leggi di natura.

Tutto ciò fa pensare a una sorta di *finalismo*. È come se l'essere umano fosse il fine ultimo della natura. Cioè è come se la natura fosse stata posta non tanto per se stessa, pur avendo in sé ogni ragion d'essere, quanto per qualcosa che alla fine l'avrebbe superata.

A questo punto vien quasi naturale pensare che non solo la Terra sia in funzione dell'uomo, ma anche l'intero universo. Al punto che il fatto stesso che l'universo sia esistito miliardi di anni prima della nascita dell'uomo non sta a significare nulla che possa mettere in discussione il primato assoluto dell'uomo.

Non esiste un vero primato della natura sull'uomo, poiché, se esistesse, noi, esattamente come le specie animali, non lo conosceremmo. Ci sarebbe e basta. Gli animali vivono istintivamente la loro dipendenza dalla natura e non la mettono certo in discussione.

Viceversa l'uomo è l'unico "animale" che prova nei confronti della natura un naturale senso di superiorità, relativa, certo, in quanto la natura è comunque il luogo in cui si deve vivere, ma reale, profondamente sentita.

Quindi questo significa che tutta la natura è stata posta in funzione dell'uomo, pur non avendo essa, per vivere, necessità alcuna dell'uomo. E ogni tentativo di far sentire l'uomo una piccola particella della natura contrasta decisamente col senso acuto della sua diversità, che è basata essenzialmente sulla consapevolezza di sé.

La cosa strana è che in natura non esiste alcun altro essere che abbia come l'uomo un grado così elevato di *autoconsapevolezza*. Se tale caratteristica fosse propria della natura, la si sarebbe dovuta constatare anche in altre specie animali.

Invece con tale caratteristica, che è tipicamente umana, in quanto attribuibile solo all'essere umano, la natura è riuscita ad andare ben al di là dei propri limiti.

Dunque non è facilmente spiegabile come sia potuto accadere che l'essere umano risulti nel contempo parte di un'evoluzione e indipendente da questa. È come se alla nascita dell'uomo abbiano concorso fattori indipendenti dalla natura terrestre.

Ora, se è vero - come vuole la religione - che tutto l'universo soffre le doglie del parto, allora questo significa che la Terra è un luogo di fecondazione e che l'essere umano svolge il ruolo di un feto e che il luogo in cui deve porsi come "neonato" probabilmente non è quello dell'universo, visibile ai nostri sensi.

Ecco perché sarebbe meglio parlare di "pluriversi". Il fatto che per noi l'universo sia qualcosa di infinito non significa nulla di decisivo ai fini della nostra identità e del nostro destino: infatti con la nostra autocoscienza già ne vediamo il limite. Gli aspetti fisici della condizione in cui noi umani viviamo sono del tutto irrilevanti rispetto alla sensazione della nostra diversità.

Gli uomini anzi dovrebbero concentrare i loro sforzi più verso la salvaguardia della loro specie e del loro rapporto con la natura, che non verso la conoscenza delle leggi e delle caratteristiche dell'universo. Nessuna legge fisica o chimica o di altra natura è più complessa della coscienza umana.

L'unica cosa che veramente conta in tutto l'universo è che esistono degli esseri pensanti in grado, secondo varie modalità, di riprodursi all'infinito.

La riproduzione sembra essere così connaturata all'essenza dell'uomo che vien quasi da pensare che lo scopo supremo della natura sia proprio quello di permettere all'essere umano di riprodursi il più possibile. Nel passato la religione diceva che l'universo finirà quando gli uomini avranno raggiunto il numero delle stelle. Il che ingenuamente stava a significare che non si riteneva possibile un'assoluta infinità dell'universo.

L'essere umano è destinato essenzialmente a riprodursi e ogni forma riproduttiva non di tipo fisico (come p.es. quella intellettuale) risulta comunque essere una forma sublimata della riproduzione fisica, la quale, in ultima istanza, risulta essere decisiva ai fini della salvaguardia della specie.

È impossibile spiegare il motivo del primato di questa fisicità, che in parte lo condividiamo, come istinto, con gli animali, in parte no, in quanto accettiamo anche consapevolmente la riproduzione, sapendo di poterla evitare.

Una piccola dimostrazione di questo primato ci è data dal fatto che di tantissime popolazioni esistite nel passato non sappiamo quasi nulla, se non che si sono riprodotte fisicamente, permettendo a noi di esistere.

Se la riproduzione fisica non fosse alla base dell'esistenza umana, non ci sarebbe equivalenza tra i sessi, ma disparità. Tuttavia anche una riproduzione fisica non naturale può procurare delle disparità, come p.es. nei paesi poveri, dove si tende a privilegiare il maschio, o, al contrario, nei paesi ricchi, dove con la fecondazione artificiale si tende a considerare poco significativa la presenza maschile.

In generale dovremmo affermare che se la "produzione" fosse più importante della "riproduzione", la differenza di genere potrebbe anche essere irrilevante: invece risulta essere decisiva. L'uomo e la donna sono fatti essenzialmente per riprodursi e qualunque tentativo di mettere in discussione questa realtà di fatto produce inevitabili disastri.

In particolare ciò che va salvaguardato è il fatto che nell'essere umano il processo riproduttivo non è meramente istintivo, come negli animali, ma supportato dalle leggi dell'attrazione psico-fisica e spirituale. La migliore e più sicura riproduzione è quella basata sull'amore reciproco. Optare per una riproduzione senza i presupposti dell'amore significa svilire la coscienza umana (cfr p.es. i matrimoni d'interesse), in quanto anche nell'animale, allo stato naturale, vi sono aspetti che riguardano l'attrazione.

Questo significa che la riproduzione dovrebbe avvenire nel rispetto di alcune fondamentali compatibilità: sicurezza personale, soddisfazione dei bisogni primari, parità dei sessi, possibilità di sviluppo del nascituro...

*

L'universo comunque non può non essere infinito. Avendo noi una coscienza la cui profondità è insondabile, è difficile pensare che al di fuori di noi possa esistere qualcosa di limitato. Non avremmo un luogo in cui vivere in maniera adeguata.

Semmai sono limitati i confini ontologici entro cui è possibile essere se stessi, per quanto nessuno possa conoscerne le forme e i modi. Cioè noi non possiamo sapere in anticipo tutti i modi in cui è possibile sperimentare la libertà, la verità di sé. Possiamo soltanto sapere che in ogni modalità devono per forza esistere dei confini al di là dei quali inizia a imporsi la schiavitù, la falsità.

L'universo quindi non deve apparirci infinito nel senso che se rifiutiamo una modalità d'esistenza, ci è sempre possibile sceglierne un'altra, appunto all'infinito. Libertà non è arbitrio, ma è solo facoltà di scelta e soprattutto è esperienza, personale e collettiva, del bene, della verità.

Noi dobbiamo abituarci all'idea che il rispetto della libertà altrui non è un limite alla propria, ma una condizione fondamentale della nostra verità. Una libertà personale che pensasse soltanto a essere libera, sarebbe falsa. Rispetto delle regole non vuol dire che le regole meritano solo rispetto, ma che per cambiarle occorre rispettare la libertà altrui.

La natura e il suo fardello insopportabile

Chi pretende d'avere un rapporto di *dominio* nei confronti della natura, va emarginato, anzi rieducato, obbligandolo a rimediare ai propri errori. La punizione migliore è sempre quella del *contrappasso*, finalizzata non a una condanna eterna, come nell'*Inferno* dantesco, ma a una riabilitazione.

Spesso i migliori custodi della verità sono proprio quelli che si sono pentiti d'essere stati per molto tempo i cultori della falsità. Le persone moralmente più sane sono quelle uscite dalla criminalità organizzata, dalla tossicodipendenza, dal carcere, dalla violenza gratuita, dall'odio religioso, etnico o razziale... E così forse può essere nei confronti della natura: bisogna rivedere, molto criticamente, i nostri criteri di dominanza, di soggiogamento.

È ora di finirla di far credere (soprattutto ai giovani) che, prima della nascita della borghesia, la natura era avvertita in maniera ostile, con paura e angoscia. Se la natura era avvertita così, ciò dipendeva dai rapporti di sfruttamento che imponevano i proprietari terrieri ai loro servi della gleba. Dipendeva cioè dal fatto che si aveva poca terra con cui sfamare la propria famiglia o poco tempo da dedicarle, in quanto si era soggetti a delle *corvées* di tipo padronale.

Anche solo avendo una vanga e una zappa, l'atteggiamento istintivo che un agricoltore può nutrire nei confronti della terra è quello della *gratitudine*. Sono i rapporti sociali antagonistici, quelli che lo mandano in rovina se si indebita o che lo fanno invecchiare presto se è costretto a passare tutto il suo tempo sui campi, che lo portano a considerare la natura una matrigna.

Di per sé il contadino non è un fatalista nei confronti della natura, poiché ne conosce i segreti che gli sono stati rivelati dalle generazioni passate. Il fatto di non volerla violentare con l'uso di macchinari pesanti, di concimi chimici, di colture ritenute più redditizie di altre, non doveva e non deve ancora oggi essere considerato come un limite della sua personalità, come un difetto della sua cultura.

La necessità di modificare i ritmi della natura e persino le sue leggi, va considerata come un'aberrazione, non come una forma di progresso. Un approccio meramente strumentale e utilitaristico nei confronti della natura ha come conseguenza sempre la stessa cosa: la *desertificazione*.

Il peggior nemico della natura è sempre stato l'*uomo*, e sappiamo anche a partire da quale momento: da quando è diventato il principale nemico di se stesso. L'uomo che odia il proprio simile inevitabilmente finisce con l'odiare anche la natura.

Dobbiamo smetterla di considerare "scientifico" solo l'atteggiamento che ha inaugurato la borghesia nei confronti della natura. Anche quello contadino era scientifico, anzi lo era molto di più, perché frutto di una *cultura ancestrale*, quella appunto che considerava l'uomo un *ente di natura*. La conoscenza che i contadini avevano dei segreti della natura (per esempio quella delle proprietà terapeutiche delle erbe) è stata rubata dalla borghesia, poi è stata usata per esigenze di mero profitto, e infine è stata stravolta, poiché di tutte quelle conoscenze ancestrali si sono ritenute soltanto quelle che potevano essere meglio sfruttate.

La natura non è un bene che va *sfruttato*. La natura può essere solo utilizzata e ciò può avvenire solo rispettando le sue *esigenze ripro-*

duttive. Qualunque reato compiuto nei confronti della natura andrebbe considerato particolarmente grave, proprio perché va a incidere sui destini di intere collettività. Le violenze contro la natura dovrebbero essere paragonate ai casi di genocidio o alle conseguenze che provocano le armi di sterminio di massa.

La borghesia dileggiava i contadini quando nei confronti della natura avevano un atteggiamento religioso, quando cercavano di propiziarsela usando dei riti magici. Oggi cosa dobbiamo sperare che faccia la natura per liberarsi di questo fardello insopportabile?

La natura e il suo becchino

Il fatto che l'essere umano sia l'unico ente di natura in grado di dominare la stessa natura è poco spiegabile. Sarebbe come se gli uomini creassero delle macchine che, ad un certo punto, per qualche motivo, si rifiutassero di eseguire i loro ordini. Giusto nei film di fantascienza. Se ciò nella realtà fosse possibile, sarebbe stato meglio rimanere alla zappa e alla vanga: non ci piace davvero perdere tempo e tanto meno avere spiacevoli sorprese dalle nostre fatiche, anche se, quando capitano, facciamo di tutto per farle pagare agli altri. O forse avremmo smesso di creare macchine, perché queste stesse, giunte a un grado pericolosissimo di sofisticazione, ci avrebbero fatti fuori, com'è successo a Chernobyl, a Fukushima e in altri posti ancora.

Certo una macchina si può guastare, ma pensiamo che possa sempre essere riparata (anche se oggi cominciamo a nutrire dei dubbi col nucleare di mezzo), e quando viene definitivamente dismessa, è perché è stata sostituita da un'altra, ancora più funzionale e sicura. Almeno così crediamo. In un primo momento infatti siamo convinti che i pro siano di molto superiori ai contro. Da tempo sappiamo che ogni macchina ha effetti positivi e negativi, ma di quelli veramente negativi ci accorgiamo sempre troppo tardi. Questo perché viviamo nel mondo dei sogni, nell'illusione di poter dominare la natura in ogni suo aspetto, senza controindicazioni rilevanti.

Chi ha la mia età si ricorda benissimo quando si scriveva con la cannetta e l'inchiostro o con la stilografica. Ci si sporcava, si aveva bisogno della carta assorbente o bisognava aspettare che le parole si asciugassero, magari aiutate dal nostro alito, ma il vantaggio era che il tutto costava molto poco, non solo per le boccette d'inchiostro ma soprattutto perché le penne erano ricaricabili. Poi venne la comodità della biro di plastica, che però non è ricaricabile, non è biodegradabile, non è riciclabile e per la natura fu un inferno.

Dunque la natura avrebbe creato un soggetto che le può sfuggire di mano in qualunque momento, e che anzi le può fare dei danni addirittura irreparabili (come p.es. le desertificazioni o le contaminazioni radioattive, ma anche talune forme d'inquinamento fisico-chimico).

Diciamo che questo potere devastante l'uomo l'ha manifestato soprattutto negli ultimi due secoli, cioè da quando la rivoluzione industriale, grazie al capitalismo (ma il socialismo reale non ha fatto certo di meglio), s'è imposta, in maniera diretta o indiretta, su quasi tutto il pianeta.

Ora, come si spiega che la natura sia stata così ingenua da creare il proprio becchino? Qui delle due l'una: o la natura possiede meccanismi di autodifesa che noi non conosciamo, oppure l'essere umano ha un'origine che non è semplicemente "naturale" o "terrena".

Indubbiamente noi siamo nati su questa Terra dopo che la natura s'era formata, la quale quindi, per esistere, non aveva alcun bisogno di noi. Eppure da quando noi esistiamo, la Terra ha subìto sconvolgimenti epocali, molti dei quali del tutto irreversibili. Lo spazio vitale in cui poter vivere in tranquillità si sta riducendo drasticamente.

Cosa voglia dire questo, in prospettiva, resta un mistero. Certamente noi non possiamo andare avanti con questi ritmi di devastazione ambientale. Abbiamo creduto per troppo tempo che non vi fosse alcun limite al saccheggio o all'uso indiscriminato delle risorse naturali.

Il problema è che l'essere umano non può vivere senza natura. Nel passato non esisteva neppure il rischio di una scomparsa del genere umano per motivi ambientali, anche se indubbiamente i deserti che abbiamo creato con le nostre deforestazioni, da un pezzo ci fanno capire quanto siamo scriteriati.

Oggi questo rischio è sempre più prossimo. Quanto più distruggiamo la natura, tanto più ammaliamo noi stessi, minacciamo la nostra esistenza, mortifichiamo le nostre identità. E al momento non si può certo dire che siamo pronti per trasferirci su altri pianeti.

Se l'economia non si sottomette all'ecologia, per noi è finita. Se i nostri criteri produttivi non si sottomettono a quelli riproduttivi della natura, finiremo con l'autodistruggerci. Non possiamo porre la natura nelle condizioni di sperare che il genere umano scompaia dalla faccia della Terra. Dobbiamo elaborare quanto meno delle leggi in cui venga dichiarato che un crimine contro la natura è un crimine contro l'umanità, per il quale si deve scontare la pena finché non si è risarcito il danno.

Natura innaturale

Se vivessimo in una civiltà naturale e non del tutto artificiale come la nostra, segnata, espressamente, dall'antagonismo sociale, forse potremmo anche dire che le produzioni umane sono tutte naturali, essendo l'uomo "un ente di natura".

Oggi però siamo costretti a sostenere il contrario, e cioè che nelle civiltà antagonistiche non vi è nulla di naturale, in "alcuna" produzione umana. Infatti siamo talmente abituati all'"artificiale" che non riusciamo neppure a capire che cosa sia il "naturale".

È assurdo pensare che la natura non abbia il diritto di sentirsi del tutto indipendente dall'uomo solo perché l'uomo ne rappresenta l'*autoconsapevolezza*. La natura ha leggi che non abbiamo creato noi, anche se noi riusciamo a comprenderle sempre meglio e persino a riprodurle. L'uomo vi si dovrebbe attenere assai scrupolosamente, proprio perché una qualunque loro violazione si ritorcerebbe anche contro di sé.

Non sono "simbolizzazioni di relazioni", le leggi della natura, bensì *fenomeni reali e oggettivi*, per cui, stante un certo contesto di spazio e tempo, la mela continuerà a caderci sulla testa per *omnia saecula saeculorum*.

Che l'uomo non sia solo un ente di natura ma un qualcosa di più, non significa affatto ch'egli sia autorizzato a non mettere in pratica le leggi della natura. Proprio perché siamo qualcosa di più, dovrebbe esserci più facile rispettarle. Purtroppo invece siamo l'unico ente di natura che non vuole farlo. Le abbiamo rispettate per milioni di anni, ma da quando sono nate le civiltà antagonistiche (a partire da quella schiavistica) abbiamo smesso di comportarci in maniera naturale e quindi umana, e i danni che ciò ci procura, essendo aumentata progressivamente l'efficienza dei nostri mezzi produttivi, sono sempre più alti, tanto che appaiono in molti casi irreversibili (p.es. le desertificazioni provocate dai disboscamenti o i disastri nucleari o chimici).

Quando parliamo di natura dobbiamo intendere quella del nostro pianeta, in cui al momento dobbiamo necessariamente vivere, in quanto una nostra esistenza in un altro contesto dell'universo, al momento, è impensabile. Se ragioniamo in astratto sul concetto di natura, arriveremo alla fine a considerare del tutto naturale trapiantare un embrione umano nel ventre d'un maiale o d'una scimmia, visto che hanno il Dna quasi simile al nostro, nella convinzione che il nascituro avrebbe sicuramente caratteristiche del tutto umane.

E in ogni caso, il fatto che esista un universo infinitamente più grande del nostro pianeta non ci autorizza a usare il nostro pianeta come un mero oggetto da sfruttare e da buttare quando non ci servirà più. Anche perché se non saremo in grado di rispettare le leggi della natura su questo pianeta, di sicuro non sapremo farlo, in futuro, su nessun altro pianeta, per cui, stante l'attuale situazione e dando per scontata un'impossibile inversione di rotta, forse sarebbe meglio che la nostra specie scomparisse definitivamente dalla faccia della Terra e di tutto l'universo. Già adesso abbiamo trasformato in una vergognosa spazzatura lo spazio che circonda il nostro pianeta (coi satelliti dismessi). Ci stiamo comportando peggio di una mina vagante.

Qual è il limite delle azioni umane? Quello di sapersi porre dei limiti invalicabili, oltre i quali non vi è più nulla né di umano né di naturale. Dovevamo per forza scindere l'atomo? E per produrre cosa? Un'energia dagli effetti incontrollabili e dalle conseguenze irreparabili? Ne avevamo assolutamente bisogno per vivere meglio? Gli scienziati possono forse trincerarsi dietro l'apparente neutralità delle loro ricerche, senza doversi mai chiedere in che modo esse potranno essere applicate?

Non credere nelle leggi oggettive della natura significa permettere all'uomo di compiere qualunque cosa, nell'ingenua convinzione ch'egli non arriverà mai a distruggere se stesso. Quando un'azione umana sbagliata viene compensata da un'altra azione che ne limita gli effetti negativi, ciò accade proprio perché esistono delle leggi di natura che ci spingono a correggerci, a cercare di recuperare gli equilibri perduti, poiché, se dipendesse esclusivamente da noi, probabilmente a quest'ora ci saremmo già autodistrutti (le rovine delle passate civiltà antagonistiche sono lì a dimostrarlo).

Le leggi della natura possono essere vissute in due modi: *istintivamente* e *consapevolmente*. Gli animali lo fanno, o meglio, vorrebbero farlo istintivamente, ma ne sono impediti dagli uomini, che con la loro "consapevolezza" rendono impossibile anche ciò che dovrebbe essere considerato semplicemente "naturale".

Si noti questo fatto scontato: la base dell'evoluzione degli animali non è l'antagonismo all'interno di una medesima specie, ma tra specie diverse. Ebbene il ghepardo sta scomparendo, ma nessun leone ha mai cacciato il ghepardo. Chiediamoci dunque: sul destino di questo animale quanto ha influito il nostro comportamento?

Anche la base dell'evoluzione umana non è mai stata l'antagonismo, almeno fino a quando non si sono formate le cosiddette "civiltà", cioè circa seimila anni fa, che è un nulla rispetto al periodo del comunismo primitivo. La base positiva dell'evoluzione umana è stata semmai la "contraddizione", cioè la necessità di adeguare il proprio stile di vita a esigenze ambientali che mutano di continuo. Ma quando questa necessità gli uomini se la vedono imporre da altri uomini, allora si sono già introdotti elementi di grave conflitto. La natura comincia a diventare "matrigna" per l'uomo quando già vige il principio *homo homini lupus*.

Laddove vige questo principio, tutte le civiltà vanno considerate "artificiali", cioè *non conformi a natura*, e lo si capisce da fenomeni assurdi come l'urbanizzazione massiva (che spersonalizza), l'automazione del lavoro (che toglie la creatività), la burocratizzazione amministrativa (che fagocita e deresponsabilizza), la militarizzazione dell'ordine pubblico (che mina la libertà personale), l'ideologizzazione degli Stati (che viola la libertà di coscienza), la separazione del lavoratore dai mezzi di lavoro (che schiavizza e aliena), ecc.

Il genere umano ha potuto continuare con questo trend innaturale proprio perché davanti a sé ha avuto la fortuna d'avere un pianeta immenso. Ma adesso i nodi stanno venendo al pettine. E cercare di difendersi da questo destino in maniera superficiale non servirà a nulla. Oggi per es. nei paesi occidentali si parla di "riciclare" per non "inquinare". Ma qualunque riutilizzo di materiali artificiali (chimico-fisici) non andrà mai esente dall'inquinamento. Possiamo anche comprare una pila ricaricabile, ma quando essa non lo sarà più, poiché ogni cosa ha un inizio e una fine, noi avremo comunque lasciato all'ambiente un oggetto altamente inquinabile.

Per essere sicuri al 100% di non produrre inquinamento, noi dovremmo utilizzare ciò che la natura stessa ci mette a disposizione: pietra, legno, fibre vegetali, piante, fiori, frutta, radici, bacche, tuberi, alghe, pesci e animali d'ogni genere.

Forse pochi sanno come si pianta un albicocco. Bisogna innestarlo in un'altra pianta, detta "mirabolano", affinché cresca in fretta e stia basso di statura per favorire la raccolta. Quanto tempo dura un albicocco del genere rispetto a uno normale? Tre-quattro volte di meno e produce anche molto meno. Ma le esigenze del mercato vogliono questo. Poi quando il mercato preferisce le albicocche della Spagna o del Maghreb perché costano meno, l'agricoltore è costretto a piantare kiwi, poi quando tutti gli agricoltori piantano kiwi, il prezzo si abbassa spaventosamente, e allora si buttano giù tutti i frutteti e si produce erba spagna, che dà pochissimo reddito, ma non richiede quasi nessuna lavorazione. Questo per dire che in occidente non solo non esiste più la natura e l'autoconsumo, ma neppure l'agricoltura capitalistica è davvero vantaggiosa.

Indubbiamente il nostro impatto sulla natura è inevitabile, ma il segreto per non violarla sta appunto nel rispettarne le leggi, la prima delle quali è l'*autoconservazione*, ovvero la possibilità di riprodursi agevolmente, che non può certamente valere solo per gli umani. Noi dovremmo essere i "custodi" della natura: invece ne siamo i "carnefici". Ma chi si farà più male quando le calotte polari si scioglieranno in seguito all'effetto serra: noi o la natura? La natura ha davvero bisogno di noi o può farne tranquillamente a meno? Quanti anni ha il nostro pianeta e quanti ne abbiamo noi umani?

Ormai, a causa nostra, l'unico problema sembra essere diventato questo: la natura riuscirà un giorno a trovare in sé sufficiente forza per sbarazzarsi di un fardello insopportabile come il genere umano, prima che questo le impedisca definitivamente di reagire alla violenza che le viene arrecata? Oppure dobbiamo pensare che quando l'uomo impedirà alla natura di compiere qualunque reazione ai disastri ch'egli avrà procurato, quello sarà il segnale che al genere umano resterà ancora poco tempo per continuare a esistere? Possiamo pensare a un'esistenza senza la natura (come p.es. quella degli astronauti)?

La natura non è una madre che ci permette di usare i balocchi finché ci pare. Quando smettiamo di usarli, ci chiede dove li abbiamo messi.

Uomo e natura possono coesistere?

A ben pensarci, se davvero l'uomo è al centro dell'universo, allora bisogna dire che questo microcosmo contiene tutto il macrocosmo. Ma se è così, noi non dovremmo lasciarci condizionare da elementi che distraggono la nostra formazione e lo sviluppo della nostra personalità, cioè dovremmo concentrarci sugli aspetti più significativi riguardanti la *libertà di coscienza* e i *valori umani*.

Se noi davvero siamo un condensato dell'universo, una sua mirabile sintesi, dovremmo focalizzare la nostra attenzione sull'interiorità o, quanto meno, dovremmo eliminare tutti quegli aspetti esteriori che c'impediscono dall'approfondire i nostri aspetti più spirituali. La politica dovrebbe servire per sviluppare l'etica, non per eluderla.

La stessa scienza, quando deforma in maniera irreparabile l'ambiente in cui dovremmo vivere, non serve a nulla per lo sviluppo dell'interiorità. L'uomo è un ente di natura, che ha bisogno di una natura incontaminata per vivere. Cioè possiamo servirci della natura, ma solo a condizione di permetterle di riprodursi agevolmente. Se la natura fosse al nostro completo servizio, sarebbe dovuta apparire non prima ma dopo di noi.

Noi abbiamo bisogno, per sviluppare l'umanità che è in noi, di un ambiente in cui gli elementi che noi costruiamo si possano definire "naturali". Possiamo vivere senza natura, in ambienti del tutto artificiali? Siamo sicuri che in questi ambienti la libertà di coscienza e i valori umani si sviluppino al meglio? Fino ad oggi i fatti hanno dimostrato il contrario. Anzi, i guasti procurati da questo nostro atteggiamento di superiorità e, in fondo, di arroganza, sono diventati col tempo irreversibili, irrisolvibili.

Nelle nostre azioni arbitrarie esiste un punto di non ritorno, che produce soltanto desertificazioni. Non possiamo lasciarci schiavizzare da concezioni del tutto sbagliate che i nostri avi hanno avuto riguardo ai rapporti tra uomo e natura. Dobbiamo avere il coraggio di spezzare la catena che ci lega a un passato che ha fatto il suo tempo.

Uomo e animale nel rapporto con la natura

È assurdo pensare che l'uomo si sia "evoluto" dall'animale sotto il diretto influsso del *lavoro*. Anche gli animali "lavorano", e non solo quando cacciano o si procurano il cibo, ma anche quando si fanno le abitazioni o quando convivono con altri animali in un rapporto di mutuo vantaggio, o quando si sentono impegnati collettivamente (ognuno con la propria mansione) a realizzare un progetto comune, oppure quando migrano da un continente all'altro, o addirittura quando fanno da supporto a esigenze umane.

Si potrebbero fare migliaia di esempi con cui dimostrare che tutti gli animali, in un modo o nell'altro, "lavorano", e tutti usando oggetti della natura, che possono anche essere trasformati radicalmente rispetto al loro scopo originario (si pensi p.es. al castoro, quando fa le sue dighe o all'ape quando produce il miele).

E non si può neppure dire che la differenza tra animale e uomo sta nel fatto che l'uomo compie consapevolmente ciò che l'animale fa per istinto. Gli animali, esattamente come l'uomo, hanno il problema di adattarsi all'ambiente che trovano. Tutti devono ingegnarsi a trovare le soluzioni per sopravvivere: la tigre siberiana non ha certamente gli stessi problemi di adattamento della tigre di Sumatra, anche se entrambe rischiano, per colpa dell'uomo, l'estinzione. Tutti hanno armi di difesa e di attacco e tutti hanno l'intelligenza sufficiente per usarle, ammesso che l'uomo non sconvolga l'habitat in cui si vive.

Chi ritiene inoltre che l'uomo si differenzia dall'animale proprio perché, perfezionando sempre più i propri strumenti lavorativi, ha potuto liberarsi da una stretta dipendenza dalla natura, non si rende conto che è questa stessa *dipendenza* che rende "umano" l'uomo. Pretendere di "emanciparsi" dai vincoli naturali, in forza della propria intelligenza, non rende l'uomo migliore degli animali, ma peggiore.

La differenza tra il tipo di lavoro umano e quello animale, non è qualitativa ma *quantitativa*. Nel senso cioè che l'uomo ha la possibilità di compiere modificazioni radicali, anche irreversibili, che rendono impossibile l'esistenza in determinati ambienti. Spesso anzi nei deserti che l'uomo ha creato (dovuti a disboscamenti, contaminazioni nucleari o inquinamenti chimici o petroliferi), gli unici a poter sopravvivere, in quegli ambienti limite, sono soltanto pochi animali.

Il lavoro non è la condizione prima e fondamentale della vita umana che ci distingue dal mondo animale, poiché su questo pianeta tutti lavorano; anzi, semmai sono taluni esseri umani che vogliono vivere senza lavorare. E se questo lavoro dobbiamo concepirlo come un'attività finalizzata a "dominare" la natura, allora dobbiamo dire che gli animali sono più "naturali" dell'essere umano e che quindi "lavorano" meglio. Dobbiamo smetterla di concepire la natura come una risorsa di cui possiamo fare ciò che vogliamo.

L'obiettivo degli uomini non è quello di far progredire la produzione utilizzando al massimo le risorse naturali presenti nell'ambiente; anche perché, se davvero questo fosse il loro obiettivo, si sentirebbero inevitabilmente costretti a sostituire, vedendole esaurirsi in poco tempo le proprie risorse con quelle altrui. Il nostro compito è quello di trovare un rapporto *equilibrato* con la natura, e questo non è possibile se le nostre esigenze produttive vengono considerate superiori a quelle *riproduttive* della stessa natura.

Non ha alcun senso sostenere che compito dell'uomo è "dominare la natura", e poi meravigliarsi se alcune popolazioni che, ad un certo punto, s'accorgono d'essere a corto di risorse naturali, pretendono di "dominare" altre popolazioni. I conflitti sociali hanno una loro motivazione anche nel conflitto esistente tra uomo e natura.

Il socialismo non potrà mai essere un'alternativa al capitalismo se anzitutto non rimette in discussione questo *primato ingiustificato* dell'uomo sulla natura. Non è sufficiente sostituire una classe dominante con un'altra, non basta rimpiazzare la proprietà privata dei mezzi produttivi con quella pubblica.

Certo, se è vero che non ha alcun senso addebitare a fenomeni naturali le cause del malessere sociale, è però anche vero che se gli antagonismi non vengono risolti in maniera "naturale", gli uomini saranno continuamente indotti a vedere la natura come una "matrigna", e questa si difenderà come può dalla loro arroganza.

Ciò che differenzia l'uomo dall'animale è qualcosa che non si vede: è la *libertà di coscienza*. Noi dobbiamo essere "naturali" non perché la natura ce lo impone, ma perché *sappiamo* che questo è l'unico modo per essere *umani*.

Produzione e riproduzione

Chi non si fa determinare dai ritmi e dalle leggi della natura è perché dal punto di vista sociale vuole imporre un *modus vivendi* di tipo individualistico, contro le leggi vigenti di un determinato collettivo.

Tale *modus vivendi* può anche essere quello di un gruppo minoritario contro uno maggioritario. Lo scontro può avvenire sulla base del fatto che il gruppo minoritario tende a puntare la sua attenzione su aspetti di tipo *artificiale*, come p.es. lo sviluppo della scienza e della tecnica, in modo da acquisire una supremazia a livello produttivo o una apparente minore dipendenza dalle leggi di natura.

Si tratta di un'indipendenza solo apparente sia perché, ad un certo punto, il gruppo minoritario, per sostenere i suoi livelli artificiali di vita, ha bisogno di saccheggiare le risorse altrui, sia perché la natura tende a riprendersi ciò che le appartiene e che le permette di riprodursi. Una qualunque violazione alla sua capacità riproduttiva si ripercuote sulla capacità riproduttiva degli esseri umani: di qui p.es. la proliferazione dei deserti.

Il nostro modello di sviluppo non funziona non solo o non tanto perché di tipo capitalistico, quanto perché esso non è in alcun modo conforme alle leggi della natura. Non basta affermare la proprietà *sociale* dei mezzi produttivi, bisogna anche riformulare *in toto* il concetto di *sviluppo*, quindi anzitutto i concetti di *produzione* e di *mezzi produttivi*.

Un mezzo è "produttivo" quando non ostacola il processo "riproduttivo" della natura. Qualunque comodità o agevolazione che l'uomo può andare a ricercare con la propria intelligenza creativa, deve risultare compatibile non solo col *modus vivendi* dei propri simili, ma anche con quello tradizionale della natura.

Cinque o sei sensi?

Quanto ci possono ingannare i sensi? In sé non c'ingannano affatto. La natura non "inganna" mai l'uomo. Se io vedo un cucchiaio spezzato in un bicchier d'acqua, sono perplesso o stupito, non ingannato. Gli uomini possono essere ingannati solo da altri esseri umani. Al massimo la natura c'invita a conoscerla meglio, proprio perché la sua complessità è infinita. Anzi, poiché noi stessi ci sentiamo infinitamente complessi, ci piace immaginarci d'avere a che fare con un ambiente adatto a noi.

I misteri della natura non ci fanno paura: anzi ci affascinano, ci intrigano. Dobbiamo solo stare attenti, quando li indaghiamo, a non approfittare delle nostre conoscenze per fare della natura una domestica al nostro servizio. Dobbiamo permettere alla natura di rimanere integra, di riprodursi in tutta sicurezza, di agire autonomamente rispetto alla nostra volontà di trasformare le cose, altrimenti, insieme ai suoi misteri, perderemo anche i nostri e diventeremo vuoti e aridi.

Poiché siamo esseri intelligenti, salvo quando ci comportiamo in maniera egocentrica, dovremmo arrivare ad ammettere che esistono dei misteri per noi insondabili, i quali non costituiscono affatto un limite alle caratteristiche della nostra umanizzazione, ma anzi una risorsa.

Misteri insondabili per noi sono l'origine dell'universo, il significato di tutte le leggi che lo governano, il destino del nostro pianeta all'interno dell'universo, e cose del genere. Se avessimo la percezione di non poter mai essere ingannati dalla natura, non dovremmo farci prendere dal panico quando di fronte a noi avviene un fenomeno come la *morte*.

Certo, la morte di chi amiamo ci sconvolge, ma confidiamo che la natura, in un modo o nell'altro, lenirà il nostro dolore. Chi ci considera cinici perché della morte non facciamo una tragedia, non capisce che la natura è non meno importante dell'essere umano. La natura ha delle ragioni che la nostra ragione non è in grado di comprendere perfettamente, ma non per questo dobbiamo sentirci amareggiati o delusi. Noi abbiamo fiducia che la natura, presto o tardi, ci svelerà tutti i suoi principali segreti, proprio perché considera l'essere umano il suo bene più prezioso.

Chi antepone alle ragioni della natura le proprie ragioni, non si rende conto che dovrebbe addebitare soltanto a se stesso le ragioni della propria infelicità. Se la vita c'impedisce di realizzare i nostri desideri, non è certo colpa della natura, ma soltanto di chi fa cose innaturali e di chi glielo permette. Chi non riesce a comprendere questo, si legga *Il fanciullino* del Pascoli.

Ma c'è di più. Se fossimo condizionati meno dai problemi che ci creiamo e più dalle caratteristiche della natura, ci accorgeremmo che i cinque sensi servono solo per percepire i fenomeni materiali o fisici della natura. In realtà la percezione dei "misteri della natura" è cosa che appartiene al cosiddetto "sesto senso", che è una sorta d'inspiegabile intuito, qualcosa di umanamente poco definibile. Riusciamo forse a dare una definizione esatta della *libertà di coscienza*? No, eppure essa è il bene più prezioso che abbiamo e certamente non avvertiamo di possederla grazie ai cinque sensi.

Per vivere in pace con se stessi e con l'intero universo, dovremmo darci un motto molto semplice: *l'uomo è tanto più umano quanto più* è *naturale*: qualunque violenza fatta alla natura è una violenza fatta a noi stessi.

Uomo e natura: la soluzione finale

Perché la natura, nel nostro pianeta, conserva tratti così spaventosi come le eruzioni vulcaniche, che fanno somigliare la Terra a una stella raffreddatasi soltanto in superficie e che la rendono molto diversa p.es. dalla placida Luna? Vien quasi da pensare che il nostro destino non sia quello di vivere un'esistenza meramente terrestre, proprio perché abbiamo a che fare con un pianeta soggetto a mutazioni sconvolgenti, del tutto imprevedibili e assolutamente irreversibili. Nessun altro pianeta, a quanto sappiamo, può essere, anche solo lontanamente, paragonato al nostro, soprattutto in rapporto alla varietà delle condizioni di abitabilità.

In attesa di metterci, come Noè, nell'ordine di idee che, presto o tardi, saremo costretti a traslocare in altri lidi, dovremmo intanto, e quanto meno, disabituarci all'idea di poter avere delle sicurezze che prescindono dalle fondamentali caratteristiche della natura sul nostro pianeta, di cui la principale è appunto l'*instabilità*, cioè il fatto che la materia possiede un'energia che l'essere umano non è in grado di controllare come vorrebbe, e probabilmente non vi riuscirà mai.

Nella sua profonda complessità, la natura ha una potenzialità che, in ultima istanza, ci sfugge. Tuttavia questo per noi è una *garanzia*, non un limite. Se noi non fossimo così insicuri a causa dell'antagonismo sociale, non vedremmo l'instabilità della natura come un pericolo, ma come l'espressione di una diversità irriducibile, che non possiamo controllare a nostro piacimento. Noi avvertiamo la natura come un nemico perché siamo nemici di noi stessi.

Tutto quanto la natura fa di "pericoloso" (o che a noi sembra tale), o è stato provocato da noi stessi, agendo in maniera irresponsabile sui suoi processi riproduttivi, oppure si tratta soltanto di semplici manifestazioni naturali della materia, che noi consideriamo innaturali solo perché da seimila anni abbiamo scelto di avere con la natura un rapporto egemonico, conflittuale.

Noi non sappiamo più esattamente cosa sia la *natura*, proprio perché abbiamo interposto nel rapporto con essa degli elementi del tutto artificiosi, che vanno a incidere, irreversibilmente, sui processi generativi e riproduttivi della stessa natura.

Finché questa interferenza restava circoscritta a determinate aree geografiche e popolazioni, i danni non superavano l'ambito locale e regionale; ma oggi i danni sono planetari, sempre più gravi e apparentemente irrisolvibili, in quanto ogni tentativo di soluzione che parta dall'antagonismo sociale è destinato a non produrre alcun rimedio significativo. Questo per dire che il genere umano è diventato il pericolo numero uno per la sopravvivenza del pianeta.

Per risolvere questo problema, di proporzioni gigantesche, non c'è altro modo che superare il principio che i latini chiamavano *bellum omnium contra omnes*, determinato dalla proprietà privata dei mezzi produttivi, tutelata dallo Stato.

Le istituzioni non sono assolutamente in grado non solo di risolvere questo problema, ma neppure di porselo come obiettivo. Se la società non recupera la sua indipendenza nei confronti dello Stato, dimostrando che può fare a meno di qualunque organo istituzionale, e se all'interno della società civile non si pongono le condizioni per cui il benessere individuale abbia un senso solo all'interno del benessere collettivo, l'esistenza del genere umano su questo pianeta non ha alcuna ragion d'essere.

Non saranno certamente le popolazioni abituate a vivere in maniera conflittuale ad avere il diritto di popolare l'universo. Quello che abbiamo creato negli ultimi seimila anni non va considerato come una parentesi nell'evoluzione del genere umano, ma come una sorta di "soluzione finale", un punto di non ritorno.

L'uomo teleologico

Il fine ultimo dell'essere umano è quello che vivere un'esistenza equilibrata, secondo natura. Gli eccessi vanno sempre evitati, in quanto indice d'immaturità.

Forse qualcuno può pensare che l'esistenza della morte può di per sé giustificare la realtà degli eccessi. Tuttavia, il fatto stesso che non si concepisca la morte come una componente fondamentale dell'equilibrio, è già di per sé indice di una deviazione dalla normalità.

Ritenersi assolutamente più importanti della natura, al punto di voler negare l'evidenza dei fatti, e cioè che il processo della vita include quello della morte, è una caratteristica dominante della cultura occidentale. L'uomo occidentale tende a sopravvalutare la propria importanza e a sottovalutare quella della natura.

Il problema è che la ricerca dell'equilibrio difficilmente può essere fatta in una società in cui l'eccesso è stato innalzato a sistema. In tale società ci s'illude di raggiungere l'equilibrio con l'atteggiamento della rassegnazione. Essere equilibrati non significa altro che accettare supinamente la forza degli eccessi. In questo le donne sono maestre, proprio perché devono continuamente sopportare l'egocentrismo maschile.

La rassegnazione era la posizione dei filosofi stoici del mondo classico, i quali, mentre nella vita privata non avevano vizi e conducevano un'esistenza esemplare, sul piano pubblico invece si guardavano bene dal contestare lo schiavismo e la dittatura imperiale. I filosofi erano "equilibrati" semplicemente perché non mettevano in discussione gli antagonismi sociali del loro tempo.

Questo per dire che gli eccessi possono essere superati solo da chi li subisce. Quando gli uomini dimostrano di possedere l'intelligenza e la forza di volontà per superare gli eccessi, ecco che allora si passa da una forma di civiltà a un'altra.

Queste cose, nella storia, avvengono piuttosto raramente. Molto più spesso infatti si verificano i fallimenti dei tentativi per superare le contraddizioni antagonistiche.

Sul concetto di materia

Il concetto di materia che ha il marxismo non si differenzia molto da quello, ilozoistico, che aveva la Scuola di Mileto, cioè quei materialisti inconsapevoli pre-socratici.

La differenza sostanziale sta nel fatto che per il marxismo l'uomo è il prodotto finale della materia, superiore alla materia stessa, poiché dotato di coscienza e di libertà, ma che non per questo può prescindere dalla realtà oggettiva della materia stessa. In questa concezione del marxismo si possono intravedere delle influenze ebraiche.

I greci non hanno mai avuto una concezione così alta dell'uomo, probabilmente perché la formazione sociale da cui provenivano (lo schiavismo) era basata su una forte divisione in classi e quindi su un esasperato individualismo, così come si può ben notare nelle loro tragedie. Sotto questo aspetto, la storia del popolo ebraico risulta molto più interessante.

Naturalmente, con questo non si vuol dire che "qualunque" esperienza di collettivismo permette di valorizzare meglio l'identità del singolo. È però il caso di precisare che quando il collettivismo è alienante, in realtà esiste - come ad es. nello stalinismo - la dittatura personale di un singolo leader politico; nel senso cioè che nel collettivismo forzato deve, per ovvie ragioni, imporsi la logica dell'individualismo, seppure nei soli livelli dirigenziali. Il collettivismo forzato dello stalinismo non era molto diverso dal servaggio feudale di cui si faceva paladina la chiesa cattolica.

Anche quando, con Platone, arrivarono a considerare la materia come qualcosa di rozzo, inerte, ostile allo spirito, i greci non fecero mai dell'uomo un soggetto attivo della storia. D'altra parte ciò era inevitabile: ogniqualvolta si svaluta la materia, si finisce col negare una vera libertà all'uomo. E non è che l'averla rivalutata scientificamente permise ad Aristotele di cambiare rotta, poiché, di fatto, egli era il filosofo della dittatura macedone.

Nel cercare di sottrarre l'uomo al condizionamento della materialità della vita, l'idealismo lo rende sempre più succube di quel potere (politico, culturale, religioso...) che vuole la conservazione delle cose.

La materia invece va compresa in quei limiti fondamentali che l'uomo deve assolutamente rispettare, se egli vuole agire con la massima libertà possibile.

Uomo e universo

La moderna filosofia della scienza ha una sorta di approccio religioso nei confronti della realtà naturale o della materia in generale, in quanto ha sostituito il concetto di dio con quello di universo. Prima si discuteva sull'esistenza e sulle proprietà di dio; ora si fa la stessa cosa con l'universo. Cioè da un concetto astratto si è passati a un altro concetto astratto, nell'illusione che la matematica, la logica, la fisica possano di per sé impedire un approccio metafisico, e quindi indimostrabile, alla realtà.

Dovremmo invece renderci conto di una cosa: come prima non si poteva avere un concetto adeguato, dimostrabile, di dio, al punto che si è concluso che dio non esiste o che comunque l'uomo può vivere come se dio non esistesse, così oggi non si può avere un concetto adeguato di universo, semplicemente perché le coordinate di spazio-tempo per noi vivibili sono solo quelle terrestri.

L'uomo non può discutere dei problemi dell'universo, poiché non ha le capacità di dominarne le leggi e non può decidere se vivere o meno in conformità ad esse. Le leggi dell'universo hanno determinato la nascita del nostro sistema solare e quindi del nostro pianeta e quindi di noi stessi, pertanto ci sovrastano infinitamente e noi possiamo comprenderle soltanto pensando che nel microcosmo umano è racchiuso tutto il macrocosmo dell'universo.

Studiare l'universo in sé pensando che da ciò si possa ricavare un beneficio per la nostra esistenza terrena, è pura illusione, come era illusorio lo stesso procedimento che la teologia applicava a dio. Nel migliore dei casi una qualunque analisi scientifica dell'universo o delle leggi della fisica non può dirci nulla di più di quanto si possa ricavare dall'analisi del comportamento umano. E se anche può accadere che le analisi scientifiche dell'universo risultino più avanzate di quelle relative alla persona umana, ciò è una riprova che l'analisi dell'universo non incide su quella del comportamento umano.

Infatti la "corrispondenza d'amorosi sensi" tra uomo e universo è possibile solo se l'uomo vive un'esistenza naturale, legata ai cicli naturali della Terra. Ai contadini interessava conoscere le fasi della Luna quando dovevano svolgere il loro lavoro.

Per il resto va detto che le contraddizioni antagonistiche della vita umana, quelle che ci impediscono di essere noi stessi, possiamo risolverle anche senza sapere nulla dell'universo, anche senza sapere che è la Terra a girare attorno al Sole e non viceversa.

Coscienza e materia

La materia e la coscienza sono l'*archè* di ogni cosa. La materia è fonte della natura, la coscienza del fonte dell'essere umano. Tra materia e coscienza vi è un rapporto di stretta interconnessione, d'interdipendenza. La coscienza è un prodotto della materia, ma anche la materia è un prodotto della coscienza. La materia è pensante e la coscienza è immateriale: non c'è coscienza al di fuori della materia e viceversa. La materia è una categoria della conoscenza umana, non meno della coscienza, in quanto entrambe indicano una realtà oggettiva che si riflette nelle sensazioni umane e nella struttura dell'universo.

La materia è primaria ed eterna, increata e indistruttibile, causa intrinseca di tutto quanto esiste. Anche la coscienza ha le stesse qualità. Materia e coscienza sono nei loro reciproci rapporti autosufficienti ed entrambe escludono realtà esterne all'una e all'altra.

Il mondo materiale è unico, una unità di molteplici forme. Nulla può sorgere dal nulla e non può neppure scomparire nel nulla. Tutto ciò che esiste, esiste da sempre, e si trova in perenne trasformazione. Questo vale anche per la coscienza, che è un prodotto tipicamente umano, assente in qualsiasi altro ente dell'universo.

La *libertà di coscienza* è il valore supremo dell'universo. Anche la coscienza – come la materia – esiste da sempre: l'essenza umana non è un mero prodotto derivato dalla materia, ma un elemento originario, che da sempre coesiste con la materia. Se si esclude questa eterna coesistenza, si fa della materia un qualcosa di mistico, cioè si fa del materialismo metafisico, e si attribuisce alla casualità la formazione della coscienza. Il che è insensato, in quanto la coscienza rappresenta, senza dubbio, un elemento assolutamente eccezionale, non comparabile con alcun elemento materiale di tutto l'universo e, per questa ragione, va escluso a priori ch'essa possa essere il frutto di una successione progressiva di determinazioni quantitative. Se esiste un'evoluzione, nella coscienza, riguarda i suoi livelli di sviluppo, non la sua autogenesi.

Se non si vuole cadere nel misticismo, attribuendo alla materia qualità divine, occorre affermare la coesistenza della materia con l'essenza umana cosciente di sé. È proprio la presenza di questa coscienza che rende relativa, cioè non indispensabile, un'indagine approfondita dell'essenza della materia per comprendere il significato dell'universo. Qualora infatti si raggiungessero vastissime conoscenze scientifiche, esse sarebbero ancora poco rispetto a quelle che riguardano la profondità della coscienza.

La coscienza è il corrispondente immateriale più adeguato alla vastità e profondità dell'universo materiale. Coscienza e materia sono un tutt'uno, che può essere colto nella sua *distinzione*, nel senso che non si può confondere un elemento con l'altro, ma non è possibile neppure separare o disgiungere gli elementi e nemmeno sovrapporli o giustapporli, nemmeno temporaneamente. In origine non vi è l'uno bensì il *due*: due poli che si attraggono per completezza e si respingono per la diversità.

È così vero questo principio che, da un punto di vista filosofico, un qualunque numero diviso per se stesso non dovrebbe dare uno ma zero, o comunque, se proprio non si vuole utilizzare lo zero, che in natura non esiste, essendo una mera convenzione formale, dovrebbe dare un numero irrazionale. Questo perché in natura non esiste neppure l'uno, se non in maniera relativa, cioè in rapporto ad altro, che potrebbe essere qualificato come "assente" o come "diversamente presente". Se uno studente nel banco è solo, lo è in rapporto agli altri, che di solito sono in coppia.

Il proverbio popolare dice: "non c'è due senza tre". Ma sarebbe più esatto dire: "non c'è uno senza due". La solitudine del numero uno comporta qualcosa di alienante. Dovremo fare come Pitagora, che si rifiutava di classificare l'uno tra i numeri dispari e lo chiamava "parimpari". Come minimo i numeri dovrebbero partire dal due si dovrebbe dire che come lo zero non esiste in maniera assoluta, così l'uno esiste solo in maniera relativa. Anche quando si devono contare un certo numero di elementi, si preferisce, per brevità, usare il due invece dell'uno. L'uno viene usato dai bambini piccoli, quando hanno appena imparato a contare.

Noi non abbiamo occhi adatti per riconoscere l'umano in tutte le sue forme, e ci spaventiamo quando va oltre il consueto per il quale siamo abituati. Temiamo la follia, poiché ci sembra di vedere ciò che non c'è; temiamo la morte, che per noi significa non avere forze sufficienti per affrontare l'inaspettato. Non ci piace lasciarsi andare al misticismo, perché per noi è una forma di irrazionalità, e continuiamo ad affrontare le cose con sano buon senso. Non riusciamo a immaginarci "figli dell'universo": preferiamo restare coi piedi per terra, senza renderci conto che solo un luogo sconfinato nello spazio e senza un tempo determinato, calcolabile, può essere adeguato alla nostra coscienza, i cui abissi sono insondabili.

Se ci sentissimo "figli dell'universo", vivremmo le cose con maggiore consapevolezza e libertà, con maggiore distacco e lucidità, e soprattutto avvertiremmo il nostro pianeta come un luogo sacro da rispettare, sul quale dovremmo camminare a piedi nudi, come quando Jahvè disse a Mosè: "Togliti i calzari perché questo luogo sacro".

Sulla Terra siamo soltanto degli ospiti, tenuti a rispettare un certo regolamento non scritto; dopodiché, sulla base di come ci saremmo comportati, otterremo una missione da compiere, di cui, in un certo senso, sappiamo già il contenuto: *essere se stessi*. Soltanto una cosa non sappiamo: il *contesto* in cui esserlo, cioè le *forme dell'essere*, che non potranno certo essere identiche a quelle terrestri, come queste non sono identiche a quelle che vivevamo nel ventre di nostra madre.

La vita è come una scuola, in cui si apprendono le cose lentamente e a livelli sempre più avanzati. Notevole la fatica iniziale, ma poi si viaggia spediti, pur in mezzo a saltuari contrattempi. Si impara sbagliando: l'importante è non perdere tempo, impegnandosi da subito. Raggiunge l'obiettivo chi è disposto a fare sacrifici, chi non pretende tutto e subito.

È stata una grande disgrazia dell'umanità aver deviato dalla retta via. I disastri compiuti in questi ultimi 6000 anni sono stati così gravi da indurci a guardare le cose con un certo pessimismo. L'umanità sembra aver perso definitivamente la possibilità di discernere il bene dal male. Ci stiamo incamminando, quasi senza soste, verso il precipizio.

Dal semplice al complesso

L'evoluzione della materia, della natura, della specie umana va dal semplice al complesso, ma a condizione che il complesso non neghi l'esistenza o l'identità al semplice, nel qual caso il complesso deve per forza tornare ad essere semplice e si ricomincia da capo (un esempio è la transizione dal mondo romano a quello barbarico).

La storia dell'evoluzione dal semplice al complesso è la storia della misura della libertà, cioè della verifica di una facoltà, che è soprattutto umana: quella di saggiare le potenzialità del fare, dell'agire, del costruire.

Quando questa produzione dell'ingegno mette in pericolo l'esistenza stessa dell'uomo o della natura, ecco che il complesso tende a distruggersi e gli subentra il semplice. O meglio, il complesso in parte si distrugge da sé, in parte invece viene distrutto da chi subisce le conseguenze della sua malattia mortale.

Il complesso, infatti, per non autodistruggersi, è sempre più costretto a riversare su altri le conseguenze delle proprie contraddizioni insanabili, e gli altri, per sopravvivere, sono indotti a reagire con forza, in una spirale che sembra non aver fine. I cosiddetti "altri" possono essere le popolazioni più semplici, più primitive (secondo l'ottica della complessità), ma anche la stessa natura.

L'evoluzione è dunque una linea che va dal semplice al complesso, ma nella misura in cui il complesso impedisce al semplice di esistere o di manifestarsi come tale, la linea inverte il suo percorso e dal complesso si passa al semplice, e tale percorso è spesso l'esito di eventi tragici, di sconvolgimenti epocali, i cui protagonisti non sono solo gli esseri umani, ma anche la stessa natura.

La vera linea evolutiva non sta dunque in questo andirivieni periodico, bensì nella progressiva consapevolezza della necessità di non negare le esigenze del semplice nel mentre si sviluppa la complessità.

La complessità ha diritto di esistere se si svolge per gradi, rispettando le esigenze della semplicità. Quando queste esigenze vengono negate, bisogna fare un passo indietro.

Quando l'uomo non riesce più a essere umano, quando la natura non riesce più a essere naturale, significa che si è andati oltre, cioè verso l'inumano o l'innaturale.

Materia e oltre

Se non avessimo la consapevolezza di un inarrestabile declino della nostra efficienza psico-fisica, confermata da uno stato di progressiva debilitazione, con malattie che col tempo diventano sempre più gravi, fino all'inevitabile morte, noi dovremmo pensare, considerando che dentro di noi permangono aspetti positivi, come p.es. il desiderio di fare ricerche, sperimentazioni, nuove conoscenze, che la vita non si concluda affatto con questa esperienza terrena e che anzi vi sia la possibilità di un'ulteriore trasformazione del nostro essere, in forme e modi che al momento riusciamo solo a ipotizzare, cioè a intuire, senza alcuna pretesa logica.

Non sembra tanto la vita a esserci di peso, quanto il fatto che gli strumenti con cui siamo soliti affrontarla ci paiono sempre più inadeguati. È la percezione di uno scarto che va aumentando senza posa, tra la realtà fuori di noi e le risorse dentro di noi, che ci porta a guardare in maniera più distaccata i problemi della vita e nello stesso tempo in maniera più angosciosa, in quanto ci si rende sempre più conto di una generale impotenza ad affrontarli.

Da un lato cioè vorremmo che la vita continuasse, dall'altro che finisse al più presto. Ecco perché si pensa che la vita debba continuare in altre forme e modi, con una rinnovata energia da parte della nostra essenza. Uno avrà la faccia, il corpo che vorrà avere e ci si riconoscerà non solo per quello che si è stati, ma anche per quello che si vuole essere, da quel momento in poi.

Tuttavia quello che si vorrà essere dovrà essere conforme a *natura*, cioè a ciò che si *deve* essere, a ciò che *tutti* dovranno essere, per essere se stessi, umani. Il riconoscimento reciproco dovrà essere frutto di una libertà comune e non di pretese individuali.

Il mistero del riconoscimento

Nell'universo bisognerà risolvere un problema che su questa Terra ci appare irrisolvibile: quando rivediamo persone dopo molto tempo, stentiamo a riconoscerle, anzi non le riconosciamo affatto se l'ultima volta che le abbiamo viste non erano ancora adulte.

Questo problema, che è fondamentale per rendere migliore l'umana convivenza, dovremmo poterlo risolvere in maniera *soggettiva* e *oggettiva*. Quella oggettiva sarà probabilmente la più facile: il tempo lo percepiremo in maniera *relativa* e non, come adesso, in maniera irreversibile. Avendo cioè noi la consapevolezza d'essere *eterni*, non potremo certo avere difficoltà a fare del passato un *eterno presente*. Delle tre dimensioni temporali, avremo un presente che sarà in realtà un *sempre-presente*, cioè sarà questa dimensione a decidere di riattualizzare il passato.

Discorso diverso però dovrà essere fatto per il futuro, poiché questa dimensione non va a incidere sulla *memoria*, di cui dobbiamo e vogliamo sempre avere consapevolezza, poiché senza memoria rischiamo di ripetere errori già fatti. Il passato non dovremmo viverlo come un peso, ma come una fonte continua di insegnamento, proprio per capire in quale direzione muoversi nel presente.

Il futuro invece riguarda il *desiderio*. Noi abbiamo desiderio d'andare avanti se siamo riconciliati col nostro passato. Abbiamo desiderio a migliorare noi stessi, a riconoscere le persone, a progettare qualcosa con loro, se il passato non opprime il nostro presente.

Ecco perché la questione del *desiderio* è la parte *soggettiva* del riconoscimento. Non sarà possibile riconoscere una persona se non si avrà davvero il desiderio di riconoscerla e se essa non avrà davvero il desiderio d'essere riconosciuta. Non basterà la percezione oggettiva di un presente eterno e di una relatività assoluta del tempo. Ci vorrà anche una disponibilità interiore, dettata dalla *coscienza*, anzi dalla *libertà della coscienza*.

Come avverrà il riconoscimento tra due persone che si sono perse di vista per molto tempo, è cosa che, al momento, per noi, resta avvolta nel mistero. Ma è indubbio che una parte di mistero resterà anche quando si scoprirà che, per riconoscersi, non saranno sufficienti le condizioni oggettive riguardanti la relatività del tempo.

Essere e nulla

All'inizio era il buio e il silenzio. Nulla si percepiva, nulla si distingueva. Tutto stava racchiuso in un punto, ch'era ovunque e che non possiamo descrivere ma solo immaginare. Il linguaggio, per descriverlo, può essere solo poetico.

Quando non si ha paura del buio, non si ha paura di se stessi. Ecco tutto ciò che possiamo dire del buio primordiale. Finché si ha paura di sé, finché si avverte se stessi come un'anomalia, una diversità, la luce, che anzitutto è quella interiore, non può risplendere nelle tenebre. Anche se la vedi, non la senti tua.

Ed è solo nel buio, nel silenzio, nel vuoto assoluto che ci si può concentrare su di sé, racchiudersi in un punto, ascoltarsi, percepirsi, avvertire quel che si è, come si è, dentro se stessi. La serietà di sé nell'umano che si è, senza infingimenti, senza mascherature, sostanzialmente nudi: non siamo più capaci di questa semplicità.

La nudità spontanea è innocenza assoluta: quella dei nudisti è finzione, ricercatezza intellettuale. L'unica possibile è quella del neonato o quella dell'uomo primitivo, non civilizzato.

La nudità spontanea, naturale, in cui interno ed esterno coincidono, è il buio assoluto. È la coscienza di sé nella sua semplicità, nella sua essenza imperturbabile, paga di sé.

Il buio, il silenzio, il vuoto sono la pienezza del sé, il luogo e il modo in cui il sé può esprimersi, in cui può uscire da sé in maniera naturale, senza forzature.

Le tenebre diventano luce quando l'interiore diventa esteriore, nella sua esperienza duale, in quanto all'origine di tutto vi è non l'identità ma l'alterità, cioè la diversità nell'essenza dell'essere. Non c'è prima l'io e poi il tu, ma nello stesso momento c'è il noi: uomo-donna, maschile-femminile, gli opposti che si uniscono.

L'esperienza della luce dura fintantoché tutto ritorna al buio, che è valore primigenio. Il nulla diventa essere con naturalezza, anche se in questa naturalezza può esserci stata una contraddizione. Sono sempre le contraddizioni che determinano lo sviluppo. La naturalezza dipende dal fatto che non c'è necessità esterna che possa forzare la libertà a compiere scelte contronatura.

La comunicazione è una scelta interiore. E se dal nulla nasce l'essere, al nulla ritorna sempre. Ogni cosa che nasce finisce, e tutto nasce da una nascita e da una morte precedente, poiché a noi non è dato di sapere diversamente.

L'essere umano è solo una delle manifestazioni del nulla, la più consapevole, che del nulla primordiale può solo immaginare vagamente qualcosa. Noi non sappiamo nulla del nulla: percepiamo soltanto qualcosa quando ci liberiamo dell'essere, quando il non-essere diventa la regola della nostra vita.

Non-essere è vivere come se non si possedesse nulla, come se si fosse vuoti di tutto, come se non si avesse paura di nulla, come se non si potesse essere nulla di diverso da quello che si è.

Essere quel che si è: questa l'esperienza più profonda del non essere.

Un rapporto osmotico tra materia ed energia

La materia si trasforma in energia. Se questo è vero in generale, deve esserlo anche per l'essere umano.

Noi siamo destinati a trasformarci in qualcosa che non è identico al nostro corpo, ma che non è neppure in contraddizione: è una continuità discontinua. Noi non possiamo rinunciare alla nostra fisicità, poiché è costitutiva della nostra identità; possiamo soltanto accettare l'idea che nella fisicità vi sia una sorta di evoluzione, come d'altra parte appare evidente nel corso della vita di un qualunque essere umano.

Noi siamo come un ferro che, riscaldandosi, cambia colore, diventa malleabile, anzi modellabile, e che quando ridiventa freddo, torna ad avere le proprietà di prima, ma in una forma diversa.

Tra materia ed energia c'è un rapporto osmotico, di simbiosi perenne: l'una non può negare l'altra senza negare se stessa. Cioè quel che viene negato, lo è solo provvisoriamente, proprio per poter accedere a una forma diversa di esistenza, più energetica e meno materiale (o il contrario), con maggiori o minori possibilità espressive, a seconda della condizione in cui si sceglie di vivere o in cui il tempo ci costringe a vivere.

La materia non è riconducibile a una qualità o sostanza particolare: probabilmente per questa ragione non la si può neppure definire. Il fatto stesso che la materia si trasformi in energia e che questa si ritrasformi in materia, sta ad indicare che esiste qualcosa in grado di contenere, contemporaneamente, entrambi gli elementi, in grado cioè di gestire autonomamente i loro reciproci rapporti di potenziamento o di condizionamento, producendo una varietà infinita di forme, di combinazioni, che tutte però devono risultare compatibili con l'*essenza umana*, che è la vera ragione della materia e della sua energia.

Se la materia fosse qualcosa di assolutamente diverso dall'essenza umana, noi non riusciremmo neppure a pensarla. Dovremmo dire che è una *cosa in sé* inconoscibile, un *noumeno*. Ma questo modo kantiano di pensare è contraddittorio, perché non è possibile pensare qualcosa che non possa essere conosciuto. Se io penso a un ippogrifo, non faccio altro che pensare a una combinazione virtuale di due animali realmente esistenti.

Con la mia fantasia posso divertirmi quanto voglio a immaginarmi centauri e meduse. I Greci, in questo, erano formidabili. Il vero problema in realtà è come pensare se stessi in una dimensione *universale*, non semplicemente terrena. Ormai infatti è chiaro che l'essenza umana non è solo la "ragione" della Terra, ma lo è anche dell'*intero universo*, altrimenti noi dovremmo comportarci come gli animali, che vivono felici senza pensare a questi problemi.

L'animale non si chiede il perché delle cose, semmai lo subisce, specie se c'è di mezzo l'uomo. I pochi perché che si chiede riguardano la sua stretta sopravvivenza e riproduzione. E le risposta che si dà sono istintive o comunque frutto di un riflesso condizionato dall'ambiente, nei limiti di adattabilità che può avere un determinato animale.

L'animale non ha il nostro stesso cervello e neppure la nostra stessa energia. È solo una delle tante combinazioni dei due elementi: nell'essenza non è come noi e non ha alcuna possibilità di diventarlo. Chi ama troppo gli animali non ama abbastanza gli esseri umani.

Materia e materialismo

Lenin non amava la parola "simbolo", preferiva le parole "immagine", "figura", "riflesso". Temendo che in virtù di quella parola si facessero concessioni al clericalismo, ha finito con l'assumere una posizione forzatamente illuministica o positivistica, senza rendersi conto che i simboli servono a rappresentare un modo diverso di accedere a medesime verità obiettive.

Il suo principale testo di riferimento era l'*Antidhüring* di Engels, il quale diceva che i princìpi non vengono creati dal cervello né dedotti da esso, ma vengono "astratti" dalla natura e dalla storia dell'uomo. I princìpi sono "giusti" se si "accordano" o "conformano" alla natura e alla storia dell'uomo.

Una frase di questo genere - a ben guardare - sembra non avere alcun significato, poiché, in virtù di essa, si può arrivare a sostenere qualunque cosa. Per Engels e Lenin il "contenuto sensibile" è la realtà obiettiva, esistente indipendentemente da noi; dunque l'*oggettività* è data non dagli uomini, bensì dalla materia (?), ovvero dalla natura (?), come se uomo e materia fossero due cose molto diverse.

Che cosa vuol dire *realtà esterna*? Dire che l'obiettività è data dalla materia, in sé non ha alcun senso, poiché la materia va sempre interpretata, e alla fine la sua oggettività viene decisa dagli uomini, i quali certamente possono anche sbagliare, ma non lo faranno in eterno (per quanto, in tal senso, l'esperienza collettiva non dia di per sé maggiori garanzie di quella individuale; nelle dittature infatti i collettivi sono anche più *irrazionali* dei singoli individui, che senza dubbio in sé sono un'astrazione: nessuno nasce Robinson).

L'irrazionalità viene individuata o compresa soltanto quando esiste qualcosa che le si oppone. Il problema, a questo punto, è che noi scopriamo l'obiettività delle cose solo *a posteriori*, dopo aver sperimentato il peggio di certe scelte negative.

Noi dovremmo piuttosto chiederci come vivere l'*obiettività a priori*, onde evitare scelte irrazionali. L'unico modo per ottenere questa obiettività - che era quello degli uomini antecedenti alla nascita delle civiltà - è di *vivere in maniera conforme a natura*, secondo i *ritmi della natura*, rispettandone le *esigenze riproduttive*, che sono quelle che ci permettono di esistere.

Il rispetto rigoroso dell'identità della natura comporta l'accumulo di un sapere che va poi trasmesso alle generazioni successive. Ecco perché diciamo che l'obiettività non viene garantita solo dalle *leggi della natura*, ma anche dal *sapere* che le assimila e le trasmette (un sapere che può essere anche "simbolico").

L'assimilazione deve essere *diretta*, cioè a *diretto contatto con la natura*, e la trasmissione non può che essere immediata, sensibile, esperienziale, orale e magari anche "simbolica". Di sicuro in tutto ciò la scrittura non serve a nulla. Noi scriviamo soltanto "su" qualcosa (l'obiettività della verità), proprio perché non abbiamo alcun vero contatto con la natura, che è l'unica in grado di renderci obiettivi.

La verità non la si scopre sui libri, né in maniera individuale e neppure in maniera collettiva, ma in un'*esperienza diretta della natura*, che ovviamente non può essere vissuta dal singolo individuo in sé e per sé. Tutto quanto viene usato in maniera surrogata o sostitutiva a tale esperienza, andrebbe abolito o considerato molto pericoloso, come se fosse una sorta di contaminazione.

Se non riusciamo a capire l'importanza di queste cose, ora che viviamo in una situazione mondiale relativamente pacifica, non le capiremmo di certo in una situazione bellica. Ma è non meno certo che ad ogni ritardo accumulato, diventerà sempre più difficile trovare l'obiettività delle cose. Si arriverà a un punto tale in cui la distinzione tra bene e male diverrà del tutto impossibile.

Dobbiamo metterci in testa che qualunque progresso scientifico, la cui realizzazione tecnologica voglia imporsi per i propri automatismi e dipendere sempre meno da decisioni umane, va considerato un regresso, anche quando pensiamo di sostituire una tecnologia, ritenuta obsoleta, con un'altra. Le macchine elettriche o a idrogeno, con cui vogliamo sostituire quelle a benzina, non sono riciclabili dalla natura. Neppure i pannelli solari o le pale eoliche lo sono. Non c'è nulla di riciclabile dalla natura se non quelle cose che essa stessa mette a disposizione.

Per capire un concetto di questo genere, noi dobbiamo immaginarci di vivere in un contesto molto piccolo, praticando l'*autoconsumo*. Se non ci abituiamo a costruire *piccole comunità autosufficienti sul piano economico* e in grado di *autogestirsi* sotto ogni punto di vista, noi soccomberemo sotto il peso delle nostre contraddizioni, che ci appariranno sempre più irrisolvibili. Il peggio che ci aspetta non riguarda soltanto i disastri ambientali, ma anche economici, come p. es. l'impossibilità di pagare i debiti accumulati dagli Stati.

Materia e coscienza della materia

La materia non può o comunque non dovrebbe essere divisa all'infinito. Se la sua essenza sta nel movimento, ed è un movimento di elementi opposti, la divisione o scissione rischia col minare la natura di questo movimento. Non si possono separare arbitrariamente due elementi che funzionano a dovere solo se riescono a coesistere. Non si può rendere temporale qualcosa di eterno o rinchiudere in uno spazio ciò che è illimitato o rendere statico qualcosa di sommamente dinamico. Gli animali in gabbia smettono di riprodursi.

Il processo creativo non funzionerà più, e siccome noi stessi siamo figli di questo processo, ne pagheremo inevitabilmente le conseguenze. Non serve a niente studiare dettagliatamente l'essenza della materia, poiché questa è, per definizione, *indicibile*. Il suo segreto sta nel movimento di opposti che si attraggono e si respingono e che noi umani, peraltro, constatiamo abitualmente a livello sociale, siano o non siano antagonistiche le società: infatti la *contraddizione* è elemento inscindibile di qualunque forma di progresso. È impossibile capire l'*identità* di una qualsivoglia essenza senza chiamare in causa, nello stesso momento, la *differenza*.

Per questa ragione, quando è in gioco la materia, dovrebbe essere sufficiente studiarne gli effetti fenomenici, che per l'uomo vuol dire, anzitutto, su questo pianeta, studiare le *proprietà dietetiche e terapiche delle piante* e, se vogliamo, della natura in generale, la quale natura dovrebbe essere considerata come una partner alla pari dell'uomo e non come una sua schiava. Se, nei confronti della natura, ci limitassimo ad un approccio del genere, il resto del tempo potremmo occuparlo a perfezionare la nostra capacità creativa e comunicativa e naturalmente a potenziare le forme espressive dell'*eticità*, cioè della *coscienza*.

Se ci convinciamo che la natura è eterna e che è da sempre in automovimento e che qualunque violazione della sua essenza comporta, automaticamente, una perdita di naturalezza nell'umanità dell'uomo, noi arriveremo a credere che nell'universo null'altro esiste che uomo e natura.

Certo è che se la materia è perennemente in movimento, ogni sua forma è relativa, per quanto, in effetti, sia difficile ipotizzare pianeti di forma non sferica. Il fatto che tutti i pianeti e persino gli astri, siano di una forma più o meno sferica, e che quindi anche i loro movimenti segnino un percorso più o meno circolare, quando vengono a contatto con forze di tipo gravitazionale, non può certo essere ritenuto casuale. Tutto ciò che nell'universo si sottopone a un'attrazione gravitazionale, cioè a un rapporto di interdipendenza, in cui vanno rispettate talune gerarchie, inevitabilmente viene ad assumere una forma sferica, in cui gli angoli, le protuberanze, le asperità si smussano, si arrotondano: da frastagliato il pianeta diventa progressivamente uniforme, proprio perché fa parte di un tutto, dove ognuno svolge uno specifico ruolo, non necessariamente determinato una volta per tutte.

Quando il compito ha termine, a causa dell'esaurimento dell'energia, l'insieme (p.es. un intero sistema solare) viene inghiottito da un buco nero, che, dopo aver rimescolato le cose, le espelle in forme del tutto nuove, e si ricomincia da capo. Nell'universo persino il *non-essere* ha una sua precisa funzione, che è poi quella fondamentale di garantire sempre una nuova autenticità all'essere.

Chi non crede a un'*oggettività* della natura, di cui l'essere umano è parte, ed è parte *consapevole*, e pensa che la materia sia solo il risultato di una percezione umana, alla fine arriva a sottomettere l'uomo alla divinità. Si dovrebbe anzi considerare il fatto che se l'uomo è la materia giunta alla propria consapevolezza, egli è certamente, di tutta la materia esistente del nostro pianeta, l'elemento più indicato a durare in eterno.

Per l'essere umano semmai il problema è un altro, quello di cercare di capire in che modo sviluppare la propria *coscienza*, e quindi la propria *libertà*, conformemente alle leggi di natura. E qui non è che possiamo sperare in un dio che ci dica come dobbiamo comportarci: dobbiamo arrangiarci da soli. E non solo su questa Terra, ma anche nell'universo, poiché l'essenza umana è e sarà sempre la stessa, a prescindere dalle diverse forme che potrà assumere. La materia è indipendente da noi: essa è libera di farci assumere le forme che vuole, a condizione ovviamente di salvaguardare il vincolo dell'*essenza umana*.

La gestazione del feto è, in fondo, un'anticipazione simbolica di ciò che ci accadrà dopo morti: siamo destinati ad assumere una *nuova forma*, che però non minaccerà l'integrità della nostra *sostanza*, cioè della nostra *ipostasi*, come dicevano i greci. La materia è indistruttibile, può solo trasformarsi e, con essa, noi stessi: i suoi principali attributi sono infatti l'*eternità nel tempo* e l'*infinità nello spazio*; tutto il resto è soggetto solo alla forza creativa del *movimento*, che si serve appunto dell'*unità degli opposti*, che i latini chiamavano *coincidentia oppositorum*. In tal senso è quanto mai illusorio pensare di poter accedere alle condizioni di vita dello spazio cosmico, conservando le nostre attuali forme terrene. Il nostro destino, al momento, è quello di vivere nel migliore dei modi solo sulla Terra.

Materia ed energia

Forse un giorno si arriverà a dire che la materia in sé non si autoproduce e che la sua esistenza, o meglio la forma del suo apparire è strettamente dipendente dall'*energia* che la produce. Solo l'energia *auto-sussiste*. La materia primordiale è del tutto energetica.

Quindi non solo la materia è un prodotto derivato dell'energia, ma questa è in grado di produrre forme assai diverse di materia, le quali, a loro volta, sono soggette a produrre altre forme ancora, in un processo ininterrotto di trasformazione dal più semplice al più complesso, per ritornare poi al più semplice in un processo infinito. La materia infatti muore di continuo, perché continuamente evolve in qualcos'altro.

Noi non sappiamo molto dell'energia. Conosciamo certamente quella fisico-chimica e anche quella interna all'essere umano. Quest'ultima la sentiamo, la percepiamo con l'istinto, la sensibilità, l'esperienza, ma non riusciamo a descriverla con precisione né a motivarne l'esistenza. L'energia umana si sente, non si può spiegare.

Solo la materia si spiega, ma, poiché essa è in perenne mutamento, ogni spiegazione diventa relativa, contingente. L'unico vero problema dell'essere umano è quello di come conservare questa energia allo stato puro, in modo ch'essa lo "riscaldi" in eterno.

La scienza sta per essere superata dalla coscienza, poiché è questo l'unico vero elemento in grado di vivere con forza e coerenza l'essenza dell'energia umana. E la coscienza sa, per esperienza, che l'energia riscalda solo quando si è in presenza di un rapporto d'amore, in cui l'uguaglianza dei soggetti si sposi con la loro diversità.

Se noi riuscissimo a dimostrare che nell'ambito della coscienza umana (e quindi in quello dell'esperienza che possiamo farne) le leggi del *paradosso* sono molto più complesse di quelle osservate col metodo scientifico, il primato della scienza diventerebbe impossibile, in quanto questa sarebbe già compresa nella "co-scienza".

Per far ciò occorre applicare il metodo della *dialettica* allo studio della persona umana. Purtroppo noi abbiamo della materia una concezione ancora molto primitiva. Se per molti secoli la nozione di "spirito" non fosse stata usata in funzione anti-materialistica, ora sicuramente avremmo una concezione più evoluta della materia.

Di fatto qualunque nozione di materia che escluda la dialettica, che è lo strumento principe per lo studio dei paradossi, porta al materialismo volgare, che è basato sugli istinti, o comunque porta a un materialismo così povero di contenuti da risultare praticamente inservibile per un'adeguata comprensione dell'essere umano.

Fino ad oggi le applicazioni della dialettica hanno riguardato aspetti di tipo più che altro fenomenologico, che possiamo considerare estrinseci all'essenza della persona, come l'economia, la politica ecc. Ancora la dialettica non è stata applicata alla *persona in sé*, a quello che è. Anche perché è assurdo parlare di persona in sé se prima non si definiscono i limiti naturali in cui essa dovrebbe muoversi.

Hegel applicò i principi della dialettica alla filosofia, Marx all'economia, Lenin alla politica, Gramsci alla cultura, ma ancora nessuno è riuscito ad applicare quei medesimi principi all'essere umano. Freud ci ha provato, ma ha ricondotto le contraddizioni psicologiche alle pulsioni di carattere sessuale e, quel che è peggio, ha isolato l'individuo dal contesto in cui deve vivere.

Qui lo sforzo da compiere non è tanto basato sul primato da assegnare a questo o a quell'aspetto della persona umana, intesa come individuo singolo o come collettività; ragione, volontà, sentimenti non vanno esaminati in maniera separata, né vanno separati i campi in cui queste facoltà agiscono: economia, politica, cultura... Lo sforzo è appunto quello di tenere unite tutte queste cose, che devono essere oggetto di un'esperienza equilibrata.

Occorre che l'uomo diventi consapevole di questa forza interiore, di questa *dynamis* che lo caratterizza e che deve mettere al servizio per un fine positivo comune.

Il problema principale della dialettica è dunque quello di trovare una soluzione al fatto che i sensi possono anche ingannare. Se la scienza non avesse sfruttato questa debolezza umana, non avrebbe preso il sopravvento su ogni altra forma di conoscenza e di approccio alla realtà. La scienza infatti ha dimostrato, sfruttando gli inganni dei sensi (specie quelli connessi all'istinto e alla percezione immediata), che la natura è un fenomeno molto complesso e contraddittorio, ricco di paradossi.

Se noi oggi riuscissimo a dimostrare che la natura umana è mille volte più complessa della natura fisica, cioè se riuscissimo a trovare quelle leggi che ne spiegano la profonda complessità, noi forse potremmo fare a meno della scienza.

Qui però i rischi sono due:
1. trasformare la coscienza in un concetto metafisico (filosofico, religioso, etico, psicologico), e allora, rispetto alla scienza, si farebbe un passo indietro;
2. concentrarsi sullo sviluppo negativo della coscienza (come p. es. ha fatto la psicanalisi, che ha evidenziato gli aspetti alienati della personalità occidentale), e allora noi rischieremmo di non fare alcun passo in avanti.

Oggi l'individuo della società borghese vive un'intensa esperienza scientifica (praticamente quotidiana, con l'uso degli elettrodomestici, dei mezzi di trasporto e di comunicazione), ma questo non comporta affatto un aumento del livello di autoconsapevolezza; anzi, spesso si ha una riduzione di questo livello, in quanto l'uso della scienza viene a rimpiazzare quello della coscienza.

L'uomo contemporaneo non vive in sé ma al di fuori di sé, in un rapporto con la natura e col suo simile che è sempre mediato dagli strumenti tecnico-scientifici. Ormai il virtuale ha superato il reale. La coscienza, come fenomeno pubblico, collettivo, non esiste più. È semplicemente una questione privata che tende progressivamente a scomparire, relegata ai margini dell'opinabilità.

Questa civiltà tecnologica il cui destino è strettamente legato al business, non ha futuro, poiché non ha nulla di positivo da dire allo sviluppo della coscienza.

Il problema è serio, perché da un lato non possiamo tornare al modo classico (metafisico) di trattare la coscienza; dall'altro siamo terribilmente condizionati da una civiltà che vede i problemi di coscienza come una perdita di tempo o come un intralcio alla pratica del business.

Oggi l'identità dell'uomo è data quasi esclusivamente dal suo rapporto con la tecnologia, la quale viene sostanzialmente utilizzata per realizzare affari di natura economica. Chi non si adatta a questa regola è perduto e viene emarginato.

Oggi la scienza ha nei confronti dell'uomo e della natura un rapporto non meno totalizzante di quello che fino a ieri avevano la religione e la filosofia nei confronti della coscienza. La coscienza era schiacciata da un'idea di essere umano che considerava l'ideologia superiore allo stesso uomo.

Oggi l'ideologia dominante non ha più i vecchi presupposti religiosi o filosofici, ma ne ha conservata la sostanza aggressiva, egemonica.

Noi dovremmo riuscire a dimostrare che la coscienza, per la sua complessità, è enormemente superiore alla scienza. E questa dimostrazione non può essere ovviamente fatta con le armi tradizionali della metafisica. Occorre un'esperienza di vita, un'esperienza che non si limiti a ripristinare un rapporto naturale con la natura, ma che ripristini anche un rapporto umano con l'uomo.

È il senso della *coscienza collettiva* che manca. È l'esperienza comune attorno a determinati *valori* che è venuta meno.

Bisogna tuttavia stare attenti a non ripetere gli errori del passato: non sono i valori che di per sé rendono vera la vita. Una vita vera è una vita di valore, ma i valori non sono un'idea ipostatizzata, cui bisogna attenersi con uno sforzo di volontà.

Se vogliamo uscire dallo scientismo e dal capitalismo in maniera democratica, dobbiamo persuaderci che, nel passato, gli uomini hanno avuto tutte le condizioni per poter vivere in maniera naturale un rapporto equilibrato con la natura e con i propri simili, anche in presenza di una inadeguata consapevolezza scientifica della materialità della vita.

Non è la materia a rendere possibile la vita, perché la stessa materia trae sostanza e alimento dall'energia. Questa è talmente più importante della materia che l'uomo può permettersi il lusso di non conoscere adeguatamente la materia. Gli è sufficiente vivere l'energia.

Fino ad oggi gli scienziati hanno cercato nella materia ciò che avevano perduto nel rapporto con gli altri esseri umani. Tutte le rivoluzioni scientifiche sono state il frutto di un'alienazione della coscienza collettiva.

Sotto questo aspetto si comprende meglio la resistenza della chiesa, l'uso massiccio dell'inquisizione. Tuttavia, quanto più la chiesa usava la repressione, tanto più denunciava i propri limiti. La perdita della coscienza collettiva era dovuta anche alla corruzione della chiesa.

Tutte le rivoluzioni scientifiche sono state possibili in Europa occidentale perché qui il cristianesimo ha subito prima che altrove un progressivo processo di decadimento.

Materia, energia e coscienza

Energia e materia devono poter avere un rapporto di assoluta reciprocità. Devono potersi identificare restando però distinte.

L'occidente ha dato più peso alla materia che non all'energia e l'energia che ha ricavato dalla materia è stata sostanzialmente di tipo fisico-chimico.

Ora bisogna fare il processo inverso: porre in primo piano l'energia e soprattutto quella di tipo "umano".

Le stelle sono lì a dimostrare che all'origine di tutto vi è un'energia che tende a trasformarsi in materia, essendo essa stessa materia autorigenerante, eternamente produttiva proprio in forza di questa propulsione infinita, autocomburente.

I tempi in cui l'energia viene meno sono talmente lunghi da risultare del tutto impercettibili alla coscienza umana. Il concetto di "infinito" ci è dato proprio dal fatto che non abbiamo gli strumenti per misurarlo: è piuttosto una percezione interiore, una convinzione dell'animo, una fonte indimostrabile di sicurezza.

I pianeti sono stati prodotti dalle stelle, anzi, essi stessi contengono nel loro nucleo una porzione di energia stellare (di cui ci rendiamo conto con le eruzioni vulcaniche, i geyser, i terremoti...): è un magma incandescente che rende vivo il nostro pianeta, che ci fa capire la sua origine ignea, e che gli impedisce di raffreddarsi completamente, definitivamente.

È il freddo che rende possibile all'energia infuocata di materializzarsi in qualcosa. Tutto l'universo è un continuo scontro di forze opposte che creano nuovi elementi. Sono forze che pur essendo opposte si rispettano, come se una avesse bisogno dell'altra. E quanto viene da loro prodotto, assume forme diversissime, proprio perché materia ed energia sono eterne e infinite, con illimitate combinazioni di forme nel tempo e nello spazio.

Forse la cosa più singolare non è tanto questo processo osmotico, di simbiosi perenne e costruttiva tra materia ed energia, quanto piuttosto l'intelligenza che permette il formarsi di tutto ciò. L'intero universo sembra essere dotato di una razionalità stupefacente.

Si pensi solo al fatto che la distanza del Sole dalla Terra doveva sin dall'inizio esser tale da permettere il formarsi di un'esistenza vitale. Se il Sole fosse stato più grande o più piccolo, la distanza avrebbe dovuto essere minore o maggiore, ma quali ne sarebbero state le conseguenze? Che vita c'è negli altri pianeti del nostro sistema solare? Nulla di nulla.

Certo, la distanza non è sempre uguale (lo vediamo dall'alternarsi delle stagioni) e tuttavia essa si mantiene entro un range accettabile, abbastanza definito, sufficientemente regolare da permetterci di sopravvivere in condizioni che possono andare da un -40°C a un +40°C (anche se si sono toccati dei picchi inverosimili: in Libia i 58° sopra e in Antartide i 92° sotto).

Questo vuol dire che esiste un margine di tolleranza oltre il quale non si può andare. E così è in tutte le cose, dalle più semplici alle più complesse.

I prodotti della libertà possono essere infiniti, ma la loro vivibilità, la loro esperibilità, può avvenire solo entro una certa limitatezza, che può essere anche molto ampia, ma che non è infinita, illimitata. Oltre un certo livello si produce qualcosa di distruttivo, dopodiché inizia una ricostruzione che si pone a livelli diversi, che genera nuovi limiti, più rigorosi, più ristretti, proprio perché si teme di dover ripetere gli stessi errori.

La libertà non può essere distrutta, ma le può essere impedito, col cattivo esercizio delle sue facoltà, di manifestarsi in maniera adeguata, conforme a natura.

Si ha insomma la netta impressione che l'universo sia un *unicum*, un tutto unico, in cui l'essere umano è parte organica, costitutiva. Noi non siamo solo un *prodotto* dell'universo, ma anche la sua *essenza* più intima, un concentrato delle sue enormi potenzialità.

Con noi la materia raggiunge il suo massimo livello di *autoconsapevolezza*. La *coscienza* diventa l'energia destinata a riprodursi all'infinito. La coscienza è destinata a produrre materia, poiché essa stessa è all'origine di questa materia ancestrale.

Il roveto ardente come simbologia della materia

Sull'idea di "resurrezione dei corpi" sappiamo almeno tre cose: che è stata particolarmente sviluppata dai cristiani; che si ritrova in moltissimi racconti mitologici delle religioni pagane; che è presente in alcune correnti (p.es. quella farisaica) nell'ultimo periodo dell'antica cultura ebraica.

Eppure, se analizziamo il racconto del "roveto ardente" (Es. 3,6), si ha l'impressione che in maniera simbolica gli ebrei avessero già chiara l'importanza di questo tema.

Il roveto che arde senza consumarsi viene visto da Mosè in due modi differenti ma contestuali: come *materia* e come *energia*, contemporanei nello spazio-tempo. Poi l'energia diventa così tanta ch'egli è costretto a coprirsi il volto. I Sinottici riprenderanno questo episodio là dove parlano di trasfigurazione del Cristo sul monte Tabor.

In questo racconto simbolico-mitologico vi è una parte *scientifica* (la concezione della materia, strettamente correlata all'energia) e una parte *religiosa* (l'idea che l'identità di materia ed energia abbia origine divina).

Mosè si deve coprire il volto perché, pur avendo compreso la straordinarietà di un fenomeno naturale, appartenente solo agli astri e, in particolare al Sole, di cui egli era sacerdote alle dipendenze del faraone Akhenaton, ne attribuisce la causa a qualcosa di sovrannaturale, non sapendo come riprodurlo nella dimensione terrena.

Successivamente, il racconto che lo descriverà scendere, col volto raggiante, dalle pendici del Sinai, si preoccuperà di dimostrare ch'egli aveva sperimentato addirittura *su di sé* la proprietà fondamentale della materia, cioè quella di essere *una cosa sola* con l'energia. Tuttavia gli ebrei attribuiranno questa scoperta scientifica a motivazioni di ordine religioso, compiendo con ciò un'opera di mistificazione.

Resta comunque straordinario il fatto ch'essi, già nell'antichità, in maniera *simbolica*, avessero intuito come tra materia ed energia vi sia uno scambio di proprietà che non fa perdere a nessuna delle due la propria sostanza.

Se ora applichiamo questa intuizione scientifica all'idea di *resurrezione di un corpo* (che altro non è in fondo che la sua trasformazione materiale) si può arrivare a un'ipotesi che non ha bisogno di alcun supporto religioso.

Infatti, se la materia è parte essenziale dell'universo, e se essa è destinata a trasformarsi, in virtù della potenza energetica dello stesso universo, la morte non può essere la fine della materia corporea, ma l'inizio di una nuova forma di vivibilità, di cui ovviamente non possiamo sperimentare nulla finché restiamo in questa dimensione terrena.

Materia ed Energia sono in eterno movimento, con dei tempi che possono essere molto lunghi o molto corti, assolutamente relativi all'eternità e infinità dell'universo (si badi che la parola stessa "universo" è relativa, in quanto potrebbero esistere dei "pluriversi").

Gli ebrei antichi avevano capito che, per quanto spirituale sia l'essenza delle nostre idee, noi non possiamo mai fare a meno della *fisicità* in cui esprimerle. Siamo fatti di "corpo" e di corpo resteremo, benché in forme più energetiche di quelle attuali.

Il corpo è fatto di istinti e passioni che, in un certo senso, vanno *trasfigurati* in modo tale che il loro uso non danneggi la *libertà di coscienza*, propria e altrui. Questa forma di libertà è, oltre alla materia e all'energia, il terzo elemento fondamentale che costituisce l'universo.

Forse l'esperienza che meglio si è avvicinata a questa concezione della fisicità umana è stata quella *esicasta*, che però ha voluto racchiuderla nella dimensione religiosa. La filosofia palamitica, se viene depurata di tutti gli elementi spiritualistici, resta potente (soprattutto là dove distingue tra *essenza* ed *energia* e là dove dice che l'energia ha un'essenza inconoscibile ma sperimentabile attraverso un'*illuminazione interiore*, che è appunto un'esperienza di tipo energetico. Palamas, che era un grandissimo intellettuale, diceva che l'illuminazione spirituale è completamente diversa dalla conoscenza teoretica. Parlava di "negazione della negazione" 300 anni prima di Hegel e aveva già capito ch'era insufficiente come metodo per ottenere un concetto definitivo).

Le leggi della natura e le idee del materialismo

Se Feuerbach, Marx, Engels e Lenin hanno ragione nel dire che la materia è assolutamente indipendente dall'uomo, ovvero che è infinitamente anteriore nel tempo e illimitata nello spazio e che lo stesso essere umano non è che un *ente di natura*, allora bisognerebbe trarre le dovute conseguenze pratiche e affermare che tutta l'*urbanizzazione* delle popolazioni del pianeta e l'imponente *meccanizzazione del lavoro*, essendo entrambe un prodotto del tutto artificiale e incompatibile con le *esigenze riproduttive della natura*, dovrebbero essere seriamente ripensate e profondamente ostacolate nel loro ulteriore sviluppo.

Infatti, se la natura è totalmente indipendente dall'uomo, avendo proprie leggi necessarie, universali e assolutamente immutabili, allora il genere umano non deve fare altro che *conformarsi* a queste leggi, evitando accuratamente di sovrapporre ad esse nuove artificiose leggi.

Se l'essere umano ha la pretesa di porsi come *ente consapevole della natura*, allora la prima consapevolezza che deve trarre è che la natura è la condizione irrinunciabile di una qualunque esistenza terrena degna d'essere chiamata *umana*.

Se non riusciamo a convincerci che le azioni degli uomini hanno un limite invalicabile oltre il quale non possono essere definite né *umane* né *naturali*, allora dobbiamo anche ammettere che gli animali hanno più diritto a popolare il pianeta. O l'essere umano si attiene rigorosamente al rispetto delle leggi naturali, oppure diventa, per la natura, un problema irrisolvibile, un ostacolo da rimuovere.

Non si può fare l'elogio della natura o riconoscere alla materia un primato universale rispetto al genere umano, e poi comportarsi come se della natura noi potessimo fare quel che vogliamo. Parlare di "sfruttamento della natura" è una contraddizione in termini. La natura può soltanto essere *utilizzata* rispettandone le leggi riproduttive.

Se l'uomo, che si vanta d'essere *l'autocoscienza della natura*, non è in grado di capire questo principio elementare di esistenza, allora è meglio che scompaia dalla faccia della Terra e lasci spazio al regno degli animali, i quali sono portati a rispettare le leggi della natura in maniera del tutto *istintiva*.

In altre parole, il fatto di ritenere che alla natura si debbano attribuire caratteristiche *umane*, come per esempio la libertà di coscienza o di scelta, non può autorizzare a utilizzare tali caratteristiche, inesistenti nel mondo animale, in maniera non conforme alle stesse leggi della natura.

La natura si è sviluppata per milioni, anzi miliardi di anni, in totale assenza del genere umano. Non è certo stata la nascita dell'uomo a fornire alla natura delle leggi ch'essa non conosceva. Se con la nascita dell'uomo la natura ha dimostrato di possedere una propria *autoconsapevolezza*, questo non ci autorizza a considerarci superiori alla natura stessa o di poter condurre un'esistenza che prescinda dalle sue leggi.

Sotto questo aspetto è abbastanza singolare che i fondatori del *materialismo naturalistico e storico-dialettico* non si siano mai resi conto che la vita urbana e l'organizzazione industriale del lavoro non hanno assolutamente nulla di naturale.

Vien quasi da pensare che, al di là di una certa enunciazione teorica del primato della natura o della materia, gli esseri umani non siano in grado di realizzare alcuna vera coerenza, almeno non in Europa né in quei territori ove domina il sistema capitalistico, che gli europei hanno inventato. Anzi, a ben guardare, avendo esportato con la forza questo sistema di vita in tutto il pianeta, è difficile pensare che oggi possa esistere una qualche alternativa praticabile a favore della natura e quindi a favore dell'umanità.

Infatti, anche quando, col socialismo (utopistico, scientifico o reale), si era cercato di porre rimedio alle storture di questo sistema, due cose non sono mai state messe in discussione: l'*urbanizzazione* e l'*industrializzazione*. Dobbiamo forse aspettare una catastrofe planetaria, che faccia scomparire i tre quarti dell'umanità, prima di affrontare un problema del genere?

Un'essenza umana primordiale

Nell'universo deve per forza esserci un'essenza umana primordiale, che ha forma e idee umane, in cui chiunque sia umano deve potersi facilmente riconoscere. Tutti noi siamo figli dell'universo, infinito nello spazio e nel tempo, in perenne trasformazione.

Questa essenza, per la quale il tempo e lo spazio sono del tutto relativi, deve aver subìto uno sviluppo, altrimenti non esisterebbe il genere umano. Tutto, nell'universo, è soggetto a evoluzione, a continue modificazioni, ma l'essenza resta sempre la stessa. Vi è qualcosa di statico e qualcosa di dinamico: l'uno per il reciproco riconoscimento, l'altro per la libertà personale.

Ma per capire quale sia questa essenza umana primordiale, dobbiamo riscoprire il rapporto originario tra l'umano e il naturale. Dobbiamo ridurre l'artificiale al minimo, a ciò che la natura ci consente senza che essa stessa venga danneggiata nelle sue esigenze riproduttive.

Non sarà indolore il ritorno all'umano e al naturale, poiché il tempo che abbiamo lasciato passare per negarli è molto lungo, e la memoria che ne avevamo è andata persa; ci è rimasto solo un debole desiderio, che si sta progressivamente affievolendo.

Noi europei, soprattutto noi occidentali del continente europeo, pur non essendo stati i primi a scatenare quest'inferno, l'abbiamo alimentato con grande vigore, esportandolo in tutto il mondo. Oggi sono gli Stati Uniti a dominare la scena internazionale, ma domani potranno essere i grandi colossi asiatici. Il problema principale è come uscire dal concetto di "civiltà".

Il compito che ci attende è quello di tornare al mondo primitivo, quello antecedente allo schiavismo, quello che dobbiamo ricostruire per superare ogni forma d'antagonismo sociale.

Eternità e infinità della materia

Noi dobbiamo dare per scontata sia l'infinità che l'eternità della materia, che è, nel contempo, energia. Proprio per questa sua prerogativa, essa è soggetta a continue trasformazioni.

Nell'universo non esiste nulla di statico. La materia non è inerte - come diceva Cartesio - ma vivente, cioè è autonoma nel proprio movimento. Quindi la separazione tra materia e spirito non ha senso: la materia è spirituale e lo spirito è materiale.

La morte va intesa solo come transizione da una condizione di vita a un'altra, cioè come trasformazione della materia. E in tale mutazione le condizioni in cui l'identità umana viene vissuta sono differenti da quelle che ci sono familiari. La libertà viene esercitata in condizioni diverse da quelle terrene, anche se l'identità resta se stessa, cioè libera di scegliere. La libertà d'essere se stessi non è mai uguale a se stessa, proprio perché è destinata a esprimersi in condizioni mutevoli.

Se questo è vero, noi dovremmo tranquillamente ammettere che solo per ignoranza o per dimenticanza di verità ancestrali riteniamo che la morte sia la fine di tutto. Se il seme non muore, non dà frutto. In questa frase è racchiusa tutta la nostra filosofia di vita.

Che cos'è la scienza?

Il progresso della scienza è disseminato,
come un antico sentiero nel deserto,
di scheletri disfatti di teorie abbandonate
che un tempo sembravano possedere vita eterna.
Arthur Koestler

La fine della matematica

La regina delle scienze europee (e oggi, se vogliamo, del mondo intero) è indubbiamente la *matematica*, che in origine includeva la geometria e l'aritmetica.

Pur non essendo nata in Europa, ma in Mesopotamia e in Egitto, non senza significativi apporti da Cina, India e civiltà mesoamericane, essa ha trovato in Europa e quindi nel Nordamerica il suo compimento, obbligando l'intero genere umano ad adeguarvisi.

Grazie alla capacità di fare calcoli complessi, gli europei hanno saputo sviluppare enormemente tre scienze fondamentali per la loro esistenza: *fisica*, *economia* e *astronomia*.

La matematica, più la fisica, ha reso possibili l'*ingegneria* e l'*astronomia*, cioè il controllo della natura su questo pianeta e nei cieli.

La matematica, più i mercati e la produzione manifatturiera e industriale, ha creato una serie di *scienze economiche e finanziarie* su cui si regge l'intera civiltà capitalistica.

Oggi la matematica sembra aver trovato la sua apoteosi unificando, in un'unica scienza - l'*informatica* -, un complesso di scienze, come la logica formale, la fisica, la chimica e la stessa ingegneria. L'informatica siamo soliti distinguerla in due grandi campi: software e hardware. Grazie al fenomeno delle reti digitali è infine sorta la *telematica*, che ci fa sembrare il mondo il giardino di casa nostra.

Tutte scienze che l'occidente ha sempre usato in maniera pacifica e violenta, per costruire rapporti sociali e per distruggerli.

Il motivo di questa schizofrenia sta soprattutto nel tipo di civiltà in cui queste scienze vengono sviluppate. Una civiltà caratterizzata da due contraddizioni fondamentali: l'*antagonismo sociale* che oppone in maniera irriducibile il possidente al nullatenente; la netta *subordinazione della natura* agli interessi di uomini abituati alla violenza.

Sulla base della matematica abbiamo sviluppato una civiltà malata, e con la matematica c'illudiamo di poterla sanare. La *coscienza* è stata messa sotto i piedi della scienza, nella convinzione che, così facendo, sia l'una che l'altra diventino davvero *oggettive*, *imparziali*, al servizio del benessere e del progresso.

Ci hanno voluto far credere che a ogni problema vi fosse una soluzione, senza dover per forza affrontare le cause ultime della generale sofferenza. Noi pensiamo che tutto rientri in una questione meramente quantitativa, senza dover chiamare in causa alcuna *qualità*.

Persino chi dice di voler difendere i lavoratori, non fa che pretendere un *diritto astratto al lavoro*, un diritto al lavoro in sé, a prescindere dal suo impatto sulla natura. Il socialismo riformista chiede di ridistribuire il reddito, senza chiedersi se il tipo di rapporto di lavoro che lo produce abbia un senso.

Siamo schiacciati dai ricatti della *quantità*. Continuamente ci dicono che i conti devono tornare (loro che non li sanno fare), che i debiti vanno pagati (loro che li hanno accumulati), che le variazioni alle richieste di sacrifici possono essere fatte solo a saldi invariati (loro che sono enormemente privilegiati e vivono di rendita).

Ci terrorizzano quando perdiamo punti percentuali del prodotto interno lordo, che è però un indice meramente quantitativo, non in grado di dire alcunché sull'effettiva *qualità della vita*.

Come i pitagorici abbiamo ridotto l'essere al *numero* e ci siamo lasciati trasformare da persone pensanti a produttori automatizzati, a consumatori di beni, e per questi beni siamo addirittura disposti a trasformare la nostra esistenza in un mero contenitore di oggetti, in virtù dei quali dovremmo sentirci migliori o più moderni.

La pubblicità ci fa desiderare cose che, per *essere*, non ci servono a nulla: servono solo per *apparire* e per *arricchire* chi produce quelle stesse cose e chi le rivende, come se il *valore d'uso* di un qualunque oggetto fosse solo il suo *valore di scambio*, cioè il suo prezzo di mercato: tutti numeri che intaccano la nostra esigenza d'essere umani e naturali.

Contro questa vita insensata noi dovremmo fare resistenza, come l'hanno fatta i nostri padri nei confronti delle dittature politiche. Dobbiamo convincerci che la dittatura può essere più subdola di quella del passato, più *economica* che politica, più *parlamentare* che militare. È la *dittatura della democrazia borghese* che dobbiamo superare.

Dobbiamo spegnere i televisori, i cellulari e i computer mandando in tilt il sistema. Non dobbiamo aspettare di vederlo saltare quando non avremo più energia da usare: dovremmo farlo saltare subito usandone troppo poca, giusto per disabituarli a credere che il mondo giri intorno a loro.

E l'energia che avremo tolto al sistema, la useremo per tornare a *vederci di persona*, chiedendoci cosa possiamo fare, lì dove siamo, per uscire definitivamente da questo incubo, da questo sogno pazzesco che, come nei miraggi, ci fa vedere l'acqua là dove c'è solo sabbia.

Aboliamo lo zero e relativizziamo l'uno

In matematica lo zero andrebbe abolito, poiché non è un numero, ma un concetto filosofico o metafisico, equivalente al nulla o al vuoto. Non si possono fare delle operazioni di calcolo matematico usando qualcosa che non esiste. Siamo stati senza lo zero per milioni di anni: non si capisce perché non si possa più tornare indietro. Sarebbe sufficiente chiedersi se tutti questi numeri sono davvero necessari per la nostra esistenza. È forse "umano" il nostro attuale stile di vita? È sensato pensare, grazie ai calcoli, di andare su Marte quando sul nostro pianeta non riusciamo a risolvere neanche problemi elementari come la fame e la sete?

Quanto all'uno, se c'è un numero virtuale e assolutamente relativo, è proprio questo. L'uno non è in grado di rispecchiare adeguatamente alcuna realtà. Se io dico "un lampadario", devo metterlo in rapporto a un soffitto per poterlo contestualizzare e comprendere, altrimenti non mi dice nulla; invece è sufficiente che dica "due lampadari" per capire che la stanza che li contiene è più grande delle solite. Una rotaia fa venire in mente un'altra rotaia, poiché insieme fanno un binario, ma anche nel caso in cui ve ne fosse solo una, la assoceremmo immediatamente a un treno o a un mezzo di trasporto. Questo per dire che là dove c'è l'uno, c'è anche il *due* che lo spiega, che gli dà un senso. E ogni volta che s'incontrano due cose, è del tutto naturale vederle come coppie organiche, interdipendenti, e non come elementi singoli che vanno sommati.

I numeri dispari, in tal senso, dovrebbero essere considerati tutti relativi: il tre, p. es., è un po' più del due e un po' meno del quattro. Non ha alcun senso contare le cose utilizzando l'uno, quando si può farlo molto più velocemente col due. E non si dica che saremmo ancora più veloci usando il tre, poiché non c'è nessuno che considera naturale contare le cose usando il tre.

In origine c'era il *due*, cioè un elemento doppio o sdoppiato o duale, o comunque composto di elementi complementari e opposti, che si attraggono e si respingono. Persino nella particella più piccola, l'atomo, si trovano elementi opposti come l'elettrone e il positrone. L'uno non esiste, se non in maniera relativa, convenzionale, in rapporto ad altro. È giustissimo il titolo del libro *La solitudine dei numeri primi*. Nessuno nasce solo, nessuno vive solo, nessuno muore solo: anche se ci fosse una sola persona attorno a noi, saremmo già in due.

E poi i numeri, in astratto, non hanno alcun significato vitale. Si può vivere anche senza numeri. Si può contare usando il metodo dell'*analogia*: poco abbastanza molto moltissimo potremmo equipararli a qualcosa di reale, senza star lì a definire le quantità in maniera precisa, cioè matematica. E quando manca un riferimento alla realtà, dovremmo soltanto dire "niente", che è sempre qualcosa in rapporto a qualcos'altro, poiché se l'uno è un numero relativo, lo zero in sé è un numero inesistente.

È incredibile, in tal senso, che si sia riusciti a creare una realtà del tutto artificiale, priva di rapporti *umani* con la vita, quale quella informatica, usando soltanto lo zero e l'uno, cioè il linguaggio binario. È indicativo però il fatto che abbiamo avuto bisogno di una coppia di numeri, per quanto in sé privi di senso, per far nascere questa gigantesca scienza virtuale, in grado di creare potentissime illusioni. Al limite avremmo anche potuto usare un unico numero, facendogli assumere posizioni differenti: in piedi, sdraiato, obliquo o inclinato di 30, 60, 90 gradi, ecc. Non abbiamo forse creato l'alfabeto Morse usando soltanto un punto e una linea? E la comunicazione non era lo stesso perfetta, pur senza l'uso dei numeri?

Dovrebbe essere l'esperienza a spiegarci la differenza tra "poca pasta" e "molta pasta". Nella vita quotidiana lo facciamo tranquillamente, senza stare a usare ogni volta la bilancia. Non abbiamo bisogno di metterci su una bilancia per vedere che stiamo ingrassando: ce lo dice chi ci guarda, se proprio non riusciamo a capirlo da soli.

L'uomo ha inventato i numeri per un difetto di esperienza, per il venir meno del senso di appartenenza a un collettivo: in una parola, perché si sentiva solo e aveva bisogno di darsi delle certezze, le quali però, quando si è soli, sono sempre fittizie. È inutile considerarsi "unici e irripetibili": siamo comunque figli di una coppia. L'uno è un numero che non può sussistere da solo e, se lo pretende, porta alla follia.

Non a caso Pitagora, fanatico dei numeri, conduceva una vita da alienato, tra il misticismo e l'esoterismo. Era così ideologico nei confronti dei numeri che arrivò a odiare tutti i numeri pari, senza rendersi conto che sono proprio questi numeri a indicare armonia, equilibrio. Invece per lui indicavano soltanto una insopportabile divisibilità all'infinito. Era così abbacinato dall'idea di perfezione che non sopportava neppure i numeri strani, quelli frazionari, negativi, irrazionali... Andò letteralmente in crisi quando scoprì quello straordinario numero chiamato "pi greco", che è simbolo dell'imperfezione del calcolo matematico. Chiedeva ai numeri, e solo a quelli dispari, di dargli quelle sicurezze che non aveva potuto ottenere dalla vita, e quando non riusciva ad accontentarsi dei numeri, andava a cercare una consolazione nella religione, in quell'orfismo che considera l'anima pura prigioniera di un corpo impuro, il quale rischia sempre di reincarnarsi se non si purifica a dovere. Non è curioso che Pitagora avesse abbracciato una religione del genere, con cui non è mai stato capace di purificarsi dall'idea di fare del numero il suo idolo da adorare?

Insomma i numeri non solo discendono da una coppia, ma sono infiniti anche per insegnarci che non possiamo usarli per fare dei calcoli precisi. Quando c'è di mezzo l'infinito e quindi l'indefinito, l'indicibile, dobbiamo essere approssimativi, poiché è proprio l'infinità che meglio ci caratterizza e noi non possiamo mai dire - per il nostro stesso bene - di conoscerci perfettamente.

Le quattro operazioni

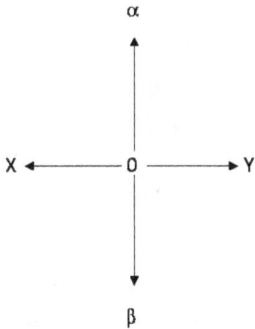

Noi elaboriamo calcoli matematici o espressioni logiche scrivendo da sinistra a destra: solo questo semplice fatto ci limita. E la cosa ovviamente non diventerebbe migliore facendo anche il contrario. Un vero miglioramento lo avremmo se iniziassimo a usare anche la parte superiore e inferiore del supporto di scrittura. Calcolare significa "porre in ordine", ma l'ordine deve poter essere costruito su quattro riferimenti opposti o speculari. Invece noi usiamo il destro che conferma il sinistro, come una sua logica conseguenza, tant'è che quando siamo certi di ciò che diciamo, concludiamo con un punto.

Se si utilizzano quattro direzioni opposte, le possibilità di soluzione dei problemi o di chiarificazione dei ragionamenti dovrebbero aumentare. Non è possibile cercare di risolvere problemi complessi su una superficie piana, dove la scrittura è unidirezionale. Un punto centrale da cui si diramano quattro direzioni opposte, dovrebbe essere considerato la base più semplice per qualunque operazione logica o matematica. Tutto il resto sarebbe una conseguenza.

Queste quattro direzioni dovrebbero essere considerate permanenti, nel senso che ognuna presuppone le altre tre e nessuna può svilupparsi autonomamente senza che le altre non subiscano modificazioni. Si tratta cioè di un insieme strutturato e autonomo.

Le modificazioni diventano innaturali quando la circonferenza che congiunge i punti x α y β non delimita più un cerchio o una figura comunque simmetrica, ma una deformità insensata. Noi abbiamo bisogno di credere che il movimento dei corpi all'interno degli estremi x α y β sia regolare, al fine di poter stabilire delle leggi minime ma fondamentali.

Per esempio se $0x$ si allunga, allora $0y$ deve per forza restringersi, oppure si allungano contemporaneamente, ma in tal caso anche 0α e 0β devono farlo, altrimenti la figura complessiva si deforma. L'armonia è alla base di ogni movimento, almeno teoricamente; se praticamente ciò non avviene, ad un certo punto il cerchio virtuale si spezza e si deve tornare all'equilibrio iniziale.

L'importante è capire che le quattro direzioni sono fondamentali sempre e in ogni luogo. La loro positività o negatività non sta in ognuna presa in sé, ma in ognuna in rapporto alle altre. La regolarità o l'armonia sta solo nella *relazione*. L'identità non può esistere senza relazione. Se una direzione si sviluppa eccessivamente, quella opposta si atrofizzerà. Gli aspetti negativi non hanno realtà propria, ma sono soltanto aspetti positivi portati all'eccesso. Questo a testimonianza che la negatività nasce sempre da una positività male interpretata o mal gestita. Se non fosse così, nessuno vi crederebbe. Gli esseri umani hanno bisogno di credere nella verità per poter agire. Essi creano delle negatività proprio mentre pensano di fare il contrario.

La lettura dell'immagine è la seguente: 0 = libertà; $0x$ = individuo; $0y$ = collettivo; 0α = spirito (psiche); 0β = materia (corpo). Il cerchio è flessibile, può cioè deformarsi a seconda della diversa lunghezza delle direzioni, ma sino a un certo punto. Il punto 0 è indistruttibile e le quattro direzioni sono imprescindibili. L'unità del tutto è l'*essere umano*, che è microcosmo dell'universo. Le quattro direzioni sono i quattro fondamentali bisogni dell'individuo: *essere creativo*, *relazionarsi con l'altro*, *sviluppare lo spirito*, *soddisfare il bisogno*.

L'unico problema di cui tener conto è che il cerchio, oltre certi limiti, inevitabilmente si spezza. Quali siano questi limiti non è possibile saperlo a priori. Sarebbe interessante poterli stabilire con una formula di tipo logico o matematico, ma, essendo in gioco la libertà, è difficile farlo.

Una possibile soluzione potrebbe essere questa: se 0x si sviluppa a danno di 0y, obbligando quest'ultima direzione a convergere sempre più verso 0, inevitabilmente si avrà lo sviluppo abnorme di 0β, che farà, a sua volta, accorciare fino allo 0 la direzione 0α. Ebbene quando le due direzioni 0y e 0α arrivano a toccarsi in un punto prossimo allo 0, il cerchio si spezza. La figura infatti ha bisogno di un movimento circolare infinito e uniforme da una direzione all'altra.

Il punto 0 tuttavia è eterno, per cui il cerchio va inevitabilmente ricostruito. L'essenza umana non può "morire", non essendo mai nata. Tutto è soggetto a perenne trasformazione. Un insieme che si spezza può venire assorbito da un altro insieme, ma la legge fondamentale che regge le quattro direzioni si ripete, poiché non ci si può muovere al di fuori di qualunque legge.

Lo sviluppo abnorme di 0y ha portato al crollo dei cosiddetti "socialismi reali". Quella di 0x porterà al crollo il capitalismo. Bisogna che la distanza che separa lo 0 da xy e da αβ sia la più possibile uniforme e costante in tutte le direzioni, al fine di conservare l'armonia delle parti. Vi è un equilibrio da rispettare. Il capitalismo, p.es., ha dimostrato che se si allunga 0x, si allunga anche 0β.

Filosofia della matematica

La più perfetta suddivisione dell'uno è quella per tre. Infatti 1:3 dà 0,3 (periodico). Ciò significa che nell'idea di unità è contenuta quella di triade. (Da notare che solo il decimale periodico dà l'idea dell'infinito, anche se, ovviamente, in stretta correlazione con l'unità da cui dipende.)

L'infinito esiste solo entro certi limiti, quelli posti dall'intero, fonte di ogni altro intero, in quanto destinato a sdoppiarsi, al punto che potremmo dire che la vera unità non è l'uno bensì il due. Al di là di questi limiti c'è il nulla o l'irrazionale (o la finzione dei numeri negativi).

La perfezione dell'uno include l'idea d'imperfezione, cioè il bisogno d'altro, senza che ciò lo contraddica, a condizione naturalmente che si rispettino certi limiti. Singolare è il fatto che quanto più ci si allontana, in virtù dell'imperfezione, dalla fonte, tanto più s'impone la necessità di recuperarla. P.es. nel rapporto 1:9 = 0,1, l'uno è periodico.

In ogni caso il concetto d'infinito, nei numeri, può essere elaborato solo servendosi dell'unità e dei multipli di tre. L'uno è il numero oltre il quale non esiste nulla di reale. I numeri non possono cominciare dallo zero. Lo zero serve per mettere i numeri in relazione tra loro: è un puro artificio simbolico, privo di autonomia; in sé è inesistente. I numeri dovrebbero iniziare dal due: anche l'uno infatti ha qualcosa d'innaturale.

Il tre è il numero più perfetto, proprio in quanto presume una relazione binaria. Il tre è intrinseco all'uno, ma l'uno in realtà è una diade. L'uno esiste soltanto in quanto si rapporta a un altro uno, e dal loro rapporto, che è una somma, emerge la triade, in un processo infinito di moltiplicazione.

Questo processo reduplicativo - bisogna ammetterlo - è poco chiaro. L'uno infatti ha bisogno di un altro uno per riprodursi, ma il secondo uno non è identico al primo, se non appunto in matematica, che è un'astrazione. Dunque, da dove gli viene questa particolare identità? La triade è universale, è presente in ogni operazione, in ogni realtà, ma essa non rimanda all'idea d'infinito se non in quanto si pone in relazione all'idea di unità, che è però duale.

Perché la circonferenza non può mai essere perfettamente suddivisa per il suo diametro? Per la legge dell'*autoconservazione*. Se una figura perfetta come il cerchio fosse perfettamente suddivisibile, esisterebbe una figura diversa dal cerchio, ancora più perfetta.

Esistono quindi dei limiti al di là dei quali la perfezione non può andare, altrimenti si autodistruggerebbe. Ma autodistruggersi non è segno di perfezione.

La perfezione è tale solo se è *limitata* da qualcosa. E nel caso del cerchio, essa si difende dalla pretesa di suddividerla all'infinito, dimostrando la propria incommensurabilità, cioè la propria infinitezza assoluta, irriducibile al calcolo matematico, alla logica in senso stretto.

La perfezione è unità: essa non sopporta la divisione oltre un certo limite. La pretesa suddivisione all'infinito non è segno di perfezione, ma di alienazione. Su questo gli antichi filosofi greci non avevano tutti i torti.

*

Ora facciamo un altro ragionamento a favore del due. Poniamo una serie di numeri da 1 a 10. Si noti che la somma o il prodotto di ogni numero con se stesso determina, in ultima istanza, nel rapporto tra un risultato e l'altro, sempre una differenza di due.

1+1=2; 2+2=4

La differenza tra 4 e 2 è 2, e così con tutti gli altri numeri, messi in relazione tra loro.

Se invece facciamo 1x1=1; 2x2=4, la differenza tra 4 e 1 è 3; ma se aggiungiamo 3x3=9, e la differenza tra 9 e 4 è 5, notiamo che la differenza tra 5 e 3 è di nuovo 2, e così via per tutti gli altri numeri (se fai 4x4=16, la differenza tra 16 e 9 è 7, ma tra 7 e 5 è di nuovo 2).[1]

Il motivo per cui la differenza nei risultati, relazionati tra loro, sia sempre due, è poco spiegabile. Ciò sembra confermare che in origine vi sia il due e non l'uno. Tutto viene sempre ricondotto a una diade, che appare, una volta che si mettono in relazione le cose, come *un'unità minima*, da cui, ad un certo punto, ci si aspetta il tre, il quale però, a sua volta, è soggetto a sdoppiarsi o a relazionarsi con altro.

Bisogna ammettere che il due è un numero molto interessante, poiché implica una relazione. L'uno invece o è banale o è insussistente, in quanto privo di autonomia. L'identità dell'uno dovrebbe essere messa in relazione a un altro uno, ma in questo caso non è detto che uno più uno faccia due. Due entità isolate non fanno di per sé una coppia. Invece il due presuppone una relazione, che è molto di più di uno più uno.

*

In un certo senso si potrebbe dire che l'essere umano è come il 10. Proviamo a chiederci: come si può ottenere un risultato uguale a 10 quando i numeri a disposizione vanno da 1 a 9? È impossibile. Abbiamo bisogno di darci un simbolo supplementare.

Questo significa che l'uomo è sì una sintesi, ma ha qualcosa in più che lo distingue da tutti gli altri animali. La somma dei suoi singoli elementi è inferiore al risultato finale. Il risultato include qualcosa che non esiste nella realtà evidente. Lo 0 è qualcosa di assolutamente indeterminato, di indefinito, di meta-fisico. Tutti i numeri oltre il 10 sono soltanto dei prodotti derivati. Lo 0 è stato inventato per poter dire che il 10 è la perfezione assoluta, oltre la quale non esiste più nulla. Ed è un numero che può essere diviso per 2, a testimonianza che il 2 è superiore all'1. L'uomo possiede elementi terreni ed extra-terreni.

Il punto e i cerchi

Apparentemente, una figura geometrica non si ottiene né con un punto né con due: ce ne vogliono almeno tre. La forma più strana però è il cerchio, perché sembra essere composto da una sola linea curva che si congiunge da un capo all'altro, come una serie determinata di punti affiancati.

---

[1] Paradossalmente sembra che tutta la matematica possa essere fatta solo col più, col meno e con l'uguale. Tre soli segni simbolici: + − =. Il prodotto non è che una variante della somma, così come il diviso lo è della sottrazione.

È una forma davvero particolare, perché è possibile fissare al suo interno un punto che, a sua volta, permette di creare dei raggi tutti uguali. Il cerchio sembra essere fatto apposta per avere un punto al centro.

Inevitabilmente ci si chiede se sia quel punto a formare il cerchio (come quando si usa il compasso) o se sia il cerchio a stabilire il punto, in maniera tale che la distanza da ogni punto del cerchio al punto centrale sia sempre la stessa.

Se, a mano libera, si crea un cerchio, o meglio una circonferenza, bisogna farlo attorno a un punto immaginario, che fa da riferimento oggettivo, omogeneo, per tutti i punti della circonferenza. In un certo senso il punto è la dimensione minima della circonferenza, quella da cui non si può assolutamente prescindere. Anzi, a ben guardare, potremmo dire che il punto è *l'unica realtà oggettiva dello spazio*. Infatti per suo mezzo si può costruire qualunque forma o immagine: o partendo da esso o attraversandolo o girandoci attorno.

Ogni cosa sembra avere un punto di partenza, ma nel caso del cerchio ogni punto è partenza e arrivo dell'altro. Tutto coincide magnificamente. Il punto è l'unica vera realtà assoluta, che non dipende dalle rappresentazioni umane. Tutto il resto è una nostra invenzione.

Il cerchio non è altro che una moltiplicazione di punti che, in maniera omogenea, cioè nello stesso tempo e nello stesso spazio, si allontanano progressivamente dal punto centrale, per formare appunto una circonferenza.

I cerchi progressivi o concentrici possono essere illimitati e tutti perfettamente rotondi, pur essendo distanti dal centro in maniera diversa. La bellezza di questi cerchi è che i punti si devono espandere con moto uniforme: tutti nello stesso momento, nello stesso spazio e alla stessa velocità. È un lavoro di *équipe*.

Possono allontanarsi quanto vogliono dal punto centrale, ma è proprio lo stare uniti in cerchio che fa pensare che al centro esiste un punto focale, che dà senso alla circonferenza. Un cerchio è tale se è attorno a qualcosa, ma questo qualcosa non è altro che l'unità minima della stessa circonferenza, cioè il punto.

È prodigioso vedere come da un semplice punto si possano formare cerchi infiniti: deve avere una potenza incredibile, anche se, a guardarlo, certamente non si direbbe. Da una cosa da niente si può creare un mondo. E quanto più ampi sono i cerchi, tante più forme geometriche vi si possono creare (che poi in realtà la diversità tra le forme è solo quantitativa, non qualitativa, poiché tutto quello che si può fare all'interno di un cerchio, lo si può fare in un altro). Di sicuro non c'è nessuna forma che non possa essere contenuta in un qualunque cerchio.

Il punto è una forma di garanzia assoluta. Come dice appunto l'espressione popolare "punto e a capo". L'ideale sarebbe, almeno a prima vista, di restargli il più vicino possibile. Ma non si può impedire l'espansione, che è una forma di creatività.

Quando si lancia un sasso nello stagno, i cerchi sono tanti di più e tanto più larghi, quanto più in alto ci si trova. Così è dell'esperienza. Che ci si possa allontanare dal punto quanto si vuole, lo dimostra il fatto che il rapporto tra la grandezza della circonferenza e il suo diametro dà sempre un numero infinito o trascendente: il famoso pi greco (π). Cosa che poi rende impossibile la quadratura del cerchio, che è simbolo geometrico dell'infinità della coscienza.

Non c'è motivo di preoccuparsi della quantità o della larghezza dei cerchi, quanto piuttosto che *non si spezzino*. Siamo infatti in presenza di un equilibrio delicato e ogni cerchio ne ha uno proprio. I cerchi più ampi sembrano essere anche i più fragili, ma è solo questione di forze in campo. Se i punti esercitano una forte attrattiva tra loro, allora non avranno problemi a sentirsi parte di un unico punto centrale.

Certo è che quanto più lontano si vuole andare, tanto più è difficile - quando il cerchio si spezza - trovare la strada del ritorno. Ma che si debba ritornare al punto per ricominciare, questo è assodato. Poiché se è vero che nessun cerchio può sopportare d'essere costretto a una mortificante quadratura, è anche vero che la progressiva scomposizione di una qualunque figura la riporta sempre alla sua unità minima, che è il punto.

Le astrazioni della matematica nella teoria degli insiemi

La matematica è una scienza dicotomica, non *dialettica*. Per un matematico è molto importante che A non sia non-A. Per un filosofo invece tutto è possibile. La matematica presume di dare certezze, ma sono quelle dell'intelletto, non della *ragione*. La ragione infatti deve tener conto di un elemento che in matematica viene completamente e necessariamente trascurato: la *libertà*.

Ci si convince di questo anche da una semplice analisi della teoria degli insiemi. In genere i manuali scolastici danno due definizioni di "insieme": è *finito* se è possibile elencare tutti i suoi elementi; è *infinito* se non è possibile elencarli tutti.

Se qui la matematica inserisse il concetto di "tempo" (aggiungendolo allo "spazio"), si dovrebbe affermare che un insieme finito può, col tempo, diventare infinito e viceversa. Dipende da una qualche *condizione*. Cioè un approccio *dialettico* non è mai categorico. Addirittura si dovrebbe arrivare a dire che, poste determinate condizioni, un insieme finito può essere, *nello stesso tempo*, infinito.

La matematica dovrebbe chiedersi quali siano le condizioni che permettono una trasformazione così importante e, per certi aspetti, così straordinaria, almeno rispetto al suo tradizionale modo di ragionare.

Se la matematica non riesce a trovare queste condizioni nel suo apparato categoriale, dovrebbe andarle a cercare altrove, nella filosofia o nell'ontologia o nell'etica. In ogni caso non dovrebbe assumere un atteggiamento autoreferenziale, anche perché, in tal modo, finisce con l'impoverire i propri contenuti, allontanando da sé le persone che la considerano ostica. Le cose troppo astruse, inevitabilmente stancano.

Ma procediamo. La teoria degli insiemi afferma che un insieme privo di elementi è *vuoto*. Davvero nella realtà esistono insiemi del genere? E se anche esistessero, sarebbe davvero significativo saperlo? Un insieme reale potrà essere vuoto di taluni elementi, ma non può esserlo di tutti. Proprio perché l'insieme è coestensivo, coessenziale ai propri elementi.

Non esistono, se non in maniera convenzionale, degli elementi che "fanno" un insieme, ma è l'insieme che permette agli elementi di esistere e quindi di definirsi. "Fare" vuol dire "determinare", ma un insieme non è la "somma" di più elementi, se non in senso molto lato. Gli elementi fanno ciò che in realtà serve all'insieme per esistere. Se gli elementi non fanno ciò che viene richiesto, è perché si sta formando un nuovo insieme, dentro quello precedente, che ha pretese non solo di coesistenza, ma addirittura di sovrapposizione.

E qui ovviamente la matematica non può usare concetti come "buono" o "cattivo", ma possono, anzi devono farlo altre discipline. Ecco perché è importante che la matematica resti aperta al confronto con la *dialettica*. Proprio per evitare eccessive semplificazioni, che difficilmente troverebbero riscontri reali. La decontestualizzazione fa perdere il senso della realtà, per quanto affascinante possa essere per il libero pensiero.

Si noti, p.es., questa definizione: "Due insiemi sono uguali se sono formati dagli stessi elementi". In natura non si verifica *mai* una cosa del genere. Al massimo due insiemi possono essere *equivalenti*, non perfettamente uguali. È qualcosa di assolutamente innaturale o di completamente artificiale che possano esistere due insiemi composti da elementi identici. Persino nella produzione in serie, del tutto automatizzata, escono fuori i cosiddetti "difetti di fabbricazione".

La matematica arriva a queste definizioni arbitrarie perché, essendo dicotomica, cioè abituata a scomporre le cose, non parte dal generale per arrivare al particolare, ma fa il processo inverso. Così facendo, cioè preferendo definire preventivamente, in modo preciso, quali sono i singoli elementi di un insieme per poterlo individuare, alla fine ottiene un insieme che è appunto valido solo in matematica.

Nella realtà il processo è esattamente opposto: gli elementi possono essere individuati e definiti solo dall'insieme che li contiene. È il tutto che dà senso alle parti e le parti non hanno mai la stessa importanza. Invece per la matematica l'ordine con cui vengono individuati gli elementi di un insieme non ha alcuna importanza.

D'altra parte se si esclude dallo spazio il tempo, non si può pensare che tra i singoli elementi di un insieme vi possano essere delle priorità. Quando la matematica parla di *proprietà caratteristica* degli elementi di un insieme, non considera questa rappresentazione più significativa di quella per *elencazione*; anzi, la mette sullo stesso piano anche di quella rappresentazione grafica chiamata "i diagrammi di Eulero-Venn", che è particolarmente astratta, in quanto dentro una linea chiusa gli elementi dell'insieme possono essere disposti come si vuole: l'importante, infatti, è che stiano dentro. Non a caso la matematica preferisce quest'ultima rappresentazione, in quanto le permette di creare tutta un'altra serie di insiemi e sottoinsiemi che rendono la teoria ancora più astrusa.

Viceversa, il prodotto cartesiano fra due insiemi, che ha bisogno di equazioni per dare risultati significativi, viene messo per ultimo, poiché non soddisfa tutte le precedenti condizioni: p. es. non gode della proprietà commutativa ($A \times B \neq B \times A$) o non permette di usare per motivi di chiarezza il diagramma di Eulero-Venn quando gli elementi dei due insieme sono più di tre o quattro.

*

Vediamo ora i rapporti tra logica e teoria degli insiemi. In Europa occidentale, a partire dalla filosofia greca antica (vedi p.es. quella di Parmenide), la logica si è sempre caratterizzata per essere una specie di matematica. È logico ciò che è vero o falso, senza vie di mezzo. Come appunto in matematica, dove a un determinato problema si deve trovare una determinata soluzione, pur potendo seguire strade differenti. Se la soluzione non si trova, si dice che il problema è irrisolvibile, cioè i suoi presupposti, le sue ipotesi di partenza non offrono condizioni sufficienti per poterlo risolvere in maniera adeguata, razionale.

Questo carattere meccanicistico della logica è stato applicato non solo alle scienze esatte (fisica, chimica, ecc.), ma anche alla grammatica e, quando assume la forma sillogistica, anche a tutte le scienze umanistiche. Lo stesso principio della dialettica si avvale della procedura sillogistica, per quanto con Hegel la dialettica sia diventata il metodo con cui tenere uniti degli opposti che si attraggono (in quanto l'uno ha bisogno dell'altro) e si respingono (in quanto ognuno possiede una specifica qualità o identità).

Siccome anche la teoria degli insiemi tratta il tema della logica, è impossibile non parlarne. Se sia la logica figlia della matematica o il contrario, è molto difficile stabilirlo. In Europa occidentale la matematica (aritmetica e geometria di Talete e di Pitagora) e la logica di Parmenide sono nate quasi contemporaneamente, nell'ambito della filosofia della natura e dei ceti mercantili. E sono entrambe delle astrazioni o, se si preferisce, delle semplificazioni, in quanto nessuna delle due scienze sapeva cogliere la realtà nella sua complessità dialettica, nei suoi aspetti sociali contraddittori.

La differenza tra logica e matematica sta unicamente nel fatto che la prima non fa calcoli coi numeri, ma solo coi ragionamenti. Cioè la logica non si preoccupa di notazioni simboliche, di operazioni con riga, squadra e compasso, nonché di tabelle di numeri e formule prestabilite. La logica è persuasiva in forza del suo ragionamento stringente, rigoroso, apparentemente ineccepibile. Si avvale di *proposizioni di senso compiuto* o di enunciati chiaramente veri o falsi. Non possono essere considerate proposizioni logiche le opinioni, le previsioni su fatti futuri, le domande, le esclamazioni, i comandi. Tutto va argomentato e rapportato a situazioni che si presumono reali, tant'è che la risposta può essere soltanto vera o falsa.

La logica bandisce dalle sue argomentazioni i linguaggi figurati, le espressioni simboliche, le metafore, cioè praticamente il 95% del linguaggio umano, o comunque proprio quelle espressioni linguistiche che più e meglio ci distinguono dagli animali e dagli strumenti artificiali che ci diamo per la nostra esistenza quotidiana (dall'acceso-spento per la luce al linguaggio binario in campo informatico). La logica si trova anche nello studio della grammatica, che in Occidente viene svolta come se fosse una matematica.

In un certo senso dovremmo considerare la matematica un'applicazione della logica. Però si potrebbe anche sostenere il contrario, e cioè che la matematica è uno svolgimento particolare della logica, che avviene per mezzo di numeri e di simboli. La logica, in senso stretto, andrebbe insegnata agli adolescenti, cioè a coloro che non si sono ancora formati un pensiero dialettico sulla realtà. I giovani, essendo inesperti, hanno bisogno di sicurezze, e la logica è lo strumento più semplice per acquisirla, anche perché si avvale di proposizioni atomiche concatenate, composte, ognuna, da un solo predicato.

Il massimo della complessità viene appunto raggiunto quando si combinano tra loro le proposizioni atomiche, che così diventano molecolari. È una complessità alquanto minimale. Persino i connettivi che si usano per comporre tra loro le proposizioni, possono operare al massimo su due o tre proposizioni alla volta. Nei test strutturati, dove la risposta è vera o falsa, le proposizioni devono essere molto semplici come costruzione sintattica, non devono dare adito ad ambiguità semantiche, devono anzi prevedere una risposta univoca, assolutamente certa. In tal senso la teoria degli insiemi si presta a un affronto logico proprio perché è concettualmente povera, priva di sfumature.

Che la logica sia una specie di forzatura linguistica, lo si comprende con un minimo di buon senso. Prendiamo p.es. questa frase: "Non credo che non andrò a Parigi". È una doppia negazione: la regola vuole che sia in realtà un'affermazione, cioè è un modo di dire che mi recherò sicuramente a Parigi. Eppure ho usato un verbo particolare: "credere", che, per sua natura, non dà certezze, tant'è che è il verbo preferito dalle religioni, quelle che si giustificano sulla base della "fede".

Supponiamo ora di avere due proposizioni unite dalla congiunzione "e". La tabella parla chiaro: se sono entrambe vere, il risultato finale sarà vero. Ma se anche una sola è falsa, il risultato sarà falso. Cioè anche se una delle due è vera, alla fine diventa falsa. La logica è inequivocabile, ma la psicologia direbbe, in tal caso, che si è verificato una sorta di "effetto alone" e si è, per così dire, ripristinato il principio della presunzione di colpevolezza, usato ai tempi dell'Inquisizione.

Si dirà che nella "disgiunzione inclusiva", quella col connettivo "o", vale la regola contraria, e cioè che il risultato finale è falso soltanto quando entrambe le proposizioni sono false. Il problema è che non si dovrebbe permettere al linguaggio umano d'essere determinato da connettivi così minimalisti come "e" e "o". Nella realtà ogni affermazione va discussa. Non possiamo permettere che la cosa più difficile di questo mondo: la *ricerca della verità*, possa essere assoggettata a responsi di tipo oracolare, dove il confine tra il misticismo e il comando militare è debolissimo.

Anche perché si rischia di cadere in assurdità, come quella della "disgiunzione esclusiva", dove se due proposizioni sono entrambe vere o false, il risultato finale sarà sempre di falsità. Se io dico: "O vieni o parto senza di te", che senso ha che la logica sia così categorica quando l'interlocutore deve ancora prendere una decisione? E se lui (o lei) mi lasciasse partire per poi raggiungermi subito dopo? E se dicesse di voler venire con me e poi si pentisse d'averlo fatto?

Non possiamo essere così astratti da credere che le relazioni umane sono soltanto bianche o nere. Generalmente, anzi, hanno molte sfumature di grigio. Si pensi al fatto che nell'"implicazione materiale" (quella, per intenderci, del tipo "se a allora b"), qualunque cosa si dica è sempre vera, ad eccezione di un solo caso, quello in cui la prima proposizione è vera e la seconda è falsa. Chissà perché se accade il contrario, il risultato è vero. Cioè nel caso in cui io dica: "Se sono miope, allora vedo bene da lontano", e la prima è vera, mentre la seconda è falsa, sto dicendo una falsità. Ma se io dico: "Se vedo bene da lontano, allora sono miope", supponendo che la prima sia falsa, e la seconda sia vera, come in effetti è, allora il risultato è vero! Eppure le proposizioni sono state semplicemente cambiate di posto.

Dove sta l'assurdità di questo modo di ragionare? Nel fatto che si pretende di attribuire la verità o la falsità di una proposizione a prescindere dall'altra. La stessa cosa si fa in grammatica, quando si pretende di dire che una frase è di senso compiuto semplicemente avendo un soggetto e un predicato. Questo significa impoverire enormemente il linguaggio umano, cioè ridurlo a un linguaggio-macchina.

Con la "coimplicazione materiale" si raggiunge l'eccesso, poiché in tal caso vi è anche la possibilità che il risultato sia vero pur essendo due proposizioni entrambe false: "potrei volare se e solo se fossi un'aquila"!

Sull'argomento ho già scritto due libri: uno dedicato alla grammatica, l'altro dedicato a Wittgenstein. In quest'ultimo ho esaminato soprattutto la differenza tra "tautologie" (le espressioni sempre vere) e "contraddizioni" (le espressioni sempre false). Rimando a quelli per non ripetermi. Qui vorrei vedere invece un altro argomento. gli *enunciati aperti* e gli *insiemi*.

*

Gli "enunciati aperti" rappresentano il tentativo disperato di rendere più flessibile una logica troppo schematica. Ma il risultato lascia molto a desiderare. In pratica si usano delle incognite, chiamate "variabili", associandole a un insieme, in modo tale che solo il predicato è chiaro: gli argomenti incogniti sono appunto degli enunciati aperti.

È una cosa che può servire ai motori di ricerca del web, i quali, avendo troppi dati da archiviare, cercano di fornire, come risultato, non "la" verità, ma un "insieme" di verità, un insieme che appartiene a una sorta di "dominio" più generale, il quale è l'insieme dei valori che è possibile attribuire alle variabili, indipendentemente dal fatto che rendano la proposizione vera o falsa. Cioè cos'è che decide della scientificità di una qualunque tabella? È la denominazione univoca delle colonne e delle righe, ma mentre per quest'ultime basta mettere dei numeri consecutivi e illimitati, per le colonne bisogna scegliere delle intestazioni che siano, a un tempo, univoche e significative sul piano semantico.

Facciamo un esempio. Voglio cercare un docente (il dominio), che insegni storia in un liceo (insieme di verità) con 40 anni di esperienza (il predicato). Anzitutto il dominio, preso in sé, è valido in ogni caso, cioè anche a prescindere dal fatto che il docente appartenga a un liceo. È piuttosto l'insieme di verità che qualifica il valore del dominio. Ma il problema è: riusciremo a trovare un docente liceale di storia con così tanto servizio? Siccome l'enunciato è aperto, il report, temendo di non soddisfare la precisa richiesta dell'utente, fornirà anche l'elenco dei docenti che hanno meno di quarant'anni di servizio. Andando avanti, il motore passerà ai docenti di storia non liceali; poi passerà a quelli di italiano, che in molti istituti hanno la loro disciplina abbinata alla storia, e così via. Insomma, non potendo la logica essere stringente, andrà per approssimazione. Qui non sarà come in quello splendido libro di A. Koyrè, *Dal mondo del pressappoco all'universo della precisione*, ma il contrario. Non a caso, dopo aver parlato di enunciati aperti, la teoria degli insiemi giunge a trattare un argomento ancora più vago: i *quantificatori*.

Essi hanno la caratteristica di essere o *universali* (p.es. "tutti gli uomini sono mortali", per cui ogni elemento x appartenente agli insiemi degli uomini ha la proprietà d'essere mortale) o *esistenziali* (p.es. "qualche animale ha le ali", per cui almeno un animale x di questo insieme ha la proprietà di... "volare". E la gallina, col suo gallo e i suoi pulcini, dove li mettiamo?).

Il punto, infatti, è proprio questo, che quando la matematica si mette a far la logica, rischia di sconfinare nella banalità. La matematica assume concetti filosofici astratti, già ambigui in filosofia, e finisce o con lo scoprire l'acqua calda o col non voler prendere atto che la vita è piena di eccezioni, molte delle quali prodotte artificialmente dall'uomo. Se proprio si vogliono usare concetti come "universale" o "esistenziale", si usino campi non attinenti alla matematica, la quale richiede dimostrazioni concrete, circostanziate, valide appunto in quanto contestuali a determinati presupposti.

Più interessanti sono le relazioni di due insiemi, non necessariamente distinti, che si usano con grande vantaggio nella costruzione dei database: le relazioni *uno a uno* (ad ogni elemento dell'insieme A è associato un solo elemento dell'insieme B: p.es. ogni persona ha un codice fiscale diverso), *uno a molti* (ogni singolo elemento si collega a molti elementi di un insieme diverso: p.es. ogni persona legge più genere di libri), *molti a uno* (molti elementi possono collegarsi a un solo elemento di un insieme diverso: p.es. molte persone votano un solo partito), *molti a molti* (molti elementi di un insieme si collegano a molti di un altro: p.es. una persona può avere più appartamenti in multiproprietà e ogni appartamento può avere più proprietari).

Tuttavia le cose non sono così semplici: sia perché prima di fare un database bisogna pensarci bene e considerare tutte le possibili eccezioni, guardando attentamente la realtà, avvalendosi dell'aiuto di qualcuno, poiché ogni errore compiuto non sarà indolore; sia perché nella vita le cose cambiano e non c'è database che tenga. Presumere di poter intabellare tutte le situazioni, gli oggetti, i fenomeni, le identità ecc., come faceva Bacone, è semplicemente folle. Né si può pensare di correggere una relazione senza andare a modificarne un'altra. I database sono un groviglio di fili intrecciati e non hanno la proprietà di autocorreggersi (al massimo riescono ad autoaggiornarsi, aggiungendo nuovi dati alle tabelle).

I difetti di queste infinite relazioni li vediamo già oggi nei motori di ricerca "generalisti": sono talmente tante le informazioni che ormai non si trova più nulla di preciso. E ci si illude che le prime cose che si trovano siano migliori di quelle successive, semplicemente perché - stando almeno all'algoritmo di Google - appaiono le più ricercate. Davvero il destino dei motori è quello di restare "generalisti"? Ma anche se si è specializzassero, col tempo non rischierebbero lo stesso di diventare così ingombranti da risultare poco efficaci? È l'idea stessa di "sapere intabellato" che non funziona. Riempire le tabelle di quante più informazioni possibili, quando nella vita pratica ne bastano molte meno, è un difetto che ci trasciniamo dietro dai tempi delle enciclopedie illuministiche.

Le tendenze dell'evoluzione umana

I problemi relativi al lontano futuro dell'umanità spesso si trovano relegati ai margini delle scienze, oppure vengono trattati esclusivamente a livello di fantascienza. Eppure, per poterli affrontare, la scienza ci sarebbe già di grande aiuto. Fra le molte sue branche che s'interessano di tali problemi, una delle più importanti è l'*antropologia*, specie quando questa prende in esame l'uomo nella sua complessità e interezza, cioè tanto sul piano bio-fisico quanto su quello sociale. Il sociale - come noto - emerge ed evolve in stretta relazione col biologico, benché le premesse biologiche non siano determinanti per l'evoluzione delle forme sociali.

La specificità dell'uomo, come oggetto di ricerca, si definisce per la sua universalità: in rapporto alla natura vivente della Terra, l'uomo rappresenta una qualità nuova, unica, del movimento della materia ed è, di conseguenza, un fenomeno di significato cosmico sul piano evolutivo. L'evoluzione dell'uomo fa parte della più generale evoluzione della materia: ecco perché il suo futuro non può essere esaminato al di fuori dell'evoluzione dell'universo.

Tutto ciò porta inevitabilmente alla formulazione di domande molto importanti: la fine dell'esistenza umana sulla Terra è determinata dalla stessa dinamica dell'universo? qual è il ruolo degli esseri pensanti nell'universo? Rispondere in modo esauriente a queste domande è praticamente impossibile, ma esse si vanno facendo strada con sempre maggior vigore nella mente degli scienziati, altrimenti non ci si preoccuperebbe di studiare così a fondo l'universo, di ipotizzare esistenze aliene, di organizzare viaggi verso Marte e altri pianeti, ecc.

L'evoluzione dell'uomo fa parte della linea di progresso della materia dal semplice al complesso, all'interno naturalmente di livelli organizzativi abbastanza stabili. I principali progressi avvengono mediante una lotta dei contrari, ovvero attraverso salti qualitativi che portano a nuove situazioni, in cui qualcosa permane e qualcosa si modifica in modo sostanziale. Le vecchie strutture, anche se molto specializzate (e a volte anzi proprio per questo) sono destinate a essere rimpiazzate.

Il cervello umano può senza dubbio essere considerato come la conquista principale dell'evoluzione della materia sulla Terra e forse nell'intero universo. Ed è stato, come noto, il lavoro collettivo a stimolare tale rapida cerebralizzazione, la quale, a sua volta, è strettamente dipendente dalla forma suprema del movimento della materia: la *forma sociale*.

Correlato a questo processo di portata universale è un altro processo, quello della progressiva emancipazione dell'uomo dai fattori ambientali mediante l'uso di meccanismi d'autoregolazione. Ad es. oggi possiamo tendenzialmente superare molte forme del condizionamento genetico. Ovviamente ciò sarebbe impossibile senza l'enorme accumulo di informazioni realizzato in questi ultimi decenni.

Caratteristica dell'uomo moderno, "informatizzato", è quella di poter prendere decisioni anticipate in situazioni di emergenza. Se e quando non lo facciamo è per negligenza, non per incapacità. Paradossalmente è proprio lo sviluppo dell'informatica, che pur sembra escludere un particolare ruolo della coscienza, a indicarci la responsabilità dell'uomo ogniqualvolta non si assumono decisioni conformi ai bisogni effettivi. Quanto più i processi si automatizzano, tanto più deve responsabilizzarsi la coscienza dell'uomo: questo è del tutto naturale. Ogni addebito al caso o alla fortuna costituisce in realtà un'implicita ammissione di inerzia del pensiero e di delega di funzioni (basta vedere come ci si comporta nei confronti dell'inquinamento dei nostri mari).

Si può qui aggiungere che con l'evoluzione aumenta il ruolo strategico dell'informazione riguardo al problema dell'energia. Se è impossibile separare informazione e materia, è anche vero che l'insieme delle proprietà energetiche e informatiche rappresenta l'unità materiale del mondo, al di là della quale la vita oggi non avrebbe alcun futuro. Ed è una unità che senza il supporto fondamentale del cervello e senza il concorso della consapevolezza e dell'organizzazione sociale, non si reggerebbe in piedi, ai livelli attuali, neanche un minuto, anche perché è una unità per nulla omogenea, ma anzi una specie di "diversità integrata", nel quadro però di una umanità compressa dalla forza dei poteri dominanti.

È molto probabile che lo sviluppo futuro dell'umanità sarà caratterizzato da una autonomia e universalità ancora maggiori (aumenterà, p.es., la familiarità con lo spazio cosmico, con i fondali degli oceani e con gli ambienti artici e antartici). Potremo usare nuove energie e saremo più indipendenti dalle avversità climatiche e alimentari. Aumenterà fortemente l'informazione, il che permetterà di prevedere determinati fenomeni, di anticipare determinate azioni. La diversità dei popoli, delle etnie, delle lingue, religioni e culture sarà in un certo senso "integrata". Tutto ciò e altro ancora sembra essere alla portata dell'uomo, sulla base naturalmente delle attuali acquisizioni tecno-scientifiche e delle potenzialità delle forze produttive.

I classici del marxismo s'immaginarono, a grandi linee, il futuro dell'umanità come un'organizzazione sociale unita, altamente strutturata, ricca dal punto di vista energetico e informativo. A ben guardare, questa tendenza appare di carattere "universale", a prescindere cioè dalla dinamica delle formazioni sociali contemporanee (capitalismo, socialismo, ecc.), oggi peraltro in forte discussione. Molti evoluzionisti ritengono che la "forma sociale" della materia, sulla base di precisi fenomeni biologici, tenda a porsi come un fattore planetario, cosmico e cosmologico, dotato d'uno sviluppo infinito, alla stregua di una "evoluzione dell'evoluzione".

Esiste tuttavia un altro modo di vedere le cose, che a molti forse apparirà troppo pessimista. Quello secondo cui la nostra civiltà, come ogni altra, ha un limite determinato a priori dal suo stesso sviluppo. Una volta raggiunto il traguardo, essa, in un certo senso, si autodistrugge, poiché crea condizioni che rendono la vita impossibile. Nell'universo le civiltà vanno e vengono, senza entrare in contatto l'una coll'altra, tanto è breve il loro cammino. I futurologi occidentali prediligono questo orientamento e mirano a sottolineare l'esaurimento delle risorse naturali, la sovrappopolazione, l'inquinamento dell'ambiente, la crisi alimentare, ecc.

Questo punto di vista tende a considerare come "definitivi" singoli fenomeni di crisi, senza cioè comprendere che questi fenomeni esistono proprio per dimostrare all'umanità che il passaggio a un livello superiore di consapevolezza e di organizzazione è indispensabile. V. Vernadsky diceva che l'umanità, divenuta ormai una "forza geologica", si trova messa a confronto con le conseguenze della dimensione cosmica delle sue attività. Ciò significa che al cospetto dei fattori distruttivi, l'umanità deve saper reagire con prontezza ed efficacia, se vuol sopravvivere.

Senza dubbio niente predetermina fatalmente la fine o l'eterna esistenza di questa o quella manifestazione particolare della materia nell'universo. Con Engels noi potremmo dire che la materia, in tutte le sue trasformazioni, resta eternamente se stessa, ovvero che lo "spirito pensante" nell'universo è indistruttibile. Ciò implica che singoli fenomeni o forme evolutive possano non raggiungere il loro scopo immediato, ma in rapporto alle "ragioni" dell'eternità il loro significato resta. L'umanità ha un futuro cosmico, ma questo futuro va conquistato in un processo continuo di autosuperamento. La prospettiva teorica dell'eternità non offre garanzie di sicurezza pianificata del genere umano, né può scusare quest'ultimo della sua ignavia. I pericoli del progresso sono sempre dietro l'angolo e a volte sembrano sproporzionati rispetto alle nostre capacità d'affrontarli.

Molti scienziati sono convinti che la transizione dallo stato di divisione intertribale tipico del periodo preistorico alla reale storia dell'umanità sempre più unita aprirà nuove immense possibilità alla concentrazione dei mezzi, dell'energia e del pensiero scientifico, grazie alle quali si potranno affrontare gli immensi problemi globali che già da ora ci affliggono. È assurdo parlare di tendenza fatale all'autodistruzione o alla scomparsa dell'evoluzione universale. La valorizzazione di nuove energie (solare, nucleare, eolica, ecc.), lo sviluppo della biologia e biotecnologia, dell'ingegneria genetica, l'organizzazione globale della protezione dell'ambiente, la messa a punto di antimutageni, il trasferimento nello spazio cosmico di talune produzioni, la vasta cooperazione tecno-scientifica mondiale, il rapido progresso della conoscenza del micro- e macrocosmo: questo e altro ancora può essere messo al servizio dell'umanità.

Tuttavia queste aspirazioni sembrano essere solo fantascientifiche, in quanto la reale evoluzione della scienza è in funzione d'interessi tutt'altro che umanitari. L'idea di globalismo che si va affermando non è che la pretesa egemonica, a livello mondiale, di una cultura che di "umano" non ha proprio nulla, essendo unicamente interessata al potere economico e finanziario.

L'universo ci attende

È stato scientificamente provato il carattere "non stazionario" dell'universo. Esso è in espansione ininterrotta da 15-20 miliardi di anni, sin dalla sua nascita, per opera dell'esplosione di un nucleo di materia superdensa. A tale proposito due modelli ipotetici sono stati avanzati: uno ritiene che l'espansione continuerà all'infinito, l'altro invece che ci saranno anche fasi di contrazione. Quest'ultimo sembra presupporre la fine dell'universo, la rovina di tutte le conquiste della ragione. L'astrofisica tende verso il primo modello, ma, sia come sia, è difficile credere che la dinamica dell'universo possa determinare fatalmente una definitiva estinzione della ragione (che sembra destinata a evolversi continuamente). Una fine assoluta dell'universo potrebbe essere tollerata solo a condizione che implicasse una trasformazione altrettanto assoluta dell'universo stesso.

L'umanità, nell'accezione contemporanea della parola, non è certo eterna sulla Terra, ma è eterna la legge della trasformazione della materia. La conclusione di ogni forma di esistenza è predeterminata dal suo contenuto, ma il contenuto dell'intero universo, che è l'evoluzione verso livelli sempre maggiori di consapevolezza, non può avere termine, altrimenti si cadrebbe in una contraddizione insostenibile. Ciò che dobbiamo accettare è la negazione dialettica, ovvero la fine di una dimensione, che diventerà, a sua volta, l'inizio di un'altra dimensione, ovvero di una nuova forma, superiore, di movimento della materia.

*

Il ruolo che attualmente svolge l'umanità nell'universo appare paradossalmente minimo rispetto al potenziale organizzativo e informatico di cui dispone. D'altra parte l'universo contemporaneo (cioè il suo stadio astrogalattico), in rapporto ai processi generali d'evoluzione della materia, è relativamente giovane. In effetti, i suoi 15-20 miliardi di anni non sembrano dover essere stimati uno spazio di tempo mostruosamente grande, se si considera che la vita sul nostro pianeta data da almeno 3,5 miliardi di anni. Si può dunque pensare che in tutto l'universo la ragione si trova a uno stadio relativamente iniziale del suo sviluppo e che la sua funzione cosmica non s'è ancora manifestata con sufficiente forza. Probabilmente la funzione della civiltà terrestre si paleserà concretamente mediante l'interazione con altre forme di vita ragionevoli nel corso di un'unica evoluzione della galassia. E questo non potrà avvenire senza un continuo approfondimento della conoscenza delle leggi che governano il nostro mondo.

Fra qualche centinaia di migliaia e anche di milioni di anni, la specie *homo sapiens* avrà probabilmente cessato di esistere, ma solo per passare a una forma qualitativamente nuova di specie, assai diversa dalla precedente quanto a organizzazione generale, tipo morfofisiologico, caratteristiche eco-ambientali, ecc., tanto che dovrà essere classificata tra le specie nuove.

La nostra galassia non resterà sempre uguale ma si trasformerà profondamente, seppur lentamente: anzitutto una parte delle stelle si raffredderà, poi vi sarà la separazione dei pianeti dalle stelle centrali, infine (dopo spazi di tempo immensi) avverrà la dispersione delle stelle nello spazio metagalattico. Tutto ciò comporterà, inevitabilmente, un mutamento fondamentale nella struttura stessa della materia. Il biocibernetico Y. Antomonov ritiene che il sostrato biologico della ragione finirà per cambiare di qualità.

Ma quale che sia l'intelligenza del futuro, essa resterà sempre uno "spirito pensante" (secondo l'espressione di Engels). Uno spirito dotato, nell'ambito dell'universo, d'una funzione informativa ed energetica eterna. In quella lontana epoca i processi energetici dell'universo e tutta la sua materia saranno strettamente legati alla potenza trasformatrice e organizzatrice della ragione. In tale contesto, la coscienza individuale sarà la misura del livello raggiunto dalla coscienza sociale.

Uomini e computer

Caratteristica umana fondamentale è la *completezza*, la *globalità* delle percezioni, dei sensi e dei sentimenti, della ragione e dell'intelletto. In questa sintesi di elementi diversi, l'essere umano può manifestare anche segni di debolezza, senza tuttavia perdere la propria dignità, e anche quando quest'ultima viene perduta, si ha sempre la possibilità di recuperarla.

Il computer o il robot è invece un prodotto raffinato di una sola funzione umana: quella *intellettiva*, e di questa funzione esso ha sviluppato solo quella *logico-formale*. Cioè non solo esso ha un'intelligenza limitata in quanto la vive separatamente da tutto il resto, ma l'intelligenza che vive ha una logica meramente astratta, che non nasce da un confronto *dialettico* con la realtà concreta. Il computer, anche se inserito nella rete più complessa della Terra, resta solipsistico.

Gli esseri umani dovrebbero limitarsi a riprodurre degli esseri altrettanto umani, dal punto di vista sia biologico che culturale, perché è proprio questo lo scopo più grande della loro vita.

I limiti tecnici di un computer vengono avvertiti in un tempo relativamente breve, come un peso che ad un certo punto diventa insopportabile: di qui gli incredibili progressi fatti sul piano telematico in quest'ultimo decennio. Si pensi solo al fatto che il web ha sostituito l'idea di mettere il sapere in un cd-rom. Il vero sapere può essere solo interattivo e modificabile in qualunque momento.

Viceversa nell'essere umano i limiti personali sono avvertiti come una "caratteristica" dell'umanità di un individuo, e solo quando questi limiti sono particolarmente accentuati si arriva a pensare che l'individuo abbia una scarsa umanità (in tal senso è bene non arrivare a pensare che l'individuo non abbia alcuna umanità, poiché un pensiero del genere nasce sempre dal rifiuto di prendere in considerazione i condizionamenti sociali).

È un'illusione quella di credere che lo sviluppo dell'identità umana sarà tanto più possibile quante più informazioni potremo assimilare. L'essere umano, nel momento stesso in cui nasce, dispone di ogni cosa per vivere un'esistenza sana ed equilibrata. Sono soltanto le circostanze esterne che lo portano a fare delle scelte sbagliate. Ed è poi sulle conseguenze di queste scelte che si torna a riflettere, cercando di prendere decisioni più giuste.

Se l'essere umano fosse un soggetto non perfetto ma in continua evoluzione biologica, molti scienziati oggi non sarebbero arrivati alla conclusione che il genere umano è un *unicum* nell'universo, è un prodotto finale, non soggetto a ulteriore evoluzione. Ciò che muta nell'essere umano è solo la capacità di usare le sue qualità intrinseche (morali e intellettuali).

L'idea di creare una "razza superiore" dal punto di vista biologico è un'assurdità. La superiorità può essere manifestata solo sul piano *culturale* (intendendo per "cultura" la capacità di vivere profondamente l'umanità implicita in ognuno di noi).

La scienza inutile

Tutte le scoperte scientifiche che abbiamo fatto nell'ultimo mezzo millennio sono nate da un'esigenza sbagliata: quella di "dominare" la natura. Un'esigenza che, a sua volta, si è sempre basata su un tipo di vita - sfruttare il lavoro altrui - che di umano non aveva nulla.

Certo, si potrà obiettare che gli esseri umani vengono sfruttati da almeno 6000 anni: tuttavia è solo da 500 che viene fatto tramite il *macchinismo*. Prima lo sfruttamento era diretto, immediato, personale, in quanto esistevano schiavi o servi della gleba. In un rapporto del genere la dipendenza personale era così esplicita che non vi era bisogno di mediarla attraverso la tecnologia. Il nullatenente non solo non possedeva la libertà personale, ma neppure la parvenza giuridica di alcuna forma di libertà.

Il progresso storico purtroppo non ha comportato il definitivo superamento dello schiavismo, ma solo la sua trasformazione in servaggio, e questo, a sua volta, s'è trasformato in lavoro salariato. Si è passati da uno sfruttamento all'altro, aumentando l'ipocrisia con cui mascherarlo e perfezionando gli strumenti con cui conservarlo in forme e modi diversi.

In questo continuo perfezionamento dei mezzi tecnologici l'invadenza nei confronti della natura è sempre stata più macroscopica. S'è allargata in estensione geografica e s'è approfondita in intensità e durata.

Gli effetti di questa pretesa egemonica sono stati sempre più devastanti, non solo sull'ambiente naturale, ma anche sull'habitat umano. Ci siamo dati dei mezzi il cui controllo ci sta sfuggendo di mano. Abbiamo completamente perso il senso della natura e, con esso, il senso dei valori umani, il senso della nostra umanità. Questo perché non abbiamo capito che *umano* e *naturale* o convivono pacificamente o si distruggono entrambi.

Noi non abbiamo il diritto di fare della natura un nostro prodotto, anzi, al contrario, abbiamo il dovere di stare entro i limiti ch'essa c'impone. Non possiamo sfruttare la natura al di là di quello ch'essa spontaneamente può offrire. Non si può continuare ad avere un atteggiamento così arbitrario, nella convinzione ch'esso non avrà alcuna conseguenza irreparabile su di noi.

Noi non abbiamo il diritto di usare un tipo di scienza e di tecnica che costituisca una minaccia alla sopravvivenza della natura, cioè al suo diritto di riprodursi. L'uso della libertà umana ha senso solo entro i limiti che la natura c'impone. Non possiamo decidere da soli i limiti di questa libertà, prescindendo da quelli previsti in maniera naturale.

La natura non è un semplice oggetto a nostra completa disposizione, che trova la sua ragion d'essere dal tipo d'interpretazione che possiamo farne. Viceversa è l'uomo che, per poter avere un'adeguata considerazione di sé, deve sottostare al punto di vista della natura.

Il fatto che l'uomo si senta l'intelligenza della natura non sta di per sé a significare che non sia vero anche il contrario, e cioè che la natura abbia una propria intelligenza da esercitare sull'uomo.

La natura non è una statua muta, ma un organismo vivente, tant'è che parlare di "natura inanimata" non ha alcun senso. Se a noi pare ch'essa non parli è soltanto perché non sappiamo né vogliamo ascoltarla.

Noi non siamo sufficientemente consapevoli che il nostro pianeta appartiene all'universo e che alle leggi di questo deve rendere conto. La Terra è soggetta a precise condizioni di esistenza: se, per qualche ragione, non vengono rispettate, il suo destino è segnato.

Gli esseri umani possono anche ritenersi immortali, ma l'universo non saprà che farsene degli abitanti di un pianeta che non sono stati capaci di rispettare le ottime condizioni di vita offerte loro a titolo gratuito. L'universo non può essere popolato da gente che non è neppure capace di gestire la propria abitazione.

Noi ci illudiamo a pensare che le condizioni di vita che ci offrirà l'universo saranno completamente diverse da quelle che abbiamo su questo pianeta. La diversità fondamentale starà soltanto nel fatto che la *libertà di coscienza* non potrà essere violata impunemente: tutti avranno diritto di scegliersi il proprio stile di vita.

Fondamentalismo ed evoluzionismo

Mi è capitato casualmente di leggere il n. di gennaio 2010 del mensile cattolico di "informazione e formazione apologetica", "Il Timone" (iltimone.org), il cui dossier era dedicato all'evoluzionismo, e devo dire di aver condiviso quasi integralmente le critiche nei confronti di questa teoria cosiddetta "scientifica". Tuttavia nel complesso il dossier è quanto di più reazionario si possa leggere sui rapporti tra fede e ragione: come si spiega questa contraddizione? Per quale motivo una valida obiezione scientifica può trasformarsi, nelle mani del fondamentalismo religioso, in uno strumento favorevole soltanto al clericalismo politico? Quali sono i criteri per capire il carattere strumentale di un'analisi che in apparenza non vuole essere apologetica? Vediamoli per punti.

1. Quando il fondamentalismo religioso (in questo caso cattolico, ma il rilievo può valere anche per i geovisti, che sull'argomento dicono le stesse cose) usa argomentazioni di tipo scientifico, confutando altre argomentazioni analoghe, non lo fa per restare nell'ambito della *scienza* ma per dimostrare che l'unica verità possibile è di tipo *religioso*. Cioè usa la scienza per sostenere una verità non scientifica, che tale è in quanto i suoi presupposti sono indimostrabili (p.es. l'esistenza di un dio assoluto o la necessità di una specifica chiesa).

2. Questo modo di procedere non solo è incompatibile con qualunque criterio di gestione del sapere scientifico, ma è, in un certo senso, contraddittorio con la stessa religione in generale, poiché questa, basandosi sulla *fede*, non dovrebbe servirsi di argomentazioni scientifiche per dimostrare la fondatezza dei propri assunti.
3. La fede può aver ragione sulla scienza quando i suoi principi producono *effetti* migliori di quelli prodotti dalla scienza (p.es. perché più umani o più democratici). Un qualunque dialogo tra fede e ragione non può vertere su argomentazioni di tipo *scientifico*, ma, al massimo, sulle conseguenze *etiche* di tali argomentazioni.
4. Se il fondamentalismo religioso vuole negare qualunque valore al concetto di "scienza", per sostenere che, in ultima istanza, tutto è "opinione", dovrebbe però nel contempo rinunciare a tutte le proprie "verità di fede" (che, come tali, sono indiscutibili), ai propri dogmi, né dovrebbe credere in concetti come "infallibilità" (che i cattolici applicano al pontefice) o "indefettibilità" della propria chiesa.
5. Ogniqualvolta la fede religiosa vuole usare una scienza "vera" contro una scienza "falsa", non fa aumentare ma diminuire la propria *verità*, proprio perché un tale uso della scienza è meramente strumentale all'affermazione non di un "sapere scientifico" ma di un "potere politico", quello *clericale*.
6. Se la chiesa avesse basato la verità dei propri contenuti su fatti razionalmente dimostrabili, non avrebbe chiesto la *fede* per credervi ma la *ragione*. Nessun credente può sostenere la verità scientifica dei propri postulati religiosi e il fatto di pretendere che siano comunque più "logici" di altri assunti di tipo scientifico, non rende la fede più vera.
7. Una chiesa che si serve della scienza per contestare gli assunti di un'altra scienza che non le piace (perché p.es. non parte da presupposti religiosi), è una chiesa non meno atea o razionalista della scienza che vuole combattere. In questa chiesa i presupposti religiosi risultano infatti del tutto astratti, formali, vuoti di contenuto, usati non solo per fare un discorso che non può oggettivamente essere *scientifico*, ma che anche sul piano soggettivo non ha nulla di *edificante* (in senso religioso).
8. Quando si vuole sostenere che l'evoluzionismo non è scientifico come pretende, non si può dare per scontato, nelle proprie argomentazioni, che dio esiste e che la sua esistenza è la "prova ultima" dell'inconsistenza di qualunque teoria scientifica non reli-

giosa. Se l'evoluzionismo è solo un'opinione infondata, al centro dell'universo resta comunque l'*uomo*. L'umano è l'unica realtà di cui possiamo fare esperienza, anche per confutare verità che credevamo acquisite. L'inesistenza di dio non rende impossibile l'esperienza dell'umano.

9. Vi sono scienziati credenti (p.es. Zichichi, intervistato nel dossier) che sostengono che, siccome tutto l'universo è basato su leggi necessarie, su una logica stringente, allora deve per forza esserci da qualche parte un'intelligenza superiore, che loro chiamano "dio". E quando vedono gli scienziati atei negare la necessità di questa conclusione, dicono che tali scienziati fanno solo una professione di fede (nell'ateismo), non avendo prove concrete per dimostrare alcunché. Zichichi afferma che è molto più "logico" un atto di fede nel "creatore" (cfr *Perché io credo in Colui che ha fatto il mondo*, 2009, Tropea).

In pratica Zichichi fa un ragionamento di questo genere, che è tutto meno che scientifico: siccome c'è un effetto di portata colossale (l'essere umano e l'universo che lo contiene), allora ci deve essere una causa equivalente, e questa causa - vista l'incredibile complessità e perfezione dell'effetto - non può essere che "dio". Cioè proprio nel momento in cui egli dovrebbe dare una risposta scientifica ne dà una mistica.

Invece di far coincidere la causa con l'effetto o invece di affermare la relatività e la limitatezza delle nostre conoscenze, propone una soluzione precostituita, fatta passare come "logica".

Questo modo di ragionare pare essere il frutto di un condizionamento sociale ritenuto inspiegabile. Gli scienziati credenti apologizzano non solo la loro fede ma anche il *sistema sociale* in cui essa si forma, in quanto sostengono che, siccome gli uomini, pur essendo unici nel cosmo, non riescono a risolvere i loro problemi, ciò è dovuto al fatto che si sono allontanati da dio. Gli uomini sono infelici perché *atei*, non perché basano la loro vita sulla *proprietà privata*.

Singolare inoltre il fatto che uno scienziato credente, quando offre soluzioni di tipo mistico, si senta indotto a compiere anche una scelta di tipo *confessionale*: Zichichi infatti è dell'avviso che solo la chiesa romana abbia l'interpretazione più esatta del concetto di "dio", la migliore esperibilità della fede.

10. Una semplice posizione laica dovrebbe invece limitarsi a sostenere che quando l'essere umano si comporta in maniera non-umana, è sempre l'essere umano quello titolato a trovare una solu-

zione ai propri problemi. Al massimo si potrebbe sostenere che quando l'uomo è nemico dell'uomo e si comporta quindi in maniera innaturale, è la stessa *natura* che in qualche maniera gli ricorda i suoi limiti.

La natura infatti subisce le conseguenze dei conflitti sociali, degli antagonismi tra classi e nazioni, e si modifica, spesso in maniera irreversibile, rendendo invivibile l'ambiente (desertificazioni, mutazioni climatiche, dissesti idrogeologici, avvelenamento del pianeta...).

11. Tutti sappiamo che evoluzione vuol dire "adattamento progressivo all'ambiente". Ma per potersi adattare nel migliore dei modi, occorre che l'ambiente sia vivibile, altrimenti c'è *involuzione*, scomparsa progressiva del genere umano, la cui esistenza futura non può essere data per scontata solo perché nell'universo siamo "unici". Non possiamo cioè dare per scontata la nostra sopravvivenza come specie, a prescindere dalla tipologia dell'ambiente naturale in cui dobbiamo vivere, per quanto l'uomo sia in grado di trasformare in maniera artificiale qualunque ambiente.

Quello che manca alla cultura occidentale (borghese) è la consapevolezza del limite oltre il quale una trasformazione antropica dell'ambiente non può andare, se lo stesso essere umano vuole tutelarsi. Il rapporto che abbiamo con l'ambiente naturale è così mediato dai nostri mezzi tecnologici che inevitabilmente ci accorgiamo della loro pericolosità solo dopo averli usati.

Siamo così innaturali che non riusciamo a prevedere l'assurdità di ciò che noi chiamiamo "progresso". Persino quando cerchiamo un rimedio ai nostri guai, siamo contraddittori. P. es. abbiamo imparato a riciclare la plastica, ma continuiamo a produrla senza pensare a sostituirla o a riutilizzarla fino al suo esaurimento. Abbiamo preferito la plastica al vetro, ma così abbiamo rinunciato al riutilizzo.

Il problema dello smaltimento dei rifiuti (che comporta sempre un certo inquinamento) ci ha indotti a puntare sul riciclo della plastica. Ma il riciclo presuppone una trasformazione del prodotto, che comporta spese e ulteriore inquinamento. Riutilizzo invece vuol dire che una stessa cosa, che dovrebbe essere fabbricata per durare, viene usata fin quando è possibile.

Il riutilizzo dovrebbe porre un freno alla pubblicità. La vera pubblicità da seguire dovrebbe essere quella *educativa*, che insegna come riutilizzare i beni durevoli e come riciclare quelli che non lo sono.

12. La cultura occidentale ha creato solo un'immensa spazzatura. Con le prime civiltà schiavistiche si sono formati i deserti in seguito alla deforestazione; con la civiltà industriale si formeranno dei deserti superinquinati là dove si ammasseranno i nostri rifiuti. È il concetto in sé di "evoluzione" che va rimesso in discussione. Se guardiamo i rapporti sociali tra esseri umani e i rapporti tra gli uomini e la natura, dobbiamo dire di essere in presenza di una grande "involuzione", che non potrà certo essere risolta né affidandosi alla misericordia di dio né ai miraggi della scienza.

Scienza moderna e schiavismo

La scienza moderna, pur essendosi posta, sin dal suo nascere, contro i dogmi della teologia cristiana, specie nella variante cattolico-romana, non sarebbe potuta nascere che in un luogo geografico caratterizzato da una confessione del genere.

Molte altre civiltà pre-cristiane hanno svolto profondi studi scientifici, ma nessuna aveva mai considerato l'uomo così al di sopra della natura. L'universo, nel passato, veniva sì studiato, ma per essere meglio contemplato, o per decifrarne le leggi in rapporto ai fenomeni naturali, o in rapporto allo scorrere del tempo, o per meglio capirne le leggi in funzione di un'attività economica, quella agricola, strettamente legata ai ritmi della natura.

Con Galilei invece, ma già con Copernico, l'universo viene studiato con l'intenzione di ricavarne delle leggi da utilizzare per dominare la natura secondo gli interessi di una classe particolare: la borghesia.

Già l'ebraismo, col *Genesi*, aveva posto l'uomo al di sopra della natura, in quanto lo faceva dominatore degli altri animali. E tuttavia l'ebraismo poneva limiti ben precisi a tale dominio: l'albero della conoscenza del bene e del male non andava toccato. Cioè l'uomo doveva sì sentirsi padrone della Terra, ma non come un "dio onnipotente". Tant'è che nell'ebraismo il dominio dell'uomo sulla natura è stato considerato più che altro in maniera metaforica, o comunque come una possibilità reale unicamente nell'ambito dell'Eden. La perdita volontaria dell'innocenza aveva tolto all'uomo il diritto di dominare la natura.

L'uomo ha cominciato ad avvertire la natura come un nemico da sconfiggere o un oggetto da sfruttare a partire dal momento in cui ha abbandonato le leggi del comunismo primitivo e ha cominciato ad abbracciare quelle della prima civiltà individualistica: lo schiavismo.

Da allora la distruzione della natura non ha conosciuto soste. Se ci si pensa bene, lo schiavismo non è che una forma di capitalismo *ante litteram*. Capitalizzare schiavi o quattrini non fa molta differenza, in quanto il disprezzo nei confronti della natura e degli stessi uomini è uguale.

La differenza è piuttosto di tipo quantitativo: non c'è limite all'accumulo di denaro. Viceversa, il limite all'accumulo di schiavi era determinato dall'estensione della terra posseduta o dal numero di schiavi che si potevano acquistare sul mercato (frutto di conquiste belliche). Oggi, i moderni cavalieri che combattono popolazioni nemiche per renderle schiave, hanno i capitali al posto degli eserciti, i contratti al posto delle armi, anche se non disdegnano di usare, all'occorrenza, tutta la forza militare possibile.

È molto probabile che sia stata proprio la consapevolezza dei limiti dello sfruttamento schiavistico, troppo soggetto alla materialità o fisicità dei rapporti umani, a indurre gli antichi schiavisti a non perfezionare il livello tecnologico dei loro mezzi produttivi, e a indurre i moderni schiavisti a fare esattamente l'opposto.

Gli schiavisti romani o pre-cristiani non conoscevano a fondo il valore della ricchezza astratta. In fondo non erano molto diversi dagli schiavisti spagnoli e portoghesi che utilizzavano i negri per ottenere oro, argento, diamanti ecc.

Ma lo schiavismo sotto il capitalismo è tutt'altra cosa, ed esso non poteva nascere che in un luogo ove dominasse il culto di un dio uno e trino, spiritualizzato al massimo e quindi del tutto astratto, in modo da poter affermare il culto di un nuovo dio: il quattrino.

Le pretese della scienza moderna

La scienza pretende di dimostrare in laboratorio delle verità che in fin dei conti non sono più "vere" di quelle in cui per consuetudine si era creduto nel corso di intere generazioni. O comunque la scienza odierna spesso chiede di credere in verità che all'uomo comune, alla fin fine, poco importano.

Se l'uomo, anche solo per un momento, pensasse a quali disastrose verità la scienza chiede di credere quasi ciecamente, forse da tempo avrebbe smesso di tenere nei confronti della scienza un atteggiamento analogo a quello tenuto nei secoli scorsi nei confronti della religione.

La scienza occidentale non trasmette affatto un sapere "scientifico", cioè neutrale, oggettivo. Questa scienza è nata in società divise in classi e da sempre essa si pone al servizio delle classi dominanti.

Paradossalmente proprio questo legame di scienza e capitale ha indotto i critici del capitalismo a distinguere tra "scienza borghese" e "scienza proletaria". È pazzesco pensare a una suddivisione "di classe" della scienza, che è nata proprio con una pretesa di oggettività non più attribuibile alla religione. Eppure sono i fatti che lo dimostrano.

La scienza "borghese" ha poco di "scientifico"; spesso la propria scientificità viene impiegata nei modi peggiori: armamenti sempre più costosi e sofisticati, manipolazioni genetiche, distruzione dell'ambiente ecc. Ecco perché è giusto sostenere che può essere definito "scientifico" soltanto ciò che è conforme alle leggi della natura.

È dunque difficile valutare se sia più pericolosa l'idolatria verso la scienza o quella verso l'ideologia politica. Certamente le idee politiche possono, in determinate condizioni di crisi sociale e istituzionale, muovere milioni di persone, più di quanto sicuramente non possa fare la scienza. Però è anche vero che mentre le ideologie politiche mutano di continuo, le conquiste scientifiche invece permangono nel tempo e i loro effetti si fanno sentire su molte generazioni.

Le idee politiche riguardano la libertà, che è soggetta alla facoltà dell'arbitrio, anche se risulta sommamente coinvolgente; le idee scientifiche riguardano invece la fredda ragione, che si preoccupa di trovare una certa stabilità, anche se qui non bisogna dimenticare quel che diceva Hegel, per il quale la scienza si preoccupa della coerenza dell'intelletto, che è schematica per sua natura, mentre la filosofia si preoccupa della coerenza della *ragione*, che è invece flessibile in quanto basata sui principi della dialettica. In effetti, a volte la scienza produce dei mutamenti così radicali nello stile di vita che solo con una rivoluzione politica si può pensare di rimuoverli.

Certo è che se uno sviluppo scientifico è strettamente connesso a una ideologia politica, il superamento radicale di quest'ultima non può non comportare una revisione, più o meno radicale, anche delle conquiste tecnico-scientifiche. Una storia della scienza non può non tener conto della storia delle idee politiche.

Purtroppo è difficile trovare un testo di storia ad uso scolastico che non consideri il Medioevo un'epoca buia rispetto ai fasti dell'epoca greco-romana. Pochissimi autori motivano quei "fasti" con lo sfruttamento sistematico degli schiavi. Quando c'è ricchezza spropositata, ci sono anche scienza e tecnologia avanzate (si badi, "avanzate" non vuol dire "diffuse", poiché la scienza e la tecnologia del mondo romano erano soprattutto patrimonio dei ceti più abbienti, o comunque venivano utilizzate o a scopo bellico o a scopo propagandistico e voluttuario). In virtù di questo spreco di risorse (stiamo parlando della magnificenza dei templi, dei teatri, delle terme ecc.), gli storici sostengono che il mondo classico era migliore di quello feudale. Così facendo, non si guarda la società nel suo complesso, ma solo una parte di essa, che, come una sorta di "effetto alone", finisce col prevalere su tutto il resto.

Esattamente come oggi, in cui gli economisti determinano la ricchezza di un paese, ovvero il suo livello di benessere economico, sulla base degli indici del prodotto interno lordo e non sulla base dell'effettiva diffusione del benessere vitale, che non è solo economico ma anche e soprattutto *sociale*. Nel capitalismo gli indici economici hanno completamente sostituito quelli sociali.

In realtà la vera ricchezza di una persona sta nei suoi sentimenti, nel modo come li esprime, sta nelle sue idee di giustizia, di onestà, sta nella sua capacità di riconoscere la verità delle cose. Questa forma di ricchezza non è facilmente indicizzabile o rappresentabile in un'opera scientifica, meno che mai con gli strumenti del capitale: spesso viene considerata dalla politica come un elemento opzionale e, come tale, di scarsa rilevanza produttiva.

Eppure se c'è una cosa che aliena è proprio questo culto del denaro, poiché il capitalista pone al di fuori di sé la realizzazione di se stesso, esattamente come il feudatario di ieri, lo schiavista o il credente. Ognuno guarda al di fuori di sé per riuscire ad essere se stesso: schiavi, capitali, terre, dio..., mentre l'unica cosa che davvero conta è già interna a ogni essere umano e si tratta soltanto di farla sviluppare: la *coscienza*.

Che cos'è il positivismo?

Che cosa vuol dire "positivismo"? Vuol dire culto della scienza e della tecnica. E, come tutti i culti, si tratta di una forma di religione o di misticismo, ancorché espressa laicamente. Questo perché oggi la scienza teorica e la tecnica pratica vengono utilizzate in maniera *magica*, come panacea per la soluzione di ogni problema.

Tale culto per la scienza è stato usato per eliminare la dipendenza nei confronti della religione, ma proprio per il suo carattere feticistico, esso in realtà ne ha riprodotto le caratteristiche essenziali. L'uso della scienza appare quindi come la veste laicizzata dell'uso che ieri si faceva della fede religiosa.

Per poter esistere, cioè essere se stessi, oggi si deve credere nel potere assoluto di qualcosa che promette di agire in maniera onnipotente, risolutiva, usando mezzi tecnologici. Questo modo particolare che noi europei abbiamo di usare la scienza (e che abbiamo trasmesso a tutto il mondo), ci proviene dal modo particolare con cui abbiamo realizzato il cristianesimo, prima nella forma cattolica, poi in quella protestantica.

Chi pensa di liberarsi del cristianesimo limitandosi a usare lo strumento della scienza e non si preoccupa di verificare che l'uso della scienza sia davvero "scientifico" e non "mistico", confonde la realtà coi propri desideri. La religione è il riflesso di rapporti sociali alienati, ma lo è anche la scienza, se questi rapporti non vengono superati.

Nei confronti della scienza e della tecnica non si può essere ingenui. Non si può sostenere che tutto dipende dall'*uso* che se ne fa. Noi viviamo in una società (che appartiene a una civiltà storica, quella caratterizzata dal potere del denaro che si autovalorizza) in cui è l'ideologia dominante, cioè delle classi sociali al potere, che influenza notevolmente le modalità d'uso di qualunque cosa.

In ultima istanza, se non si ribaltano i poteri costituiti, non sono certo i singoli individui a decidere come utilizzare democraticamente o umanamente le scoperte scientifiche e le relative applicazioni pratiche. Si può anche usare un tablet per scrivere contro il sistema, ma se questo non viene rovesciato, le parole non potranno certo impedire né lo sfruttamento economico di chi ha progettato questo strumento elettronico e di chi materialmente l'ha costruito, né le sue ricadute negative sulla natura quando sarà obsoleto e dismesso, né gli usi illeciti o illegali che con esso si possono fare.

Il sistema non viene cambiato in meglio usando la rivoluzione tecnico-scientifica. Ogni miglioramento, in questa società, ha il suo prezzo da pagare. Persino davanti alla parola "miglioramento" siamo indotti a pensare che debba essere qualcosa in cui scienza e tecnica giocano un ruolo rilevante. Questo perché è assai raro trovare un pubblico dibattito su cosa davvero dobbiamo considerare *utile* per l'essere umano.

L'evoluzione tecnologica in occidente

Qualunque forma di sviluppo economico in una società capitalistica è strettamente legata non tanto a un miglioramento dei rapporti sociali, quanto soprattutto a un'evoluzione della tecnologia. Questa evoluzione può anche portare a un miglioramento dei rapporti sociali, ma sotto il capitalismo ciò accade raramente.

Infatti, poiché l'evoluzione tecnologica in occidente è sempre connessa a motivazioni di tipo economico (la prima delle quali è il profitto), si ha che, dopo un certo periodo di tempo, un'evoluzione tecnologica troppo spinta porta a un'ulteriore distruzione dei rapporti sociali. Cioè porta a nuove contraddizioni, sempre più difficili da risolvere, per le quali, non avendo noi in mente altri modelli sociali, si è costretti a investire in nuove ricerche di tipo tecno-scientifico.

L'occidente guadagna enormemente con lo sviluppo tecno-scientifico, sia perché è partito prima degli altri continenti, sia perché la scienza è parte integrante del suo modo di rapportarsi alla realtà.

Naturalmente l'occidente ha una propria visione della scienza, che è strettamente correlata alla tecnologia. È scientifico solo ciò che è tecnicamente dimostrabile. Questa visione della scienza oggi è assolutamente dominante a livello mondiale.

La vera scienza occidentale è lo sperimentalismo da laboratorio. La più grande applicazione tecnologica alla realtà sociale ed economica ha appunto prodotto il capitalismo. E siccome il capitalismo domina su ogni altro sistema sociale, se ne deduce che la scienza occidentale sia l'unica vera scienza.

Sarebbe in realtà bastato rendersi conto che nessuna macchina è in grado di eguagliare il lavoro umano. Una produzione in serie è mortificante, è burocratica, poiché deve per forza supporre una standardizzazione del gusto, è impersonale e deve sperare che l'interesse ad acquistare una determinata merce duri il più possibile e aumenti di continuo sul piano quantitativo.

Il macchinismo è riuscito a imporsi grazie all'illusione della comodità: poter avere delle cose nel più breve tempo possibile, a prezzi contenuti, per fare cose in maniera più facile, più veloce, più sicura. Si è caduti nella trappola, poiché i prezzi, da concorrenziali diventano monopolistici, e quando la domanda è molto alta, salgono sempre più; le merci industriali non sono così facili da usare: ci vuole esperienza, manutenzione, competenze specialistiche, e poi non durano molto tempo, altrimenti l'impresa non fa profitti, e ogni merce che si usa ha ricadute ambientali notevolissime.

Si è cercata la comodità quando proprio questa uccide la creatività, il gusto della fatica. Abbiamo cercato la velocità di esecuzione quando proprio questa non permette di assaporare il gusto della vita.

La sicurezza scientifica

La vera sicurezza ci è data dalle cose che si ripetono da millenni, collaudate dalla natura. Là dove si pretende che la sicurezza dipenda esclusivamente dalla scienza e dalla tecnica, inevitabilmente si va incontro a inaspettate catastrofi.

L'uomo non può garantire una maggiore sicurezza di quella che può offrire la natura, semplicemente perché siamo un prodotto derivato della natura, per quanto in forma di autoconsapevolezza e non di semplice istinto, come negli animali.

La pretesa sicurezza che noi ci siamo dati, a partire dalla rivoluzione tecnico-scientifica, s'è rivelata effimera. Non solo perché di breve durata, ma anche perché costantemente accompagnata da eventi altamente tragici, sia a livello sociale (guerre, stermini di massa...), che a livello naturale (desertificazioni, mutamenti climatici...).

Tutta la nostra avanzata tecnologia non ci ha affatto resi più sicuri. Non solo perché con essa produciamo strumenti di morte e distruzione, ma anche perché qualunque pretesa di garantire sicurezza contro o a prescindere dalla natura, si rivela prima o poi illusoria.

Di questi limiti strutturali spesso e volentieri approfitta la religione, che in luogo di un "ritorno alla natura" preferisce parlare di un "ritorno a dio".

Scienza e tecnologia

La scienza è una forma di conoscenza. Non è astratta come la filosofia, ma implica un'applicazione pratica, determinando un collegamento con la tecnologia.

Un'applicazione della filosofia può essere quella della politica, in maniera molto naturale e consequenziale. Ma non si può parlare di applicazione naturale della filosofia alla scienza, a meno che non s'intendano altre scienze astratte, come p.es. la matematica, la geometria ecc.

Viceversa nell'epoca moderna, quando si parla di scienza astratta, s'intende sempre qualcosa avente una pratica applicazione (p.es. la matematica applicata al calcolo automatico o all'informatica).

Per noi occidentali la tecnologia è parte costitutiva della scienza, al punto che facciamo fatica ad attribuire rilevanza scientifica a quelle forme di pensiero che non possono avvalersi di dimostrazioni pratiche, concrete, laboratoriali, e quindi riproducibili.

Il bisogno di darsi delle applicazioni pratiche per dimostrare la validità di determinate conoscenze astratte (che poi diventano "scientifiche" quando appunto trovano riscontri concretamente verificabili) è un bisogno primordiale, nato con la nascita dell'uomo.

Tuttavia solo in epoca moderna la scienza ha avuto un impulso straordinario. Ora qui dovremmo chiederci se questo nesso strutturale di scienza e tecnologia poteva svolgersi in maniera diversa, rispetto a quanto è accaduto a partire dall'epoca borghese, e, se sì, in che modo.

Noi non possiamo mettere in discussione che la conoscenza sia un diritto dell'uomo, però non possiamo accettare che questo diritto venga usato contro l'uomo stesso e l'ambiente in cui vive. Il diritto alla conoscenza va gestito dal diritto a vivere un'esistenza umana. E perché sia umana, l'esistenza deve basarsi sulla soddisfazione del bisogno: bisogni collettivi, decisi dalla collettività.

Se il bisogno non viene gestito democraticamente, neppure lo sviluppo della conoscenza sarà democratico. E la prima forma di democrazia del bisogno, quella più elementare, primordiale, è l'esigenza di tutelare l'ambiente in cui si vive. Se non c'è rispetto della natura, del suo bisogno di esistere e di riprodursi, non ci può essere rispetto del bisogno dell'uomo, poiché l'uomo, senza natura, non esisterebbe neppure, non avrebbe "natura umana".

La natura umana è riproducibile solo naturalmente? Sino alla nascita dell'ingegneria genetica, sì. Oggi scienza e tecnica sono in grado d'intervenire anche artificialmente sul momento della riproduzione umana. Tuttavia noi ancora non possiamo sapere quali conseguenze sul fisico e anche sulla nostra psiche potranno generare queste riproduzioni artificiali. I risultati sugli animali non sono stati esaltanti e anche quelli sulle piante sono forieri di problemi più gravi di quelli per la soluzione dei quali s'era voluto fare degli esperimenti azzardati.

La natura è maestra di vita, soprattutto in considerazione del fatto che non è stato l'essere umano ad averla prodotta, ma il contrario. La natura ha un'esperienza, collaudata nel tempo, infinitamente superiore a quella degli esseri umani. Qualunque modificazione che l'uomo compie nei confronti della natura, avrà necessariamente delle conseguenze su lui stesso.

Le presunzioni della scienza

C'è qualcosa di presuntuoso all'origine della formazione della scienza moderna. Indubbiamente nel periodo compreso tra il 1543, anno della pubblicazione del *De Revolutionibus* di N. Copernico, e il 1687, in cui I. Newton pubblicò i *Philosophiae Naturalis Principia Mathematica*, erano giunte a maturazione le esigenze della borghesia, mercantile e soprattutto manifatturiera, di separarsi dalla tradizione teologica della chiesa romana, che pur aveva posto le basi, con alcuni intellettuali della Scolastica (Roscellino, Abelardo, Duns Scoto, R. Bacone, Occam...), di un affronto piuttosto laicizzato della conoscenza logica, filosofica e scientifica.

In quel suddetto periodo infatti si è sviluppato enormemente non solo il pensiero *umanistico*, ma anche quello *protestantico*: l'uno laico-intellettuale, l'altro religioso-popolare, entrambi avversi alla teologia cattolica. La differenza tra gli intellettuali razionalisti e tendenzialmente miscredenti della Scolastica e i nuovi intellettuali laici o riformati della borghesia moderna stava nell'esigenza di portare le cose alle loro più logiche conseguenze.

Non era più ammissibile che lo sviluppo del pensiero laico-razionale, espresso da vari teologi del basso Medioevo, dovesse continuare a stare sottomesso a una cultura ancora fortemente conservativa, in quanto controllata da una politica ecclesiastica corrotta o quanto meno retriva. Al portone, già sconnesso, di Santa Romana Chiesa bisognava dare ulteriori spallate, e queste vennero appunto dal mondo della scienza, e più precisamente da quegli accademici nettamente anti-aristotelici (Copernico, Keplero, Galilei, Cartesio, F. Bacone, Newton, ecc.).

È curioso osservare come, mezzo millennio prima, era stata proprio la riscoperta dell'aristotelismo a mandare in soffitta l'agostinismo neo-platonico che aveva dominato per tutto l'alto Medioevo. Anche allora s'era avuto un atteggiamento presuntuoso: quello di fare della fede un argomento razionalistico, ovvero di subordinare alle pretese della ragione l'esperienza religiosa. A forza di dare più importanza alla ragione nell'Umanesimo e nel Rinascimento si sviluppò un pensiero laico-umanistico e, per molti versi, tecnico-scientifico (si pensi solo al contributo di Leonardo da Vinci), che inevitabilmente, prima o poi, doveva portare a una vera e propria rivoluzione scientifica.

Perché diciamo che questa rivoluzione si basò su una forma di presunzione? Certamente non solo perché volle staccarsi ancora più nettamente dalla teologia cattolica, rappresentata soprattutto dal tomismo. Ma anche per altre due ragioni.

La **prima** è che i moderni scienziati borghesi volevano escludere dall'indagine scientifica anche qualunque apporto di tipo *etico* o *filosofico*. Essi infatti partivano dal presupposto che qualunque cosa non potesse essere dimostrata *empiricamente* (in laboratorio) o *razionalmente* (con le scienze matematiche), non avesse alcun valore probante.

La scienza moderna presumeva d'avere una ragione inconfutabile proprio perché riduceva la realtà a un esperimento tecnico o a una espressione algebrica, in cui gli aspetti fisici e matematici potessero convalidarsi a vicenda. Per timore di ingerenze clericali, questi scienziati avevano rivendicato un'autonomia assoluta, una ricerca autoreferenziale, indipendente non solo dal consenso della chiesa (e questo era più che legittimo), ma anche da quello della *società*. La collettività veniva usata solo a titolo di conferma di verità scientifiche stabilite preventivamente.

La **seconda** ragione che ci autorizza a parlare di presunzione è che questi scienziati al servizio della borghesia si pongono l'obiettivo di usare la scienza e la tecnica per "dominare" la natura, nel senso di sottometterla. In tal modo non fanno che trasferire l'arroganza clericale di controllare le anime dei fedeli e, con esse, i loro corpi, a un campo molto più esteso, esterno ai soggetti umani, che fino a quel momento non s'era potuto "dominare" per mancanza di una conoscenza scientifica specializzata e quindi di una idonea strumentazione. L'unica che si aveva, nei rapporti con la natura, era quella orale che si trasmettevano le generazioni contadine e che includeva quella delle erbe terapeutiche.

Questi scienziati moderni erano presuntuosi perché egocentrici e anti-ecologici. Ma con questo non si vuole affatto sostenere che la posizione anti-scientifica della chiesa romana fosse giusta. Tutt'altro: essa era non meno prevaricatrice. Anzi, sotto questo aspetto si può ipotizzare che l'autoritarismo della moderna scienza borghese non fu che un figlio, seppure ad essa ingrato, della tradizionale arroganza della chiesa romana.

Semplicemente qui si vuole sostenere che quella rivoluzione scientifica non costituì affatto una vera alternativa all'integralismo politico e ideologico della fede religiosa. E qui non stiamo parlando del fatto che le teorie meccanicistiche di quegli scienziati vennero smontate, una dopo l'altra, già a partire dalla seconda metà dell'Ottocento, in virtù di uno sviluppo della scienza tendente a valorizzare aspetti di caos, indeterminazione e relatività che il meccanicismo vedeva come fumo negli occhi.

Stiamo parlando del fatto che una scienza che si vuole separare dall'*etica*, da un discorso complessivo sulla realtà, che tenga conto di tutti i bisogni umani, ovvero da una riflessione di tipo olistico, sistemico, integrato sui processi umani e naturali, rischia, molto facilmente, di diventare una scienza che, nella sua arroganza, è molto pericolosa, non meno di quella teologia che vuol dominare le anime col senso del peccato e con la paura dell'inferno.

Oggi, infatti, nonostante gli sviluppi di una scienza antitetica a quella meccanicistica, ancora non siamo riusciti a impostare un discorso scientifico che sappia fare dell'*etica* il suo obiettivo finale.

Detto questo, si può ora azzardare una cosa che sicuramente ai cultori della scienza non piacerà. Se si guardano le cose in maniera *etica*, mettendosi dal punto di vista dell'essere umano, noi dobbiamo arrivare a dire, in tutta tranquillità, che non solo nell'universo non esiste alcun dio, ma anche che l'uomo è l'unico essere vivente e che, per questa ragione, va ricollocato in una posizione centrale.

L'universo esiste da sempre ed è infinito nello spazio e nel tempo. Ebbene la seconda rivoluzione copernicana da fare sarà proprio quella di dimostrare che anche l'essenza umana è *eterna* e *infinita*, e che la condizione che vive sulla Terra non è l'unica possibile.

Mettere la retromarcia

Dovremmo chiederci il motivo per cui il nostro pianeta ha avuto bisogno di 4 miliardi di anni prima di poter essere abitato da noi. Supponiamo infatti di dover popolare l'universo. Se per rendere abitabile un pianeta, ci volesse un tempo così lungo, la cosa sarebbe impossibile o comunque non avrebbe senso tentarla.

In questo momento noi stiamo cercando dei pianeti che abbiano almeno l'acqua, dalla quale si potrebbe ricavare l'ossigeno, cioè la vita. Ma sappiamo bene che la vita non ha bisogno solo di ossigeno. Bisogna porre le condizioni perché essa si possa riprodurre automaticamente, senza intervento umano. La natura ha proprio la caratteristica d'essere indipendente dalla nostra volontà.

In realtà noi siamo lontanissimi dal poter porre le condizioni perché nell'universo si possa formare, su qualche pianeta, una natura del tutto autonoma. Tutto quello che potremmo fare, al di fuori del nostro pianeta, sarebbe di tipo artificiale. Persino sulla Terra non siamo in grado di garantire alla natura una sua riproducibilità del tutto naturale.

Chi pensa, in questo momento, di poter popolare l'universo, nelle condizioni artificiali in cui ci troviamo, perde solo il suo tempo. Occorre prima che la sostanza del nostro essere assuma una nuova forma, adatta a vivere nell'universo.

Al momento possiamo soltanto chiederci come salvaguardare integralmente la natura del globo terracqueo, poiché questo, per permettere a noi di esistere, ha avuto bisogno di una gestazione incredibilmente lunga, tanto che ci vien quasi da pensare a una sorta di *unicità* in questo "esperimento" dell'universo. Non è possibile pensare che, una volta che il genere umano avrà acquisito la capacità di abitare il cosmo intero, ci voglia un tempo altrettanto lungo per costruire altri pianeti abitabili.

Noi, quando facciamo scienza, possiamo facilmente constatare di non aver bisogno di ripetere tutto il percorso di chi ci ha preceduto. Siamo abbastanza intelligenti da capire che possiamo partire dalle ultime cose che sono già state compiute. Grazie al fatto che abbiamo, in qualunque momento, la possibilità di posizionarci, come nani, sulle spalle dei giganti, possiamo esportare facilmente scienza e tecnica là dove si è ancora all'età della pietra. Il progresso, grazie all'uomo, diventa molto veloce. Può darsi quindi che, quando dovremo realizzare l'obiettivo di popolare l'universo, potremo fare la stessa cosa.

Il problema semmai è un altro. È il criterio di trasmissione del nostro progresso scientifico che andrebbe messo in discussione. Noi abbiamo fatto della scienza e della tecnica l'occasione per distruggere la natura, ponendoci fuori dalle condizioni di spazio-tempo in cui ci è stato chiesto di vivere. Cioè abbiamo voluto dimostrare una nostra capacità di trasformazione che è andata ben oltre i limiti di agibilità che la natura ci aveva consentito.

La natura infatti non può sopportare elementi che minaccino la sua esistenza, tanto più che questa ha avuto bisogno di oltre 4 miliardi di anni per assestarsi e consolidarsi in maniera definitiva. I delicati equilibri che in questo lunghissimo tempo si sono creati, non possono essere violati impunemente, meno che mai se lo sono oltre un certo limite di estensione o d'intensità.

Quindi dobbiamo aspettarci una sorta di gigantesco meccanismo di autodifesa, che sicuramente ci coglierà impreparati, in quanto non siamo abituati a rispettare l'ambiente in cui viviamo. Scatterà in maniera automatica, da parte della natura, una sorta di "allarme rosso" e, considerando che abbiamo devastato l'intero pianeta, le conseguenze dovranno per forza essere planetarie.

Se si guardano p. es. i deserti, si ha l'impressione che, piuttosto che permettere all'uomo di continuare a esistere, la natura preferisce, in un certo senso, mutilarsi, cioè tagliarsi il piede incancrenito per salvare la gamba, nella speranza che su quel che resta l'uomo si comporti con più attenzioni e premure.

Noi dunque dobbiamo aspettarci una reazione a catena prodotta da una arbitraria antropizzazione artificiale della natura. Ed è molto probabile che ciò avverrà contemporaneamente su più livelli, come p. es. l'innalzamento dei mari in seguito allo scioglimento dei ghiacciai, artici e non, causato dal surriscaldamento del clima, che provoca temperature e fenomeni atmosferici sempre più fuori norma e che rende l'aria sempre più nociva e irrespirabile; senza poi considerare che l'allargamento del buco dell'ozono può farci ammalare tutti di melanoma.

Se la natura inizia a collassare su aree molto vaste, il genere umano dovrà ridursi sensibilmente di numero. Ma questo, nelle attuali condizioni di particolare antagonismo sociale planetario, può voler dire soltanto portare il livello di conflittualità ai limiti di una nuova guerra mondiale. Noi stiamo andando a tutta velocità, quando invece dovremmo mettere la retromarcia.

Riflessione e razionalità nello sviluppo scientifico

Da molti secoli esiste nella storia della conoscenza l'interesse per la *riflessione*, ma la sua portata metodologica ha cominciato a rivelarsi solo nel XX sec. R. Brauer, p. es., criticando la matematica e la logica classica, ha suscitato un forte interesse per i fondamenti della scienza matematica. La scoperta dei paradossi nella teoria degli insiemi ha stimolato in maniera determinante la riflessione matematica *ab intra*. Le ricerche intensive nella logica e nella metamatematica hanno avuto per effetto una migliore comprensione della struttura logica del sapere esatto. Si è cioè potuto stabilire una distinzione più netta fra i livelli oggettivo e metaoggettivo della teoria, fra il sistema formale e l'interpretazione. Le discussioni ancora oggi si sprecano sui problemi metodologici legati alle nozioni di verità e di precisione, di rigore matematico e di logica.

Tuttavia, il ruolo metodologico della riflessione s'è manifestato soprattutto nello sviluppo della *fisica*. Il passaggio dalla fisica classica a quella moderna ha comportato un mutamento nella concezione stessa di cosa significa conoscere la realtà fisica. La rottura con le idee epistemologiche della fisica di Newton si è approfondita dopo l'inizio del XX sec., e oggi nuovi principi metodologici si vanno formando, anche nell'ambito della riflessione che concerne i rapporti fra coscienza morale e problemi globali dell'umanità. Quanto più cresce il ruolo del "fattore umano" nei campi della conoscenza e dell'attività pratica, tanto più si avverte la portata culturale generale della *riflessione*, specie in quelle società in cui sono fortemente in crisi gli orientamenti normativi di fondo.

*

Se noi consideriamo il ruolo della dimensione umana nel meccanismo dell'attività cognitiva, tre tappe nella storia dello sviluppo delle scienze esatte possono essere evidenziate, in modo più o meno convenzionale: quella *aristotelica*, quella *galileiana* e quella *bohriana*. Nella prima le scienze esatte sono allo stadio della loro formazione, quando i limiti erano quelli della coscienza pratica quotidiana. Il tratto distintivo della scienza aristotelica era il suo orientamento verso quello strato della realtà immediatamente accessibile alla percezione umana. Ciò in quanto ci si limitava ad osservare - secondo le regole del buon senso - le connessioni empiriche elementari. Il principio di oggettività (il più importante requisito della razionalità scientifica) si fondava su diversi assunti implicitamente ammessi. Si trattava cioè delle "evidenze" dell'esperienza quotidiana e della cultura dell'epoca: anzitutto, la convinzione che il fenomeno è identico, nel suo contenuto, a ciò che viene concretamente percepito e, in secondo luogo, l'idea che una teoria scientifica è deducibile direttamente dalla natura, quale mera esperienza sensoriale. Proprio questa esperienza, per gli antichi, garantiva l'oggettività della teoria. Ed esperienza voleva soprattutto dire che i meccanismi di percezione di tutti gli uomini sono uguali, cioè universali, per cui il progresso della conoscenza deve necessariamente eliminare gli elementi arbitrari della soggettività, sia a livello di strumenti cognitivi che a livello dei risultati ottenuti.

Una posizione, questa, ingenua e affascinante allo stesso tempo, poiché se l'identità di *verità* ed *evidenza* fosse veramente applicabile, lo sviluppo della scienza sarebbe caratterizzato da un progresso impetuoso. Purtroppo invece il salto nel buio del millennio medievale sta proprio a dimostrare il contrario. L'acquisizione della verità scientifica è un processo lento e faticoso, ove s'impongono drammi e rotture, impennate in avanti e clamorosi balzi indietro.

La differenza principale del metodo aristotelico rispetto a quello galileiano nello studio della natura è in pratica la seguente. Aristotele dapprima si chiede il *perché* questo o quel fenomeno si produce, poi dà la sua spiegazione metafisica, considerando pacifico che il fenomeno si manifesti esattamente nel modo come viene osservato. Galileo invece si chiede anzitutto *come* il fenomeno si produce realmente, dopodiché ne ricerca la causa, formulandola sì in astratto, ma per cercare subito dopo una verifica sperimentale. La svolta metodologica di Galileo ha imposto l'uso di un apparato concettuale specializzato, solo grazie al quale è possibile cogliere esattamente il senso "fisico" della realtà. Il ricercatore diventa ora un professionista e il suo ruolo creativo, legato alla necessità di formulare nuovi significati, nuove ipotesi interpretative, che possano trovare riscontri nell'esperienza quotidiana, cresce enormemente.

Galileo e, prima di lui, Copernico riuscirono a convincere il mondo che l'esperienza della realtà necessita di un atteggiamento critico, in quanto l'esperienza in sé non è qualcosa di identico al mondo degli oggetti. È vero che l'esperienza resta la pietra di paragone della teoria, tuttavia ora l'esperienza quotidiana, per essere vera, deve trasformarsi in esperienza *scientifica*. E questa trasformazione deve seguire tre direttive fondamentali:

1. prima di decidere il "perché" bisogna rispondere alla questione del "come". A tale scopo si deve predisporre la costruzione (più o meno simulata) di situazioni sperimentali in cui l'osservazione dei fenomeni "allo stato puro" sia possibile. I dati dell'esperienza servono a formulare delle ipotesi sulle strutture fondamentali della realtà, espresse generalmente in linguaggio matematico.
2. Per poter combinare l'ipotesi espressa in modo matematico con l'esperienza, occorre che l'esperienza stessa sia metricamente organizzata, ovvero che i dati dell'esperienza vengano espressi quantitativamente.

3. Secondo la concezione degli scienziati di tipo galileiano, l'esperienza non è la base da cui si può trarre la verità fondamentale di una teoria, in quanto essa può sempre ingannare. L'esperienza e quindi l'esperimento possono tutt'al più "suggerire" nuove idee, mentre la loro principale funzione è quella di essere strumenti di verifica della teoria, mediante il confronto delle sue conseguenze ultime con i dati empirici.

A partire da questo momento il progresso verso la verità oggettiva si trova mediato dalle costruzioni scientifiche, che nello stadio iniziale sono meramente ipotetiche. Tuttavia, con la fisica nucleare di Niels Bohr la situazione cambia radicalmente. Com'egli infatti sottolinea, tutta la struttura concettuale della fisica classica (galileiana) riposava sull'ipotesi che fosse possibile fare una distinzione fra il comportamento degli oggetti materiali e la loro osservazione. Senonché, mentre per questo tipo di fisica l'interazione fra gli oggetti e gli strumenti di misurazione poteva essere tranquillamente ignorata, per la fisica quantistica invece - afferma lo scienziato - questa interazione fissa un limite assoluto alla nostra possibilità di parlare ad es. del comportamento degli elementi atomici, che sono indipendenti dai mezzi di osservazione. La scienza, in pratica, si trova nuovamente posta di fronte al problema che aveva angosciato i filosofi dell'antichità: come conciliare la nostra situazione di attori e spettatori nel grande dramma dell'esistenza? I vecchi principi di descrizione oggettiva e di coordinamento razionale della teoria con l'esperienza si rivelano del tutto inadeguati nella nuova situazione di studio dell'"infinitamente piccolo".

Naturalmente, la necessità di prendere in considerazione il contributo del soggetto ai risultati della conoscenza, ovvero l'impossibilità di eliminare completamente il "fattore umano", ha spinto alcuni ricercatori occidentali a interpretare tutto ciò come un ostacolo insormontabile alla conoscenza oggettiva della natura. Oggi però altri studiosi tendono a sostenere il contrario, e cioè che il contributo del soggetto non è affatto un ostacolo, ma anzi la necessaria condizione di uno studio adeguato del micromondo.

*

Volgiamo ora lo sguardo verso la moderna matematica. Si sa che negli ultimi 30 anni K. Gödel, A. Tarski e altri hanno ottenuto dei risultati fondamentali sul problema della dialettica formale/pertinente, riflessivo/non riflessivo nei sistemi deduttivi. Si è cioè scoperto che una teoria può essere ridotta a formule simboliche manipolabili all'interno di un certo insieme di regole. In tal modo si può fare astrazione dal contenuto cognitivo espresso dalla stessa teoria scientifica sottoposta a formalizzazione.

Questa metodologia "simulativa" ha creato dei problemi epistemologici assai delicati. Il primo dei quali è il seguente. Come noto, la conoscenza umana (qualunque forma oggettivata le si conferisca) resta "conoscenza" solo per quel tanto che noi riusciamo a decifrarla in virtù di codici interpretativi presenti nella nostra coscienza. Ebbene, proprio questa modalità, necessaria al sapere pertinente, è stata scartata nella suddetta formalizzazione. In secondo luogo, l'assunto secondo cui il sapere umano è sempre un sapere su qualcosa posto al di fuori del sapere stesso, è stato contraddetto da un altro assunto, quello secondo cui la particolarità del sapere oggettivato consiste nel fatto ch'esso stesso rappresenta una certa realtà, un certo "corpo" del sapere. Per cui, in caso di necessità, è possibile fare astrazione totale dalle connessioni relazionali della teoria con la realtà.

Molti matematici si sono chiesti fin dove è possibile spingersi sulla strada di questa forte dissociazione del sapere formale e contenutistico. Ci si chiede cioè se il contenuto cognitivo di una teoria scientifica può essere riflesso in modo esaustivo da una formalizzazione di questo tipo. Ora, come noto, l'esperienza delle ricerche sui fondamenti della matematica ha dimostrato anzitutto che è impossibile eliminare completamente il soggetto, sia dal processo che dal risultato della conoscenza; in secondo luogo, che è possibile indicare dei limiti all'interno dei quali l'astrazione dal fattore soggettivo può essere razionalmente giustificata.

Lo sviluppo intensivo di campi conoscitivi come la biologia contemporanea, l'ecologia, l'insieme delle scienze umane, la genetica ecc., mostra chiaramente come la separazione totale del soggetto dall'oggetto sia cosa assai utopica. Il ricercatore non può rinnegare la sua individualità quando prende in esame le manifestazioni della soggettività: azioni, avvenimenti, cultura, opere d'arte ecc. La conoscenza di un soggetto da parte di un altro soggetto deve saper preservare le qualità personali di quest'ultimo: coscienza, libertà, unicità, altrimenti è impossibile comprendere adeguatamente le qualità personali del soggetto in esame. Un intervallo di astrazione dalla soggettività può essere tollerato solo quando l'oggetto in causa non è immediatamente riconducibile all'azione dell'uomo.

È evidente, in sostanza, che i ricercatori non possono più nascondersi la tendenza integrativa della dimensione umana nel processo cognitivo. Nelle tappe anteriori dello sviluppo scientifico l'oggettivazione dei risultati acquisiti avveniva con l'aiuto dei mezzi ordinari elaborati dalla scienza. Oggi è diventato necessario mettere sotto controllo le procedure stesse che garantiscono i risultati oggettivi. Si deve cioè tornare a valorizzare - come nell'antichità - l'esigenza del momento soggettivo, ma a partire da una capacità di riflessione e di analisi completamente diversa.

*

In cosa consista questa capacità di riflessione è presto detto. Essa è una caratteristica tipica dell'uomo. Nella storia della filosofia e della scienza la ritroviamo nell'ironia socratica, nel dubbio cartesiano, nel dialogismo dello stile euristico galileiano, nelle antinomie kantiane, ecc. Fu però Marx a scoprire per primo, nelle *Tesi su Feuerbach*, la differenza fra la riflessione dialettico-materialistica e quella materialistico-contemplativa. Per la prima volta si capì che l'uomo è un essere attivo, teleonomico, capace di trasformare praticamente il mondo. L'epistemologia tradizionale, essendo qui gravemente lacunosa, quando si accingeva allo studio dei modi della conoscenza scientifica, lasciava sempre fuori dal suo campo d'indagine gli orientamenti metodologici e i fondamenti storico-culturali degli atti cognitivi (ragionamenti, procedure, metodi). Viceversa, oggi lo studio della struttura e della dinamica del sapere scientifico richiede sia una forte comprensione delle interazioni fra elementi consci e inconsci del sapere, che una riflessione critica, da parte dello spirito scientifico, sui propri presupposti d'indagine.

Qual è dunque la struttura del sapere riflessivo contemporaneo? Anzitutto esso è consapevole che il campo di sua competenza, la sua profondità e le sue possibilità semantiche sono sempre limitate da dei *presupposti impliciti*. La riflessione, come la verità, è sempre sottesa da alcune premesse, che ne sia cosciente o no il ricercatore. Ovviamente queste premesse hanno un peso diverso a seconda che sia in causa un'analisi meramente empirica del dato oggettivo o invece un'analisi riflessiva sullo stesso sapere scientifico. In questo secondo caso lo scienziato tende a trasformarsi in filosofo o metodologista, e la scienza in questione potrebbe chiamarsi "metagnostica" (una riflessione sulla riflessione).

Storicamente parlando, il tipo più semplice di comprensione si situa al livello del "buon senso". Le sue premesse implicite sono gli assiomi dell'esperienza pratica quotidiana, con le sue generalizzazioni obiettivamente vere e tutte le sue illusioni storicamente inevitabili. La comprensione, nell'antichità e fino a Galileo, si fondava sul postulato, implicitamente ammesso come universale, dell'identità dell'esperienza personale con quella di altri esseri umani. Questa proposizione garantiva

una relativa validità della comprensione (e della comprensione reciproca), in quanto possedeva alcuni fondamenti razionali:
1. l'identità oggettiva di queste o quelle azioni pratiche,
2. la somiglianza dei meccanismi psico-fisiologici di percezione di tutti gli uomini.

Oggi tuttavia la pensiamo diversamente. Riteniamo cioè che l'essere umano possa adottare un atteggiamento *critico* verso ciò che i suoi organi di senso considerano "evidente", oppure che possa chiedersi se i dati della percezione corrispondano alla situazione oggettiva. Per risolvere questo problema occorre superare un certo limite epistemologico reale che separa l'oggettivo dal soggettivo. In tal caso esistono almeno due possibilità:
1. utilizzare le indicazioni degli organi di senso secondo altre modalità,
2. realizzare un'interazione pratica dell'oggetto osservato con un altro. Dall'effetto previsto, ottenuto o no, noi potremo giudicare la validità del nostro primo giudizio.

Un livello più elevato di comprensione è legato, nella storia della cognizione, all'apparizione d'un quadro teorico particolare: il "paradigma", che si oppone alla consapevolezza quotidiana e che viene adottato da una determinata comunità scientifica. Di qui il problema di trasferire i "sensi della scienza" nell'ambito della cultura generale. Benché tutto ciò sia il prodotto dell'attività consapevole degli scienziati, molti aspetti restano al livello del "sapere implicito". Eppure la questione del significato di questi o quei termini scientifici è priva di senso al di fuori di una posizione cognitiva dello scienziato. L'analisi riflessiva serve appunto a esplicitare i fondamenti oggettivi dei postulati inespressi.

Se si interpreta la posizione cognitiva come un aspetto puramente soggettivo che non determina né il mondo conoscibile delle cose, né i modi storicamente dati d'interazione pratica con esse, si dovrà o rinunciare alla razionalità scientifica, quale principio regolatore, oppure interpretare erroneamente questo principio stesso nello spirito del soggettivismo (vedi ad es. la posizione di T. Kuhn). Naturalmente una posizione cognitiva può anche essere inadeguata e può deformare poco o molto la realtà riflessa. Ma il problema è appunto quello di sapere come sia possibile una comprensione adeguata del soggetto e non quello di negare al soggetto l'utilità di questo compito.

Ciò di cui bisogna tener conto, nell'individuare le condizioni oggettive della conoscenza, sono due fattori: il punto di vista del soggetto conoscente, che definisce la prospettiva intellettuale della sua visione della realtà; e una certa misura obiettiva, esterna al soggetto, che il soggetto può cogliere, nel mentre analizza l'oggetto, con l'aiuto dei mezzi pratici e concettuali di cui dispone.

Dal punto di vista della razionalità scientifica delle scienze naturali classiche, la realtà soggettiva era intesa come qualcosa di storicamente astratto, opposto al mondo oggettivo, secondo un limite stabilito una volta per tutte. Oggi invece, la metodologia dell'approccio concreto considera il campo d'interazione del soggetto e dell'oggetto come una formazione pluridimensionale, in cui è possibile identificare un intervallo di opposizione fra soggetto e oggetto solo attraverso l'analisi riflessiva, in ogni specifico caso. La mobilità della linea di demarcazione fra il soggetto e l'oggetto s'è interamente manifestata per la prima volta durante lo studio del micromondo fisico. E comunque, nella misura in cui nel futuro appariranno nuove "dimensioni umane" della scienza, la dialettica dei rapporti soggetto / oggetto diventerà sempre più parte in causa della riflessione critica e autocritica.

È possibile una riunificazione del sapere scientifico?

Sin dall'alba della scienza, gli studiosi han sempre cercato di ridurre i fenomeni complessi ad altri più semplici, delineando un quadro generale dell'universo sulla base di un numero ristretto di principi fondamentali. Nell'antichità Pitagora pensava che il mondo fosse l'armonia dei numeri. Democrito vedeva l'universo come un movimento di atomi nel vuoto. Ad Aristotele il mondo appariva come un organismo vivente. Dal XVII al XIX sec. dominarono le idee meccaniciste in virtù delle quali s'interpretavano tutti i fenomeni della natura inanimata. All'inizio del XIX sec. si fecero tentativi per costruire un quadro fisico unico del mondo, fondato sull'elettrodinamica, ma vi furono anche ricerche per stabilire un quadro fisico-probabilistico universale del mondo.

Oggigiorno gli scienziati mirano a integrare le idee relativiste e quantiche con la possibilità di costruire una teoria unificata di tutte le fondamentali interazioni. I matematici, p.es., si servono degli insiemi come base universale delle loro teorie. I biologi cercano una coerenza di fondo nei principi della attuale biologia molecolare o della genetica o anche della teoria sintetica dell'evoluzione. Da tempo si è scoperto che fra microcosmo e macrocosmo vi sono affinità sorprendenti. La fisica delle particelle elementari è già all'unisono con la cosmologia.

Si potrebbe, in un certo senso, rappresentare lo sviluppo della scienza come una successione di programmi riduzionisti sempre più perfetti sul cammino che conduce dalla verità relativa a quella assoluta. Si ha infatti l'impressione che l'assolutezza della verità coincida con la sua semplicità o essenzialità e che con tale essenzialità si sia in grado di comprendere tutta la complessità dell'esistenza, la quale, con le sue verità relative, ha mille sfaccettature. Si procede in avanti, aumentando la conoscenza, ma come se si tornasse indietro, verso l'epoca in cui la conoscenza era una sola cosa con la vita. Le costruzioni scientifiche antiriduzioniste (generalmente fenomenologiche) sono destinate ad essere riassorbite, in quanto il processo verso l'unificazione universale del sapere appare irreversibile.

*

Il riduzionismo è legato non solo a ciò che la scienza riflette, ma anche al modo in cui essa lo fa. La conoscenza scientifica è sempre più un insieme di varie procedure cognitive e di diversi modi d'organizzazione del sapere acquisito, aventi un carattere integrativo. In virtù di questa esigenza integrativa, si può addirittura arrivare a dire che il fatto scientifico non è tanto il riflesso di un avvenimento individuale, unico, quanto piuttosto la rappresentazione di tutta una classe di fenomeni, unificati sulla base di un certo livello di astrazione. Noi troviamo nelle regolarità empiriche di diversi gruppi di fatti formanti un tutto unico una maggiore generalizzazione della realtà. E queste regolarità, a loro volta, possono essere assimilate a una comune interpretazione, avente un numero limitato di principi fondamentali.

In sostanza, tutte le forme di organizzazione del sapere scientifico realizzano una descrizione generalizzata della realtà, a partire dalla quale si individua sempre più profondamente l'essenza dei fenomeni, facendo così, per tappe, una riduzione che va dalle forme poco generalizzate di organizzazione del sapere scientifico a forme sempre più generalizzate. Naturalmente questo processo riduzionistico o riunificativo non implica né la soppressione della diversità delle teorie e dei campi d'indagine, né la loro concentrazione in un unico schema teorico. Il problema, se vogliamo, sta nell'alimentare la tensione delle singole discipline verso l'unità, ovvero nel ricercare un metodo per stimolare questa tensione.

Il processo verso la riunificazione del sapere è reale ma non è automatico. Ad esso non fa ostacolo l'estrema frammentazione dei metodi di conoscenza e dei programmi di ricerca, quanto piuttosto la chiusura, il settarismo, la difesa corporativa di arcaici privilegi. Se nel campo della fisica, ad es., vi sono descrizioni deterministe e probabiliste, ciò rientra nella normalità, ma quando in nome dell'una o dell'altra corrente si rifiuta il dialogo, il confronto aperto, critico e autocritico, ecco che allora non solo la fisica ma tutta la scienza s'impoverisce, mentre il processo di riunificazione del sapere inevitabilmente rallenta la sua marcia.

Oggi molti ricercatori si trincerano dietro una solida argomentazione, quella secondo cui tutto ciò che esiste nel mondo è il frutto di una evoluzione dal semplice al complesso. Il che implica, per molti di loro, un affronto sistematico del particolare, una specializzazione sempre più sofisticata delle conoscenze. Questo modo di orientarsi non è in sé sbagliato, ma rischia di diventarlo ogniqualvolta si perde il senso dell'insieme, la globalità del reale, che per forza di cose va colto nella sua essenzialità.

*

Nel corso dello sviluppo della scienza il grado di unità del sapere scientifico, che pur si ristruttura di continuo, tende ad aumentare, anche se in apparenza sembra il contrario. Lo dimostra il fatto che le interrelazioni dei diversi campi scientifici si rafforzano. Lo sviluppo del "sapere fondamentale" (quello di cui non si può fare a meno) apre possibilità sempre maggiori di sintesi delle conoscenze acquisite, a tutti i livelli. Vi sono tuttavia dei problemi cui la metodologia riduzionista deve far fronte con grandi capacità se vuole realizzare i suoi obiettivi.

Anzitutto va risolta la questione del rapporto fra la parte e il tutto. Senza dubbio, il comportamento del tutto è determinato, essenzialmente, dalle proprietà e dal carattere dei suoi singoli elementi. Ma la riduzione delle proprietà del tutto alle proprietà delle sue parti è possibile solo nelle situazioni elementari dei cosiddetti "sistemi sommativi", che rappresentano una piccola frazione dell'intera diversità degli oggetti realmente esistenti. Di regola, il tutto è caratterizzato da parametri e leggi specifiche che non valgono per i suoi elementi particolari. Così ad es., le caratteristiche del gas in movimento dipendono da parametri termodinamici: temperatura, entropia, ecc., i quali risultano ininfluenti per l'analisi delle sue molecole particolari. Non è certo possibile ottenere quelle caratteristiche a partire da una descrizione meccanica dettagliata del movimento di tutte le molecole.

La perfezione dell'insieme, rispetto a quella delle parti che lo compongono, la si nota anche laddove le relazioni che l'insieme instaura con l'ambiente sono determinate dal comportamento dell'insieme stesso e non da quello delle sue singole parti. Questa situazione è tipica di tutti i livelli di organizzazione della materia, specie di quelli più complessi. Ciò che è sostanziale per l'insieme di un organismo è il funzionamento integrale e coordinato di ogni singola parte: è questo che assicura la grande stabilità dei sistemi viventi in rapporto alle variabili condizioni esterne e che accresce fortemente le capacità di adattamento dell'organismo. La perfezione sta nel funzionamento equilibrato del tutto, all'interno di margini più o meno flessibili, ma comunque invalicabili, di tollerabilità. P.es., la struttura attuale dell'universo è determinata da una grandezza che esprime la differenza di massa fra il neutrone e il protone. Questa differenza è assai piccola, circa 10^{-3} della massa del protone. Ma se essa fosse stata tre volte più grande, non avrebbe avuto luogo la sintesi nucleare e nell'universo non esisterebbero elementi complessi.

L'intero dunque non può essere concepito come funzionante unicamente secondo leggi che reggono gli elementi che lo compongono. Una casa di mattoni è evidentemente una realizzazione di possibilità inerenti ai mattoni e alla calce; ma per costruire una casa non basta conoscere le proprietà dei materiali: bisogna possedere un progetto della casa, stabilito secondo il suo modo di funzionare in quanto abitazione. Questo progetto, è vero, si realizzerà sulla base delle proprietà dei materiali da costruzione, ma la sua ideazione dipende dalle leggi di un altro livello di realtà. Del pari, il comportamento dell'uomo è sì legato alle sue qualità naturali e sociali in quanto individuo, ma l'essenza dell'uomo - come vuole Marx - si esprime sulla base del sistema di *relazioni sociali* in cui egli è inserito. Ogni organismo vivente è determinato non soltanto dalla sua organizzazione interna, ma anche dal suo rapporto con la popolazione circostante e con l'insieme del mondo vivente.

Il tutto dunque non è riducibile alla somma delle sue parti e la parte non può essere interamente compresa che nelle sue relazioni col tutto. Su questo principio vi è un esempio significativo nel libro di memorie di W. Heinsenberg, *La parte e il tutto*, laddove l'autore afferma che, mentre osservava, indifferente, il castello Elsinore, che lo scienziato N. Bohr gli indicava, ne capì l'importanza solo dopo che quegli gli precisò che si trattava del castello in cui Shakespeare aveva scritto l'*Amleto*.

La fisica moderna fornisce una testimonianza esemplare di questa simbiosi della parte con il tutto. Come noto, l'unità fondamentale dei principali tipi d'interazione che descrivono il comportamento delle particelle elementari, non si è manifestata che negli stadi iniziali dell'evoluzione del cosmo. In altre parole, l'unità reale delle interazioni elettriche deboli e forti può manifestarsi in casi di energia che non esistono nell'attuale universo e che potevano realizzarsi sono nei primi secondi dell'evoluzione della metagalassia dopo il Big Bang.

D'altra parte, noi siamo sorpresi dall'apprendere che le proprietà macroscopiche del mondo osservabile (esistenza di galassie, di stelle, di sistemi planetari, di vita sulla Terra) sono determinate da un piccolo numero di costanti che caratterizzano sia le diverse proprietà delle particelle elementari che i tipi-base delle fondamentali interazioni. P.es., se la massa dell'elettrone fosse stata di tre o quattro volte maggiore di quella attuale, la vita d'un atomo neutro d'idrogeno sarebbe solo di qualche giorno. Di conseguenza, le galassie e le stelle sarebbero principalmente composte di neutroni e l'attuale diversità fra atomi e molecole neppure esisterebbe.

*

Le acquisizioni della scienza moderna mostrano con evidenza che tutto quanto esiste è frutto di un'evoluzione. La teoria del Big Bang, le ricerche sull'apparizione dei sistemi prebiologici e delle prime forme di vita, l'individuazione delle leggi di formazione e sviluppo della biosfera e delle specie animali, gli studi di antropo- e socio-genesi permettono di descrivere le principali tappe dell'evoluzione del mondo dall'apparizione delle particelle elementari all'origine dell'uomo e della civiltà. 10^{-35} secondi dopo l'inizio del Big Bang apparve l'asimmetria barionica della Metagalassia, che si rileva oggi dalla quantità estremamente piccola di antimateria da essa contenuta. Dopo 10^{-5} secondi sono venuti emergendo i barioni e i mesoni a partire dai quarks. Nel secondo minuto di vita della Metagalassia hanno cominciato a formarsi i nuclei dell'elio e di altri elementi leggeri. Le galassie sono comparse un miliardo di anni più tardi e le stelle della prima generazione 5 miliardi di anni dopo. Gli atomi degli elementi pesanti nascono in seno alle stelle. Il Sole, quale stella della seconda generazione, ha circa 5 miliardi di anni. La Terra ne ha circa 4,6. Sulla Terra, i microrganismi hanno 3 miliardi di anni, le forme macroscopiche di vita esistono da un miliardo di anni. I primi vegetali sono apparsi 450 milioni d'anni fa, i pesci hanno 400 milioni di anni, i mammiferi 50 e, infine, l'uomo esiste da 2 o 3 milioni di anni.

Noi deduciamo l'evoluzione dal semplice al complesso anche da moltissimi altri processi che si svolgono nel cosmo. Soltanto nella nostra galassia esistono centinaia di miliardi di stelle simili al Sole e in tutto l'universo si contano decine di miliardi di galassie simili alla nostra. Tutto è in perenne evoluzione, benché la stragrande maggioranza delle linee evolutive non approdino alla nascita della vita e dell'intelligenza. L'idea che la vita e la ragione siano molteplici nell'universo ha giocato nella storia un ruolo progressista. Essa infatti postula l'origine naturale della vita e della ragione, e favorisce lo sviluppo d'un'interpretazione materialistica del mondo, antitetica a quella religiosa. Tuttavia, alla luce delle ricerche attuali, è forse più utile prestare attenzione alla concezione secondo cui la vita e la ragione sono uniche nell'universo, o comunque rarissime, in quanto nessuna forma di vita extra-terrestre è in grado per il momento di farci sostenere il contrario.

Un altro aspetto di cui bisogna assolutamente tener conto è la possibilità che il processo evolutivo dal semplice al complesso diventi reversibile. Se ad es. la densità della massa del nostro universo diventasse più grande di quella critica, esso comincerebbe a comprimersi, dopo un certo tempo, provocando una riduzione globale di tutte le forme complesse a forme più semplici. Tale fenomeno i cosmologi prevedono che prima o poi accadrà. L'instabilità del protone tende a convalidare questa supposizione. Il che non implica la sconfessione di determinate leggi fisiche o chimiche, quanto, più semplicemente, la costatazione della loro inapplicabilità alla nuova situazione che si verrà a creare.

*

La scienza è in un certo senso simile alla natura vivente. Per principio, la vita non può esistere senza tradursi in una molteplicità di forme. Così è per la scienza. Il suo polimorfismo è condizionato non solo dalla diversità reale del mondo, ma anche dalle differenze che esistono negli statuti epistemologici del suo apparato concettuale, la cui efficacia muta col mutare delle situazioni cognitive. L'unità della scienza non sta nella ricomposizione, peraltro impossibile, delle sue tecniche di ricerca o dei suoi criteri cognitivi e interpretativi, quanto piuttosto nella interconnessione sempre più stretta fra diversi campi scientifici, il cui compito principale è quello di riflettere adeguatamente l'essenza della realtà.

Tutto ciò che esiste è caratterizzato dall'unità e dalla diversità: né l'una né l'altra possono sussistere o essere comprese separatamente. Il riduzionismo può aiutarci in questa esigenza riunificativa, ma esso dovrà comunque riflettere la specificità dei fenomeni, se non vorrà rischiare di offrire un'immagine semplicistica delle interrelazioni fra unità e diversità. Pertanto, se vogliamo concretizzare il desiderio di una ricomposizione del sapere scientifico, dobbiamo farlo con la pazienza di chi sa rispettare le conquiste scientifiche di ogni singola disciplina.

Scienza e filosofia verso il futuro

Una delle particolarità essenziali dello sviluppo della scienza consiste nel fatto ch'essa si orienta verso lo studio di oggetti che già sono di uso comune o che potranno diventarlo. Per molto tempo, ad es., i fisici hanno cercato di presentare i solidi, i liquidi e i gas come un sistema puramente meccanico di molecole. È stato lo sviluppo della termodinamica a rivelare l'insufficienza di questa concezione. In seguito si cominciò a sostenere che i processi fortuiti nei sistemi termodinamici non erano qualcosa di esterno al sistema, ma ne costituivano l'essenza interna, determinante lo stato e il comportamento del sistema stesso.

Con lo sviluppo della fisica quantistica si è poi scoperto che le categorie di necessità e di contingenza vanno viste in una unità dialettica, e che occorre rinunciare all'identificazione deterministica che Laplace poneva fra causalità e necessità, utilizzando invece attivamente la categoria del "potenzialmente possibile" per la descrizione dei processi dell'"infinitamente piccolo". In una parola, una struttura categoriale adeguata - che risponda anzitutto al principio della irriducibilità del tutto alla somma delle parti - appare, allo stesso tempo, come premessa e condizione della conoscenza e della comprensione di nuovi oggetti e fenomeni.

Senza dubbio il compito di elaborare strutture categoriali che permettono di uscire dal quadro dei modi tradizionali di percezione e d'interpretazione degli oggetti, viene realizzato per gran parte dalla filosofia. La filosofia anzi è stata capace di offrire le direttive categoriali necessarie alla ricerca scientifica prima che la scienza cominciasse a padroneggiare gli oggetti che corrispondevano a quelle categorie. Le quali, ovviamente, in virtù della ricerca scientifica, si svilupparono ulteriormente, trovando quelle conferme empiriche che la filosofia non poteva dare.

Resta vero però che senza una continua riflessione filosofica sulla scienza, nessuna direttiva categoriale può arricchirsi di veri nuovi contenuti. Ciò non significa che la filosofia sia di per sé sufficiente a risolvere i problemi delle scienze naturali. La scienza è un aspetto particolare della cognizione filosofica della realtà e la ricerca filosofica rappresenta uno dei presupposti necessari dello sviluppo delle scienze naturali, benché questo sviluppo si realizzi solo a condizione che le scienze siano autonome.

Un semplice confronto fra la storia della filosofia e quella delle scienze naturali indica assai chiaramente le *performances* anticipatrici della filosofia in rapporto alle scienze concrete. È sufficiente ricordare che l'idea dell'atomismo, essenziale per le scienze della natura, apparve nei sistemi filosofici del mondo antico e in seguito si sviluppò all'interno di diverse scuole filosofiche, finché le scienze naturali e il progresso tecnico raggiunsero un livello idoneo a trasformare una intuizione o speculazione di tipo filosofico in un fatto scientifico.

Si può anche evidenziare, ad es., che numerosi aspetti dell'apparato categoriale sviluppato dalla filosofia di Leibniz vanno visti in relazione ai cosiddetti "grandi sistemi" e non certo in relazione alle scienze naturali del XVII sec., dominate da una concezione puramente meccanicista del mondo. Nella sua monadologia Leibniz sviluppò idee che per gran parte risultavano alternative al meccanicismo (ad es. quelle riguardanti il rapporto fra la parte e il tutto o fra la causalità, la virtualità e la realtà, che ricordano da vicino certi modelli della cosmologia moderna e della fisica delle particelle elementari).

La filosofia insomma scopre per intuito o anche per un ragionamento logico ciò che la scienza arriva a dimostrare concretamente solo dopo un periodo di tempo più o meno lungo. Ovviamente la filosofia è capace di questo solo nella misura in cui si rapporta a tutta la realtà sociale e culturale (inclusa la scienza stessa). Ed è altresì ovvio che non necessariamente la scienza giunge a fare determinate scoperte sulla scia delle cose intuite o pensate dalla filosofia. Sarebbe assurdo sostenere che i modelli cosmologici di Fridman o di Planck, che pur si accostano al quadro d'interazione delle monadi, si rifanno direttamente alla filosofia di Leibniz. Al massimo si potrà parlare di influenza mediata (dalla storia della filosofia, come di tutta la cultura) delle idee di Leibniz sull'epoca contemporanea.

Infine si può ricordare che è stata la filosofia a scoprire per prima la capacità di autosviluppo degli oggetti, oggi ritenuta di fondamentale importanza dalla scienza. Nell'ambito della filosofia sono stati elaborati i principi dello storicismo, i quali esigono che si esamini un oggetto tenendo conto del suo sviluppo precedente e della sua facoltà evolutiva (si pensi al contributo che l'idealismo hegeliano ha dato alla comprensione del fatto che la *contraddizione* è una forza motrice di ogni sistema vitale e cognitivo).

*

Detto questo, è necessario ora ridimensionare le pretese "profetiche" della filosofia e rassicurare i sostenitori dell'autonomia della scienza, dimostrando che l'una e l'altra disciplina trovano la loro ragion d'essere all'interno del contesto storico e culturale in cui si sviluppano. Cerchiamo di spiegarci con un esempio. Quando si usa il concetto di "spazio", il suo significato non è sempre quello offerto dalle opere scientifiche e filosofiche. Lo spazio come categoria della cultura è integrato nel tessuto della lingua quotidiana: quando usiamo le parole "qui", "là", "alto", "basso" ecc., noi ci serviamo inconsciamente della nozione di spazio, la quale organizza il senso di queste parole. In quanto categoria culturale lo spazio funziona nelle opere artistiche, nelle rappresentazioni che l'uomo generalmente si fa dell'ambiente in cui vive, nel senso comune, ecc. La spiegazione filosofica o scientifica di questa categoria non forma che uno degli aspetti del suo senso socio-culturale, per cui quando si esaminano i principali significati della parola "spazio" occorre tener conto della struttura categoriale del pensiero di questo o quel contesto storico-sociale.

Quando si realizza un approccio del genere, la categoria dello spazio appare sempre sotto il suo aspetto storico concreto, il quale predetermina non solo la comprensione e l'interpretazione, ma anche l'esperienza del mondo da parte dell'uomo. Prendiamo ad es. la rappresentazione dello spazio nella scienza medievale. Questa scienza aveva per concezione cosmologica principale il sistema geocentrico di Tolomeo, leggermente modificato secondo lo spirito delle idee religiose dominanti (la sfera dell'empireo, soggiorno delle anime e degli angeli, è stata aggiunta a quella dei pianeti, del Sole e degli astri immobili). La fisica di quell'epoca considerava il movimento dei corpi in accordo con la concezione aristotelica: ogni corpo tende ad occupare il suo posto. L'interpretazione in termini di "concezione del mondo" sanzionò questa visione delle cose come unico schema possibile, aggiungendovi solo degli elementi assiologici: ad es. i corpi pesanti cadono sulla Terra perché la materia "peccaminosa" li attira verso il basso, mentre i corpi leggeri tendono verso l'empireo; i movimenti terrestri sono destinati al disordine, mentre, al contrario, i corpi celesti descrivono cerchi perfetti, ecc.

Furono proprio queste concezioni dello spazio, fuse nella fabbrica della scienza medievale, che costituirono uno dei principali ostacoli all'apparizione delle scienze naturali, cioè all'elaborazione di una sintesi fra la descrizione matematica della natura e il suo studio sperimentale. E perché si potesse formare una nuova concezione dello spazio, è stato necessario superare radicalmente tutte le categorie della cultura medievale: il che è cominciato ad accadere durante il Rinascimento, ovvero con i primi germogli della produzione capitalistica e dell'ideologia borghese. Le grandi scoperte geografiche, l'estensione delle migrazioni (durante l'epoca della primitiva accumulazione, allorché i contadini rovinati erano costretti ad abbandonare le terre), la distruzione dei legami corporativi tradizionali e altre cose ancora, contribuirono a riformulare completamente il concetto fisico di spazio, e non solo nell'ambito della scienza ma anche in tutte le sfere della cultura.

Ed è significativo, in questo senso, che la nuova concezione di uno spazio omogeneo e isotropico (in cui tutti i punti e tutte le direzioni sono fisicamente identici) abbia trovato un riflesso nelle arti plastiche rinascimentali: la pittura, ad es., comincerà a organizzarsi in funzione della prospettiva lineare dello spazio euclideo, che viene percepito come un dato reale e sensibile della natura. E non è forse vero che esiste - come molti oggi hanno costatato - un certo parallelismo fra le idee della relatività in fisica e l'impressionismo in pittura?

*

La ricostruzione di un modello categoriale del mondo è legata alle svolte che si compiono nella storia umana, poiché essa implica la trasformazione non solo dell'immagine del mondo umano, ma anche dei tipi di personalità ch'essa produce, ovvero del loro atteggiamento verso la realtà e dei loro orientamenti normativi. Gli schemi generalizzati della concezione del mondo, rappresentati dalle categorie della cultura, molto spesso concordano con gli interessi di determinate classi e gruppi sociali.

Questa è la ragione per cui in una società divisa in classi una stessa mappa di categorie culturali può essere interpretata assai diversamente. Organizzandosi in modo conforme alla struttura categoriale del pensiero dominante di un'epoca, la coscienza di classe vi introduce abitualmente dei significati o delle concretizzazioni specifiche, che esprimono appunto gli orientamenti della classe corrispondente. Questo riguarda soprattutto le categorie della cultura, che caratterizzano l'uomo, con i suoi valori e la sua attività.

Qualunque modello categoriale, storicamente determinato, del mondo, sia esso scientifico o filosofico, sussiste finché è in grado di assicurare la riproduzione o comunque la coesione di quelle attività di cui la società ha bisogno per sopravvivere. Tuttavia, nella misura in cui si sviluppa la produzione economica e appaiono nuove forme di attività socioculturale e professionale, si fa strada anche il bisogno di nuovi orientamenti (relativi alla concezione del mondo), che assicurino la transizione a forme più progressiste della vita sociale. *Conditio sine qua non* di questo passaggio è la trasformazione delle strutture categoriali del pensiero. Essa si verifica sulla base del confronto degli interessi di classe, allorché una nuova classe progressista si fa portavoce di idee ch'essa propone a fondamento della vita di tutta la società, presente e futura.

La filosofia, come qualunque altra scienza della cultura, ha il compito di esplicitare i mutamenti che avvengono in forma embrionale, spesso allo stato latente, nella coscienza degli uomini. In particolare, la conoscenza filosofica deve individuare, nell'infinita diversità dei fenomeni culturali, i significati categoriali comuni che li attraversano. E nel far questo non deve limitarsi a usare le nozioni astratte e logiche, ma anche le metafore, le analogie, le immagini figurate. Nei sistemi filosofici relativamente avanzati dell'antichità numerose categorie fondamentali portavano l'impronta d'un riflesso simbolico e metaforico del mondo (il "fuoco" di Eraclito, il "nous" di Anassagora, ecc.). Ciò è ancora più vero nelle filosofie antiche dell'India e della Cina. La costruzione concettuale, qui, non è quasi mai separata da una base immaginifica. L'idea anzi veniva espressa più sotto una forma artistica che non astratta e l'immagine appariva come il modo principale di percepire la realtà dell'essere.

Questa esigenza simbolica e metaforica è presente anche nella sfera scientifica, che pur è sottoposta a standard logici assai rigorosi. Ed è presente anche nella letteratura, nelle arti, nella critica estetica, nel pensiero politico e giuridico, nel senso comune: Manzoni e Leopardi, Tolstoj e Dostoevskij hanno saputo esprimere in un linguaggio letterario un coerente sistema filosofico, paragonabile a quello di Schopenhauer o di Hegel.

Resta comunque significativo che l'apparizione della filosofia, come modo particolare di conoscenza del mondo, emerga nel corso di un periodo segnato da una delle svolte più radicali dell'evoluzione sociale, quella del passaggio dalla società clanica e tribale a quella divisa in classi. Questo forse implica - è solo una domanda - che la futura ricomposizione dell'umanità in un sistema sociale senza classi sarà caratterizzata, fra le altre cose, anche dal definitivo superamento della conoscenza filosofica? È improbabile. È possibile invece pensare che l'uso della conoscenza filosofica non sarà più così facilmente manipolabile da determinati interessi di parte. E comunque se tale abuso avverrà, occorreranno grandi capacità di falsificazione, cui però inevitabilmente si contrapporranno non meno forti capacità di smascheramento.

*

I compiti della ricerca filosofica non si sono mai limitati all'analisi della scienza, benché nella tradizione culturale europea, dall'epoca della formazione delle scienze naturali, la generalizzazione delle acquisizioni di tali scienze sia stata una via essenziale delle categorie filosofiche. La filosofia deve anche risolvere problemi inerenti alla concezione del mondo: il significato della vita, il valore intrinseco delle cose, ecc. Essa cioè deve elaborare e sviluppare categorie e princìpi che le scienze naturali, in seguito, selezioneranno, per farne propri fondamenti filosofici. In particolare, le scienze naturali assumono quei principi che servono loro a comprendere i rapporti dialettici e assai mutevoli di soggetto e oggetto, di uomo e natura, di ambiente e civiltà... La forte presenza del cosiddetto "fattore umano" (si pensi alla biosfera, ai sistemi uomo-computer, alla genetica umana, ecc.) costringe tutte le scienze ad affrontare in maniera sempre più sistematica e approfondita gli aspetti ontologici e normativi della concezione del mondo.

La scienza occidentale

Oggi la scienza occidentale è tanto più specialistica quanto più inutile. Cioè la sua utilità è strettamente legata agli interessi di potere, politico o economico, dell'occidente e quindi a una parte relativamente ristretta del mondo. La scienza occidentale è diventata "di parte" (o forse lo è sempre stata), nel senso che non si pone al servizio degli interessi della comunità internazionale, anzi li danneggia.

Le ricerche sono diventate ormai così settoriali che gli investimenti per sostenerle sono assolutamente sproporzionati rispetto alla ricaduta positiva sulla gran parte del genere umano dei risultati che si ottengono. Non è quindi una scienza conveniente sul piano economico.

Peraltro non si tiene neppure in considerazione che gli sviluppi progressivi della scienza occidentale contribuiscono non a risolvere ma ad accentuare i problemi del Terzo mondo, che sono poi i problemi causati dallo stesso rapporto ineguale tra Nord e Sud e che, se non risolti, porteranno al crollo dell'occidente e della sua stessa scienza.

L'occidente sbandiera la propria scienza come un qualcosa di "universale", quando tutti sanno che l'universalità delle cose non è data tanto dalla loro *diffusione* quanto piuttosto dalla loro *facilità d'uso*, e soprattutto dalla loro *riproducibilità* - e questo, con l'alta specializzazione tecnologica della scienza occidentale, oggi non è più possibile.

Nell'ambito dell'imperialismo la scienza occidentale è in grado di riprodursi facilmente nei paesi del Terzo mondo grazie alle filiali delle multinazionali, che concentrano nelle mani di poche persone l'enorme bagaglio di conoscenze acquisite in occidente.

Tuttavia questa scienza esportata non serve alle nazioni che ospitano le multinazionali, se non alle poche persone che ne ricavano un guadagno indiretto. Serve piuttosto alle multinazionali e ad arricchire il personale che lavora attorno a queste imprese, che è sempre un numero ristretto di persone. Il capitalismo appare ogni giorno di più come un sistema economico mondiale che serve gli interessi di una fascia limitata di persone.

Il prossimo sistema economico dovrà dunque essere basato su una "democrazia sociale", cioè non meramente "politico-parlamentare". Ci vorrà una democrazia di tipo "diretto", non "delegato", una democrazia "autogestita", non "centralizzata", una democrazia basata sulle leggi di autovalorizzazione non del capitale ma dello stesso *essere umano*.

Per un superamento dei limiti della scienza occidentale

Tempo fa si diceva che la religione non è una scienza, per cui non può unire gli uomini, ma soltanto dividerli. Anzi, è già molto che una fede religiosa riesca a tenere uniti gli stessi credenti che la professano, poiché la storia sta lì a dimostrare con infiniti esempi proprio il contrario: basti vedere le enormi diversità che caratterizzano le tre fondamentali correnti cristiane: ortodossa, cattolica e protestante.

Essendo soltanto un riflesso di interessi materiali di parte, la religione, come ogni altra ideologia non umanistica o non democratica, tutela sempre le classi privilegiate, anche quando sostiene, in via di principio, per ingannare le masse, di voler fare il bene comune.

D'altra parte non esistono ideologie, neppure quelle che si dicono "proletarie", che di per sé possano offrire garanzie contro gli abusi pratici che dei loro princìpi si possono fare; e gli abusi avvengono, in genere, proprio da parte di chi si sente coinvolto in prima persona nella realizzazione di quei princìpi.

Oggi però sarebbe stupido sostenere che la scienza ha più capacità di unire che non la religione. La scienza cui si fa generalmente riferimento, quando se ne parla, è una sola: quella *occidentale*, cioè quella sorta con la teorizzazione galileiana dello sperimentalismo induttivo. La concezione di "scienza" che abbiamo ancora oggi è quella che considera l'uomo *superiore* alla natura e questa un oggetto di sfruttamento puro e semplice.

Come noto, le religioni hanno contrastato questa posizione non tanto perché consideravano la natura superiore all'uomo (per trovare una concezione del genere bisogna risalire alle primitive religioni animistiche o totemiche, forse le uniche vere "religioni", in quanto quelle monoteistiche sono delle vere e proprie "teologie", specie il cristianesimo), quanto piuttosto perché, nella pretesa superiorità dell'uomo sulla natura, la scienza tendeva a escludere la dipendenza dell'uomo nei confronti di qualsivoglia divinità.

Le religioni monoteistiche si sono opposte allo sviluppo della scienza non per difendere la natura o l'uomo naturale, ma per un interesse di parte, in quanto l'ateismo della scienza faceva perdere loro un bel po' di prestigio, di credibilità e, in definitiva, di potere politico e culturale.

Ecco perché oggi una qualunque critica alle teorie scientifiche che pongono l'uomo al di sopra della natura non ha bisogno, per essere efficace, di rifarsi a qualche ideologia religiosa. Oggi la scienza occidentale va contestata dal punto di vista dello stesso *umanesimo laico* che l'ha generata, anche se con tale umanesimo, all'inizio, si pensava che l'uomo potesse fare a meno di una qualsivoglia dipendenza non solo da dio ma anche dalla natura.

Nel secolo XVI l'umanesimo laico era di tipo *borghese*, cioè di una classe minoritaria, ancora immatura, condizionata dall'arroganza di ciò che, sul piano religioso, l'aveva preceduta nei secoli: il cattolicesimo-romano, che a quell'epoca cominciò ad assumere la forma esteriore del protestantesimo, molto più adatta alla pratica individualistica dei ceti mercantili.

Oggi dobbiamo darci una sorta di ideale di vita che vada al di là non solo di ogni religione, ma anche della stessa scienza occidentale, poiché se ciò che si presume "scientifico" si pone contro gli interessi *riproduttivi* della natura e quindi, di conseguenza, dello stesso genere umano, di "scientifico" questa teoria e questa prassi (che è la *tecnologia*) non hanno proprio nulla. Oggi dobbiamo considerare come autenticamente "scientifico" solo ciò che tutela un rapporto *equilibrato* tra natura e uomo.

Sembra un dire banale, scontato, eppure, se guardiamo lo sviluppo del socialismo scientifico, ci si accorgerà di quanto questo dire risulti praticamente sconosciuto a questa ideologia, che pur indubbiamente, per chi è "proletario", resta la punta più avanzata della riflessione teorica europea. I classici del marxismo non hanno mai messo in discussione la superiorità dell'uomo sulla natura, che si pensava definitivamente acquisita proprio in virtù della rivoluzione tecnico-scientifica.

Oggi una qualunque realizzazione del socialismo democratico non può tenere in considerazione soltanto le problematiche della giustizia sociale ed economica, deve anche porre all'ordine del giorno il rapporto uomo-natura, connesso al quale vi è il discorso, ben più complesso, riguardante il senso generale della civiltà industriale.

Davvero non esiste una scienza proletaria?

Ancora ai tempi di G. Lukács si sosteneva, in ambienti marxisti, che la scienza poteva essere divisa in "borghese" e "proletaria", essendo la prima un'ideologia travestita da scienza, che difende interessi di classe, mentre la seconda è la vera scienza che difende gli interessi del popolo lavoratore.

La differenza di principio era nata negli anni Trenta, quando in Russia si sosteneva fosse "borghese" la scienza darwinista che si opponeva a Trofim Lysenko, alla sua idea dell'ereditarietà dei caratteri acquisiti. Lysenko, il biologo favorito di Stalin, nel 1948, e per più di quindici anni, riuscì ad imporre in Urss una situazione dittatoriale nella comunità scientifica attraverso l'abolizione della genetica mendeliana e l'imposizione di una teoria neolamarckista, secondo cui l'eredità dei caratteri sarebbe influenzata da fattori ambientali e che, in onore dell'agronomo russo Ivan Micurin - pioniere di tale concezione -, fu battezzata "micurinismo".

La contrapposizione di una pretesa "scienza proletaria" alla "scienza borghese" era un motivo tipicamente "bogdanoviano" che, all'inizio degli anni Trenta, divenne il tema portante dei normalizzatori staliniani, protagonisti prima dell'attacco all'ecologia, poi a quello della genetica mendelliana. Osteggiata da vari scienziati sovietici, questi finirono col pagare di persona: da N. Vavilov a N. Tulajkov, G. D. Karpečenko e altri ancora.

Lysenko andò in pensione nel 1965, ma restò un accademico temuto fino al 1975, quando Brežnev lo fece espellere dall'Accademia con la motivazione che "la politica deve poter intervenire nell'orientamento delle ricerche". I danni che aveva fatto subire all'agricoltura sovietica erano stati enormi.

Negli anni Cinquanta, Jean-Toussaint Desanti (1914-2002) scriveva un saggio intitolato *Science bourgoise, science prolétarienne* per esaltare la seconda. Poi ci ripensò.

Negli anni Sessanta e Settanta le femministe americane denunciano la scienza borghese dei maschi bianchi e privilegiati.

Dagli anni Novanta la scienza è "borghese" per i militanti terzomondisti, in quanto nega qualunque valore a tutto ciò che non è occidentale.

Oggi il socialismo è arrivato alla conclusione che la scienza non può essere in sé aggettivata: semmai è il suo uso che deve esserlo.

Come reimpostare il problema di una scienza proletaria

Perché oggi si sostiene che non esiste e mai esisterà una "scienza proletaria"? Il motivo principale sta nel fatto che dicendo "proletaria" si teme d'essere accusati di non fare "scienza" ma "ideologia", cioè di dire cose non perché oggettivamente vere ma perché politicamente strumentali, finalizzate appunto a una posizione di parte.

Ma il motivo è anche un altro: il marxismo ha avuto la pretesa di dimostrare, servendosi della scienza borghese, che il capitalismo ha in sé delle contraddizioni così antagonistiche che ne rendono inevitabile il superamento in direzione del socialismo. È la stessa scienza economica borghese che porta a questa conclusione, ovviamente a condizione che si faccia del nesso capitale/lavoro un'antinomia di fondo, un insanabile contrasto. Detto questo, gli economisti borghesi continuano a sostenere che in realtà non vi sono alternative praticabili al capitalismo, e quelli socialisti insistono nel dire che, andando avanti di questo passo, il capitalismo è destinato a rendere sempre più invivibile la vita sociale e civile. Entrambi gli schieramenti, quando parlano di "scienza", non mettono mai in discussione i princìpi generali su cui essa si fonda, che sono poi quelli stabiliti con la nascita dell'umanesimo, con la nascita dello sperimentalismo galileiano, con la nascita di tutte quelle riflessioni filosofiche che hanno voluto porre l'uomo al disopra della natura.

La scienza borghese s'illude di poter considerare il sistema capitalistico una formazione sociale di tipo non "storico" ma "naturale"; e la scienza proletaria ha la pretesa di dire esattamente il contrario. Davvero dunque la differenza tra le due scienze si pone solo a questo livello? Davvero non possiamo pretendere una vera scienza "proletaria", che non sia semplicemente una diversa interpretazione dei fatti economici, fatta salva una base borghese condivisa?

Una "scienza proletaria" andrebbe anzitutto intesa in senso "antiscientifico", cioè in un senso che rimetta in discussione i presupposti stessi della scienza su cui si è edificata la società borghese e su cui si vorrebbe edificare anche quella socialista, pur nella variante del primato concesso al lavoro, intrinseco a una previa socializzazione dei mezzi produttivi.

Sono in realtà proprio questi stessi "mezzi produttivi" che vanno ripensati. Aspirare a socializzarne la gestione non serve a nulla, se prima non ci si chiede qualcosa di sostanziale sulla loro legittimità. Una vera "scienza proletaria" non può più darla per scontata.

Alla luce di quanto accaduto alla natura, in questi ultimi due secoli, occorre rimettere in discussione la legittimità degli stessi mezzi produttivi, i quali, nati in ambito borghese, dovrebbero essere ereditati (e nel "socialismo reale" lo sono effettivamente stati) dalla futura società socialista, stando alle previsioni dei classici del marxismo.

In 70 anni di "socialismo reale" non abbiamo soltanto sperimentato l'illusorietà di far coincidere "socializzazione" dei mezzi produttivi con la loro "statalizzazione" (con tutto quel che di antidemocratico, sul piano politico e culturale, ha comportato un'equiparazione del genere). Abbiamo anche sperimentato l'illusorietà di poterci risparmiare conseguenze nefaste sull'ambiente solo perché la proprietà dei mezzi produttivi era stata resa "pubblica".

Una "scienza proletaria" dovrebbe dunque essere una scienza che si rifà in toto alle *leggi della natura*. Il vero "proletario" è colui che, non possedendo nulla, si lascia "possedere" dalla natura. Lascia cioè che sia la natura a dettargli le condizioni della propria esistenza in vita. Il "proletario" diventa un "soggetto di natura", colui che non usa nulla che possa ostacolare i processi riproduttivi di chi gli offre i beni essenziali per sopravvivere.

Il moderno "proletario" non fa soltanto un discorso di *socializzazione dei mezzi produttivi*, ma anche uno sull'*uso ecocompatibile di tali mezzi*. E considera quest'uso prioritario su tutto, l'unico vero parametro per stabilire il grado di benessere, il livello di vivibilità, di umanizzazione di una qualunque comunità sociale.

Scienza e coscienza

In ogni indagine astronomica bisognerebbe chiedersi, ogniqualvolta si prospetta l'esistenza di "entità exraterrestri", quante possibilità possiamo considerare accettabili in rapporto all'interno universo.

È probabile che queste *chances* non siano infinite. Infatti, anche solo prendendo in considerazione la nostra galassia, esse sono praticamente uguale a zero. A tutt'oggi non riusciamo ad andare oltre delle mere ipotesi.

Dunque per quale ragione bisognerebbe credere nell'esistenza di qualcosa di "intelligente" al di fuori della nostra galassia, visto che questa eventualità non si è verificata neppure in quella in cui noi viviamo?

Se le condizioni che hanno generato la vita (in tutte le sue incredibili forme) sul nostro pianeta, fossero così facilmente riproducibili, in questo momento (cioè considerando i tempi dell'evoluzione cosmica) noi non avremmo una ma decine di esistenze intelligenti più o meno simili alla nostra, proprio in virtù dell'infinità dell'universo.

Dunque a che pro ostinarsi a credere in una cosa così improbabile? L'esigenza di dover supporre l'esistenza di esseri "diversi" da noi, anche più intelligenti di noi, non rispecchia forse un modo magico, infantile, di guardare i nostri problemi, quelli che non riusciamo a risolvere e che ci paiono più grandi delle nostre forze?

Una volta gli oppressi cercavano il messia, il re o l'imperatore, l'idolo da adorare; oggi la scienza ci permette di sognare in maniera tecnologica: cambiano le forme, non la sostanza.

Finché non viene dimostrato il contrario, noi dobbiamo credere che la terra sia l'unico pianeta abitato da esseri umani in tutto l'universo, e l'unico in cui gli esseri umani possono vivere nella loro attuale condizione naturale.

Noi possiamo anche pensare che la materia non esaurisca tutte le possibili forme di vita a nostra conoscenza, cioè possiamo anche immaginare che esistano forme di vita spirituali, energetiche, dotate di "risorse vitali" sconosciute alla nostra scienza. Ma o tutto ciò fa comunque parte della vita umana, è cioè comprensibile perché comunicabile, oppure è cosa che non ci può interessare in quanto al di fuori della nostra portata. Per interagire ci vuole un linguaggio comune.

Ora, come sia possibile spiegare l'univocità del genere umano rispetto a tutto l'universo, non è cosa agevole. Vien quasi da pensare che l'universo sia una forma il cui contenuto principale non è tanto la materia quanto l'uomo stesso, che è materia divenuta cosciente di sé.

Se dessimo per scontato che nell'universo non esiste una sola forma di vita - quella umana -, difficilmente riusciremmo a spiegarci il motivo per cui la natura ha prodotto un soggetto così profondo e complesso quando, in maniera molto più agevole, avrebbe potuto produrre dei soggetti equivalenti a quelli del mondo animale o ad essi di poco superiori.

Considerando che la natura è sì generosa ma mai superflua, avremmo, con gli umani, a che fare con una sorta di lusso inaudito: perché un unico pianeta abitato in tutto l'universo? Non sono forse gli uomini che, nella loro stupidità, producono cose di grande valore che poi utilizzano al minimo?

Perché passare dallo stadio animale a quello umano, introducendo elementi del tutto nuovi e incredibilmente profondi, come la *coscienza*, il senso della *libertà* e della *responsabilità personale*, quando poi la conclusione della vita umana è analoga a quella animale, e cioè la morte? È evidente che questo soggetto è destinato a essere messo in condizioni di esprimersi al meglio, secondo le proprie specifiche caratteristiche.

In altre parole, se l'uomo è consapevole di essere al centro dell'universo, in quanto nell'universo non esistono altre forme di vita analoghe o inferiori o superiori alla nostra, allora l'universo (o comunque il nostro pianeta o la nostra galassia) è un limite che va superato, cioè è una condizione provvisoria per l'esistenza umana, una sorta di incubatrice naturale che ricorda in un certo senso il ventre materno. L'universo è infinito solo nello spazio e nel tempo (almeno per quanto ne possiamo sapere), ma l'*autoconsapevolezza umana* è ancora più infinita, cioè più estesa e più profonda.

Noi siamo in grado di avvertire spiritualmente il senso di un limite senza riuscire a superarlo fisicamente. Che senso ha? È evidente che la nostra attuale dimensione fisico-terrena è soltanto una delle nostre forme possibili.

Non solo, ma se l'uomo è davvero al centro dell'universo, non può esistere un altro spazio-tempo in cui egli esista in maniera completamente diversa, altrimenti la centralità risulterebbe inspiegabile. Con la nascita dell'essere umano è stato rivoluzionato il concetto di "morte". Cioè la morte non viene soltanto vinta con la *riproduzione*, ma anche con una sorta di *trasmutazione* della materia da elementi o condizioni inferiori a elementi o condizioni superiori. Forse la morte dell'uomo è l'unico caso in cui si può parlare di ritorno della materia alla sua forma primordiale, che è l'*energia*.

Se siamo al "centro" è a motivo di qualcosa di particolare, una sorta di "quid" che ci caratterizza ovunque noi si vada o si viva, e permetta a chiunque di riconoscerci come tali.

Individualmente gli uomini possono anche avvertire la necessità di oltrepassare i limiti dell'universo, ma fino a quando non saranno gli uomini come genere o come collettività mondiale ad avvertire tale esigenza, i limiti resteranno invalicabili.

Il genere umano percepirà come limitato l'universo soltanto quando dimostrerà di avere di sé, appunto come "genere", una coscienza molto profonda, tale da avvertire come "limitati" gli attuali spazio e tempo.

In questo sviluppo della coscienza la scienza odierna non ci è di nessuno aiuto, se non come modello da evitare. Essa è un frutto quasi esclusivo di una ragione strettamente legata all'interesse: noi però abbiamo bisogno dell'uomo nella sua interezza. La scienza si preoccupa di trovare il limite *fisico* dell'universo, ma noi oggi ci sentiamo inadeguati proprio per il suo limite *spirituale*. Vorremmo che l'universo fosse qualcosa di più adeguato alla nostra coscienza.

Lo scientismo

Lo scientismo, inteso come espressione matematica che si sostanzia a livello tecnologico, domina l'approccio alla realtà a partire almeno dalla rivoluzione astronomica del Seicento. Si pensava fosse un'alternativa radicale alla religione, anche se gli scienziati non avevano il coraggio di negare a dio l'esistenza.

Nel secolo scorso, tuttavia, alcuni filosofi (p.es. Nietzsche, Husserl, Heidegger, il secondo Wittgenstein, Gadamer, ecc.) hanno cominciato a pensare che anche lo scientismo può porsi come una religione, cioè come forma di conoscenza illusoria della verità delle cose.

Lo scientismo, infatti, può anche essere l'espressione di un'alienazione, di una separazione dell'individuo dal contesto di un passato storico che non andava rifiutato in sé e per sé. L'individuo moderno, borghese, pensa d'aver bisogno della scienza, cioè di un ragionamento provato sperimentalmente per comprendere quella stessa realtà che prima veniva compresa con la trasmissione orale della conoscenza, che si basava su un sapere ancestrale, condiviso, trasmesso per via generazionale. Paradossalmente si era più "scientifici" quando il giovane si fidava dell'anziano, cioè quando si salvaguardava una certa continuità del sapere.

Oggi lo scientismo rischia di svolgere una funzione mistificatoria analoga a quella della religione nel passato. Sono cambiati gli strumenti, le forme, le metodologie, ma il fine è lo stesso: ingannare le masse, portarle a compiere azioni contrarie ai loro interessi. Anzi, se si guardano i mezzi a disposizione, le loro potenzialità, occorre dire che oggi i rischi cui si può andare incontro con un uso mistificato della scienza sono infinitamente superiori a quelli inerenti alla sfera religiosa (la quale spesso non fa che vivere a rimorchio della stessa scienza, sia quando appoggia quella dei paesi capitalisti contro il socialismo, sia quando sfrutta i limiti della scienza in generale per sostenere la superiorità della fede).

I preti bruciavano gli eretici, ma con due atomiche gli americani hanno bruciato in poche ore decine di migliaia di persone inermi, che non stavano svolgendo alcuna attività militare. Il governo americano disse che quelle bombe servirono per evitare vittime tra gli americani nel caso si fosse realizzato lo sbarco navale in Giappone. E il popolo americano credette a questa giustificazione.

Quindi come si può notare, non esiste un progresso automatico dalla religione alla scienza, così come non ha senso tornare alla religione dopo aver sperimentato i guasti immani provocati direttamente o indirettamente dalla scienza. È immorale affermare che di fronte al progresso della scienza non si può far nulla, cioè che il progresso in generale non può essere fermato, e che se anche qualcuno volesse fermarsi, altri di sicuro non lo farebbero.

Se di fronte alla scienza abbiamo un atteggiamento così remissivo, allora non abbiamo sviluppato la *scienza* (dal latino "scire", "sapere"), né tanto meno la *co-scienza* (dal latino "cum-scire", "sapere insieme"), ma soltanto un automa che si sottrae sempre più al nostro controllo.

Se la scienza può funzionare dal punto di vista umano soltanto a condizione che venga controllata dalla politica, questo significa che la politica può fare della scienza quello che vuole, significa che la politica ha sottratto alla collettività una naturale funzione di controllo e regolamentazione, e ha preferito riservarla a pochi specialisti, a pochi privilegiati, significa che la politica stessa - esattamente come la scienza - si pone come frutto di una società alienata.

Dunque, cosa vuol dire essere "scientifici"? La risposta a questa domanda non può che essere tautologica: credere in ciò che permette uno sviluppo democratico della vita umana. Se la scienza non si pone al servizio di questa esigenza, che non può essere in contrasto con quella di riproduzione della natura, la scienza non solo non serve all'uomo ma sicuramente gli è nociva.

*

Bisogna arrivare alla conclusione che tutto quanto produciamo di teorico non esce dai limiti di una interpretazione riduttiva della realtà. Finché non usciamo dal concetto di "civiltà", non abbiamo alcuna possibilità di dire qualcosa di sensato, di fattibile, di alternativo allo stato presente.

La stessa scrittura è parte in causa di tale assoluta precarietà dell'esistenza umana, incapace di comprendere se stessa e il bene per sé. La scrittura è un'arma con cui i poteri forti dominano gli sprovveduti. Nei documenti scritti impera l'illusione della coerenza fra teoria e pratica, l'illusione della scientificità, della precisione oggettiva delle parole, della perfetta aderenza alla realtà. Senonché la scrittura, solo per il fatto di essere tale, si pone già come un elemento riduttivo della comprensione della realtà, la quale è infinitamente più ricca di variabili di qualunque sua descrizione, orale o scritta che sia. La realtà può soltanto essere vissuta nel presente, e vivere non vuol dire scrivere sulla vita, ma mettersi in relazione personale con soggetti viventi.

Nella vita non è come nella matematica, dove 2+2=4. Nella vita a volte bisogna fare 3+1, altre volte 5-1 per ottenere 4, a seconda delle circostanze concrete. E questo non s'impara sui libri: è solo l'esperienza che l'insegna.

La logica della matematica è infinitamente meno complessa di quella della vita, proprio perché qui le contraddizioni, il controsenso, l'eccezione costituiscono la regola di cui bisogna sempre tener conto.

I conti tornano solo in matematica, ma nella vita si è alle prese con continui compromessi, in cui gli opposti devono trovare un punto d'incontro, un accordo. Nella vita non c'è nulla di lineare, di preciso, di definito e tanto meno di definitivo. Ecco perché la matematica è una scienza povera di contenuto dialettico: non riesce a capire che sono proprio le contraddizioni il sale della vita, la sostanza di ogni cosa.

Questo poi senza considerare che anche in campo matematico dipende sempre cosa s'intende con l'operazione 2+2=4: Greci e Romani, p.es., non usavano i numeri arabi. Oggi i computer usano il sistema binario. Molte popolazioni antiche non avevano il sistema metrico decimale. L'odierno simbolismo matematico è un'acquisizione relativamente recente, destinata a cambiare.

I limiti della tecnologia

La tecnologia diventa sempre più complessa e lo sforzo che si deve fare per dominarla o controllarla o anche solo usarla nel migliore dei modi, non ripaga la collettività dei risultati sperati. Di per sé la tecnologia non è in grado di risolvere alcun problema se a monte non esiste una determinata volontà (sociale o politica).

La tecnologia può servire al capitale per aumentare i profitti, ma questo di per sé non significa che i cittadini ne trarranno un sicuro beneficio. La maggior parte dei cittadini oggi è in realtà vittima della tecnologia, in quanto non è più in grado di dominarla.

La tecnologia più avanzata viene sfruttata solo dalle grandi industrie. Le piccole e le medie si basano di più sullo spirito di sacrificio dei proprietari, sul contenimento dei salari e degli stipendi, sui piccoli sotterfugi...

Lo sviluppo della tecnologia è avvenuto in occidente in maniera convulsa e senza un vero legame con le esigenze della società. Si è giustificato il suo sviluppo dicendo che avrebbe soddisfatto esigenze sociali. In realtà la tecnologia è sempre stata al servizio del grande capitale e quando questo servizio non era subito esplicito, essa non ha avuto lo sviluppo che i tecnici e gli scienziati avevano prospettato.

Occorre dunque chiedersi se abbia ancora senso continuare a sviluppare la tecnologia quando di fatto restano sempre irrisolti i grandi problemi dell'umanità. Ha ancora senso credere che tali problemi possano essere risolti da un ulteriore sviluppo della tecnologia, quando proprio questo sviluppo finirà col creare nuovi problemi ancora più difficili da risolvere?

La tecnologia, in realtà, non serve a nulla, anzi serve solo a procurare guasti sociali e ambientali. I suoi benefici sono ben poca rispetto ai guasti che provoca. Bisogna mettere sul piatto della bilancia entrambe le cose: tecnologia e vantaggi sociali (che devono essere evidenti nel breve periodo). Se lo facessimo ci renderemmo facilmente conto che si stava meglio non quando c'era meno tecnologia (il che sarebbe un non-senso), ma quando si dava maggior peso alle questioni sociali.

Se la tecnologia serve nell'immediato a soddisfare esigenze sociali, ha un valore e quindi un senso, altrimenti è sempre sospetta e come tale va temuta.

Quale nuova tecnologia per il socialismo democratico?

Non è possibile capire i passaggi da una civiltà a un'altra limitandosi ad esaminare l'evoluzione della tecnologia. Un'analisi del genere, anche quando strettamente connessa alla relativa formazione socio-economica, diventerebbe di tipo meccanicistico, in quanto non terrebbe conto delle motivazioni *culturali* che portano a fare determinate scelte.

Senza cultura è impossibile spiegarsi perché una civiltà avanzata come quella romana (specie sul piano ingegneristico), rimase ferma, in ambito rurale, alla zappa e alla vanga, e non riuscì a inventare la staffa, la ferratura e il collare da spalla per il cavallo, il giogo frontale per i buoi da traino, la rotazione triennale delle colture, il versoio dell'aratro, l'erpice, il mulino ad acqua, il carro a quattro ruote... La ruota idraulica venne prodotta solo per far fronte alla penuria di schiavi. Resta incredibile come la lavorazione della terra, in una civiltà di tipo mercantile, che sul piano militare aveva le legioni migliori del mondo, sia rimasta praticamente identica per oltre un millennio.

Questa cosa non si può spiegare se non facendo riferimento al fatto che l'economia romana si basava sulla schiavitù. Lo schiavo doveva essere continuamente sorvegliato e costretto a lavorare, poiché non aveva alcun interesse a farlo, cioè non poteva aver mai la percezione che, aumentando o migliorando il proprio lavoro, avrebbe di sicuro ottenuto un beneficio a favore della propria emancipazione umana, sociale e civile.

Certo uno schiavo poteva diventare semi-libero (o liberto), ma questo dipendeva esclusivamente dalla magnanimità o generosità del suo padrone. Un proprietario terriero poteva anche trasformare i suoi schiavi in coloni, ma questo dipendeva dai suoi personali interessi e in genere poteva valere solo per le periferie colonizzate, dove i controlli erano più difficili.

Se si pensa che Roma divenne una grande potenza schiavista durante le guerre bisecolari con Cartagine, si è in grado facilmente di spiegare il motivo per cui i ceti benestanti e le stesse autorità politiche non vedevano di buon occhio i miglioramenti tecnologici in ambito lavorativo. Là dove la disponibilità di manodopera schiavile è molto alta e questa manodopera viene acquistata su un mercato del lavoro, lo schiavista ha intenzione di sfruttarla il più possibile e non a sostituirla con la tecnologia.

Questo atteggiamento, semplice e diretto, è del tutto normale in una civiltà basata su rapporti di forza, in cui col concetto di "forza" s'intende proprio quella "militare". Quando una popolazione veniva sconfitta sul piano militare, il suo destino era quello di subire rapporti schiavili, in forme più o meno gravi. Anche quando un cittadino romano veniva rovinato dai debiti, non c'era pietà che gli risparmiasse un destino da schiavo, a meno ch'egli non trovasse qualcuno disposto a onorare il suo debito.

La sottomissione integrale a un padrone rende lo schiavo un semplice oggetto, senza personalità, senza diritti, su cui si può aver potere di vita e di morte. Non ci può essere progresso tecnologico in presenza di schiavismo, proprio perché si ritiene che lo schiavo sia già lo strumento più sofisticato, quello che permette, insieme alle terre che si possiedono, di vivere senza lavorare.

Prima di vedere un progresso tecnologico bisogna aspettare che lo schiavo venga considerato un "essere umano", ma ciò sarà possibile, seppure parzialmente, solo nel Medioevo, quando gli schiavisti verranno sconfitti dai cosiddetti "barbari", che non praticavano lo schiavismo come sistema di vita, e che incontreranno una cultura, quella cristiana, disposta a considerare tutti gli uomini "uguali" davanti a dio.

Per il cristianesimo la schiavitù è un titolo di merito, sia perché il "figlio di dio" s'è fatto schiavo per liberare l'umanità dall'"ira divina", conseguente a quel peccato originale che impedisce agli uomini di compiere il bene, sia perché lo schiavo, una volta resosi cristiano, ha molte più possibilità di salvezza nell'aldilà di quante ne abbia il suo padrone pagano. Ecco perché, se è vero che il cristianesimo non chiede allo schiavo di emanciparsi, se non appunto "cristianamente", chiede però al suo padrone di trattarlo umanamente e anzi di diventare "cristiano" come lui.

È la trasformazione dello schiavo in servo, cioè in persona semilibera, che porta a fare delle migliorie significative in ambito rurale.

Tuttavia, poiché anche il servo continua a restare un lavoratore giuridicamente sottoposto al feudatario, queste migliorie restano un nulla rispetto a quelle che si verificheranno quando, nella civiltà borghese, si sancirà l'uguaglianza giuridica (davanti alla legge) di tutti gli uomini. Quando si è tutti formalmente uguali, l'unico modo per poter sfruttare un'altra persona è quello di utilizzare qualcosa che faccia da "tramite" o da "ponte", ed è appunto la *tecnologia*. Non basta avere capitali o terre, bisogna anche fare investimenti sulle macchine, le quali devono riempire, in un certo senso, il vuoto che il lavoratore crea quando non sta lavorando, essendo un cittadino libero.

Finché lavora sotto padrone, resta schiavo, ma siccome è giuridicamente libero, il tempo del suo lavoro è determinato, è limitato da un contratto; le macchine vengono proprio a rimpiazzare il tempo mancante, quello che il diritto sottrae al rapporto schiavile. Ecco perché si parla di "schiavitù salariata".

Poiché lo schiavo moderno è giuridicamente libero, il suo indice di sfruttamento è per così dire super-concentrato nel momento in cui resta schiavo di una macchina, il cui uso deve essere massimo e massimizzato, cioè intensivo ed efficace. Quando lavora come schiavo, l'operaio è *parte integrante* delle macchine, che ovviamente determinano la sua produttività. È la macchina che gli impone un determinato tasso di rendimento, calcolato scientificamente. A parità di tassi di rendimento, per il capitalista resta più vantaggioso un rapporto di lavoro meno costoso, per cui quanto più un lavoratore si lascia schiavizzare, tante meno possibilità vi sono di trovare una transizione anticapitalistica.

La tecnologia quindi è strettamente correlata al sistema produttivo. È stato un errore colossale ritenere che nella transizione dal capitalismo al socialismo fosse sufficiente socializzare i mezzi produttivi, conservando inalterata la tecnologia della borghesia, che ha subìto uno sviluppo impetuoso proprio perché la finalità era quella di sfruttare al massimo dei lavoratori giuridicamente liberi.

In realtà il socialismo può anche svilupparsi sulla base di una tecnologia di livello inferiore. La tecnologia da sviluppare, una volta realizzato politicamente il socialismo, dovrà essere in rapporto a un lavoratore non solo giuridicamente ma anche *socialmente libero*. Cioè dovrà essere *lui stesso* a decidere la tecnologia con cui lavorare.

I criteri per poter stabilire quale tecnologia usare, saranno determinati non dal profitto o dai mercati, ma dalla stessa *autosussistenza* e non senza trascurare le *esigenze riproduttive della natura*, che sono vitali per la sopravvivenza del genere umano. La tecnologia dovrà essere molto diversa da quella attuale, in quanto più facilmente realizzabile e riproducibile, anzi riutilizzabile, riparabile e reintegrabile nello stesso ambiente in cui viene usata. In una parola dovrà essere *eco-compatibile*. L'ecologia dovrà avere la preminenza sull'economia: questa sarà solo un aspetto di quella.

Ecco, questa idea di *socialismo democratico* è ancora tutta da costruire e non è certo cosa che si possa fare nell'arco di pochi anni o decenni.

Disincantamento e nuova mentalità

Il fatto che Francesco Bacone, con la sua *Nuova Atlantide*, sia stato tra i primi a parlare esplicitamente della natura come di un "nemico da debellare", da piegare ai propri bisogni, non deve farci pensare che prima dell'epoca moderna (capitalistica) non si avesse con la natura un rapporto di dominio. Alla formazione dei grandi deserti dell'area mediterranea ha contribuito certamente il disboscamento selvaggio dell'epoca schiavistica e feudale.

Però è fuor di dubbio che l'idea "faustiana" di strappare alla natura, con la forza della scienza tecnologica, tutti i suoi segreti, s'è imposta nettamente solo con l'avvento della *rivoluzione industriale*, che ha trovato nel *positivismo* l'espressione ideologica più adeguata allo scopo.

Bacone aveva esaltato la figura dell'inventore, vero benefattore del genere umano, colui che sa soggiogare le necessità imposte dalla natura. Nel dire questo, non aveva fatto altro che portare alle più logiche conseguenze le *filosofie empiriste* dei francescani inglesi che avevano dissolto la Scolastica: Ruggero Bacone, Duns Scoto e Guglielmo di Ockham, per i quali non solo la fede doveva restare del tutto separata dalla ragione, ma anche la ragione, per essere credibile, doveva lasciarsi completamente sottomettere dall'*esperienza concreta*. Le basi della moderna scienza furono poste nell'Inghilterra basso-medievale.

Quando Marx, scrivendo il *Capitale*, analizzò il macchinismo, si rese facilmente conto che, sotto l'industrializzazione borghese, non è più la macchina un mezzo dell'uomo ma il contrario. La scienza è talmente incorporata nella tecnica che l'operaio diventa un mero esecutore di azioni ripetitive, privo di quella competenza specialistica un tempo vanto dell'artigiano. Tant'è che l'imprenditore tende a investire sempre più nel capitale fisso (obbligato, in questo, anche dalla concorrenza), proprio per automatizzare il più possibile i processi lavorativi, rendendo quasi irrilevante la funzione della forza lavoro.

Per risolvere questo rapporto alienato, di competizione dell'uomo con le macchine, sarebbe stato sufficiente - secondo il socialismo scientifico - socializzare la proprietà dei mezzi produttivi. In tal modo gli operai non avrebbero avuto salari da fame, né sarebbero stati espulsi dai processi produttivi: non ci sarebbero stati né sfruttati né disoccupati. Le macchine, anzi, producendo ricchezza per tutti, avrebbero permesso a chiunque di godere di molto tempo libero da dedicare alla propria creatività.

Marx non pose mai in dubbio che, attraverso il macchinismo, l'uomo dovesse soggiogare la natura. Prima che si formi una *coscienza ecologica* negli ambienti della sinistra europea, si dovrà attendere ancora un altro secolo.

Oggi quel che di sicuro gli ambienti più illuminati dell'Europa hanno capito, anche se si è ben lontani dall'agire in maniera conseguente, è che non basta statalizzare i mezzi produttivi per ottenere un rapporto

121

equilibrato tra uomo e natura. In quei settant'anni di socialismo da caserma, realizzato nell'Europa orientale, si è proceduto a una tale devastazione della natura come mai era stato fatto nei millenni precedenti.

L'occidente capitalistico ha esultato quando il socialismo è imploso, ma questo non ha affatto implicato la necessità di ripensare il rapporto fra lavoro produttivo ed esigenze riproduttive della natura. Riguardo all'obiettivo di realizzare una democrazia borghese alternativa a qualunque forma di socialismo, il rispetto della natura, ovvero la tutela ambientale, continua a svolgere la parte di Cenerentola.

Rispetto agli inizi del Novecento, allorquando si sviluppò in fabbrica la catena di montaggio, ideata da Taylor e realizzata da Ford, per avere una produzione di massa a costi contenuti, oggi, di diverso, c'è soltanto una cosa, che questi lavori alienanti tendono ad essere delocalizzati nelle aree periferiche del capitalismo mondiale, dove, per un qualunque salario, si può trovare un qualunque lavoratore.

L'occidente (Usa, Giappone, Europa occidentale, ecc.) si sta trasformando sempre più in un'area *post-industriale*, ove domina il *terziario* e la *finanziarizzazione del capitale*, cioè le speculazioni di borsa e il credito internazionale.

Se in quest'area del pianeta si vuol trovare qualcosa di significativo riguardo al macchinismo, bisogna limitarsi alle riflessioni intellettuali dei filosofi e dei sociologi, i quali, già a partire da A. Comte e M. Weber, hanno sempre associato lo sviluppo tecnologico della scienza allo sviluppo dell'ateismo. La tecnicizzazione dell'uomo e della cultura ha prodotto una progressiva rimozione degli elementi religiosi persino nella vita privata dei lavoratori e dei cittadini (che, a volte, vengono ripescati nell'inconscio quando, per motivi di età, ci si deve ritirare dal mondo produttivo).

Tuttavia, quel che molti filosofi e sociologi borghesi non comprendono è che la rimozione dell'elemento religioso dal lavoro ha soltanto "laicizzata" la tendenza magica a cercare la perfezione in qualcosa che sta al di fuori di noi. Ieri, quando dominava la religione, questi elementi estranei erano dio, la chiesa, i sacramenti, la grazia ecc.; oggi sono la scienza, la tecnica, il mercato, lo Stato ecc.

Non crediamo più ai miracoli della fede soltanto perché abbiamo trasformato la ragione scientifica in una nuova religione. Ci siamo "disincantati" nei confronti di cose ultraterrene in cui dovevamo credere, nonostante la loro invisibilità, e ci siamo "reincantati" nei confronti di cose che, pur essendo molto terrene, funzionano in una maniera che ai più appare del tutto misteriosa. Davvero il progresso tecnico-scientifico ha prodotto un significativo mutamento della mentalità?

Per un'etica della scienza

È ormai diventata oziosa la domanda se accanto alla ricerca scientifica possono coesistere delle obbligazioni normative di carattere etico. È la stessa evoluzione storica dell'umanità che lo impone. Un'evoluzione strana, per certi aspetti paradossale. Sembra infatti che per un ulteriore sviluppo della scienza - dopo secoli di separazione da ogni riferimento etico - la storia abbia bisogno non di andare avanti ma di tornare indietro, di ritrovare cioè quel periodo in cui scienza e morale, pur ancora primitive nei mezzi e nell'espressione, erano fuse in un tenero amplesso.

In pratica, proprio il progresso tecno-scientifico (specie in campo militare), nonché la crescente azione negativa della produzione economica sull'ambiente naturale, la prospettiva reale di un esaurimento delle risorse naturali non rinnovabili e altre cose ancora, stanno privando l'umanità del diritto all'errore.

Dai tempi dell'uso dello Zyklon B per sterminare gli ebrei nei lager nazisti e da quelli, immediatamente successivi, dell'uso dell'atomica su Hiroshima e Nagasaki il divorzio fra scienza e morale è entrato irrimediabilmente in crisi. Vi è chi ancora sostiene - come ad es. il biochimico americano E. Chain - che i problemi etici o filosofici appaiono solo al momento di applicare le cognizioni acquisite. Ma in generale tendono a prevalere le opinioni - come quella dello specialista inglese di etica della scienza A. Belsey - secondo cui è impossibile che lo scienziato possa procedere a uno studio descrittivo delle leggi della natura senza agire nel contempo su questa stessa natura. Ciò che in altre parole vorrebbe dire: se la scienza è frutto della coscienza sociale, il problema etico è inerente sia alla cognizione che all'applicazione del dato scientifico.

Ma c'è di più. Essendo la scienza strettamente legata alla produzione e a tutte le sfere determinanti della vita umana, le conseguenze, sia positive che negative, di un certo uso delle scoperte scientifiche divengono oggi immediatamente *sociali*, cioè rilevabili da chiunque e in poco tempo. E come quelle negative possono essere così gravi che un semplice rimando alla "responsabilità individuale" non può essere sufficiente per rimediare all'errore o per evitare che questo si ripeta, così quelle positive sono di una portata talmente vasta da ripercuotersi sui criteri tradizionali del pensiero e del comportamento umano. Si osservi soltanto il fatto che - come aveva previsto Marx - l'uomo si sta trasformando da agente diretto della produzione a suo controllore e regolatore, nel senso cioè che il lavoro fisico stancante e/o pericoloso e il lavoro intellettuale noioso stanno per essere completamente trasmessi alle macchine, mentre il tempo libero che così viene ad aumentare potrà essere utilizzato per attività più creative.

Oggi la formazione di un'etica della scienza è legata a singoli aspetti o settori scientifici (p.es. alle conseguenze sociali dello sviluppo dell'ingegneria genetica o della microelettronica, mediante cui è possibile realizzare vaste operazioni di "controllo sociale"; ai pericoli dell'accumulo di residui radioattivi; agli interventi psico-chirurgici che mettono in causa l'identità umana, ecc.).

Ma - come diceva Max Born - ciò di cui abbiamo bisogno è "un nuovo ideale di ricerca", conforme alle necessità dei tempi, ossia un criterio di analisi che sappia considerare lo sviluppo onnilaterale della persona umana. Questo perché ai nostri giorni, caratterizzati da uno sviluppo intensivo della scienza come istituzione sociale e da uno sviluppo estensivo delle sue funzioni sociali, sempre più spesso una decisione sbagliata, presa in una regione qualunque del pianeta, determina fatalmente delle conseguenze globali. Cosa che, anche questa, obbliga l'uomo a osservare ogni aspetto della sua vita anche da una prospettiva internazionale, e quindi ad affrontare ogni problema complesso in maniera globale.

Fuorvianti, in tal senso, sono quelle posizioni che attribuiscono alla sola scienza la causa di tutti i mali della società, o quelle che, al contrario, le addebitano alla sola società. È vero che condizioni sociali negative possono produrre uno sviluppo scientifico negativo, e sino al punto in cui quelle condizioni non sono più in grado di controllarlo. Ma è anche vero che in nessuna parte del mondo esistono condizioni sociali negative assolutamente "irrisolvibili", né esiste una forma di sviluppo scientifico "unicamente" negativa.

D'altra parte, proprio gli effetti negativi di certe condizioni sociali e di un certo sviluppo scientifico inducono gli uomini a ricercare soluzioni più efficaci per i loro problemi, soluzioni che ovviamente non possono essere trovate al di là o addirittura contro lo sviluppo scientifico. Nell'ambito del capitalismo la rivoluzione tecnologica è una necessità intrinseca allo sviluppo stesso delle forze produttive, e la centralizzazione dei capitali favorisce ovviamente una più larga applicazione e utilizzazione delle scoperte scientifiche, anche se, al lato pratico, le cose non sono così semplici. Non è un mistero per nessuno che, sotto il capitalismo, la scienza viene sviluppata solo per quel tanto che interessa ai monopoli: ad es. se le multinazionali non detenessero il monopolio del petrolio, oggi sicuramente avremmo più automobili a metano, a gpl, a idrogeno, ecc. e meno a idrocarburi.

È un fatto tuttavia che l'odierna rivoluzione tecno-scientifica caratterizza così fortemente la nostra quotidiana esistenza che non abbiamo bisogno d'attendere le conseguenze negative di un suo eventuale abuso per comprendere la necessità di modificare le condizioni sociali in cui viviamo: è lo stesso sviluppo scientifico, in sé e per sé, positivamente inteso, che ci costringe, in modo naturale, a questa autoconsapevolezza critica.

I bisogni che tale sviluppo soddisfa e quelli nuovi che fa emergere spingono l'uomo a chiedersi, con sempre maggiore insistenza, se il tipo di società in cui vive corrisponde effettivamente alle sue esigenze, se cioè i rapporti di produzione corrispondono al livello delle forze produttive.

E, in tal senso, non ci vuol molto per comprendere che nella società capitalistica, eminentemente antagonistica a causa della separazione del lavoratore dai mezzi con cui produce, il monopolio delle conquiste scientifiche serve alla classe egemone per conservare il suo dominio contro gli interessi della stragrande maggioranza dei lavoratori. Ecco perché nel capitalismo convivono, spesso in forma drammatica, scienza e pregiudizio, progresso e sottosviluppo. I monopoli tendono a salvaguardare tutto e il contrario di tutto, se questo serve loro per riprodursi.

La dipendenza della scienza dalla produzione è comunque relativa, non assoluta. Nel capitalismo, ove la preoccupazione fondamentale è quella di subordinare la ricerca scientifica alla produzione di plusvalore, il processo scientifico - proprio perché il plusvalore presuppone un rapporto sociale - si è esteso in modo tale che potrebbe essere utilizzato anche in funzione anticapitalistica.

Il fatto è che l'uso economico delle scoperte scientifiche obbliga la scienza a *socializzarsi*, portando così gli uomini a una autocoscienza dei loro bisogni sempre più vasta e profonda, in grado cioè di porre sempre nuove domande ai meccanismi produttivi e ai rapporti sociali che li regolano.

Da questo punto di vista ha poco senso la suddivisione della scienza in "borghese" e "proletaria". La scienza non può essere identificata con l'ideologia, per quanto non tutte le ideologie sappiano avvalersi delle sue conquiste nella maniera più democratica.

Il sapere scientifico, nella misura in cui è obiettivamente vero, conferma un contenuto che non dipende dall'uomo singolo né dall'umanità in generale. Tanto è vero che molti fenomeni e processi della vita moderna, determinati dalla rivoluzione tecno-scientifica, avvengono in maniera più o meno simile tanto nel socialismo quanto nel capitalismo. È dunque possibile un uso anticapitalistico della scienza proprio perché essa ha per contenuto la verità obiettiva. Il problema semmai è quello di vedere se l'oggetto riflesso nel sapere scientifico lo è in modo adeguato, e se le sue applicazioni pratiche sono conformi agli interessi della grande collettività.

Questa autoconsapevolezza critica la si può riscontrare non solo in quei cittadini impegnati nelle varie organizzazioni ecologiche, ambientali, antimilitariste ecc., ma anche negli stessi scienziati e ricercatori.

L'interpretazione strettamente funzionale del ruolo sociale dello scienziato come semplice *porteur* d'un sapere specializzato, escluso dalla sfera dei valori, ha fatto ormai il suo tempo. L. R. Graham, storico americano della scienza, la fa risalire agli anni 1930-40, allorché nelle società occidentali la professionalizzazione dell'attività scientifica giocò un ruolo decisivo riguardo alla formazione d'un orientamento di neutralità assiologica, etica, della scienza. Allora lo scienziato si rifiutava d'intervenire su campi estranei alla propria competenza (divenuta peraltro molto settoriale) e non tollerava ingerenze da parte dei "non addetti ai lavori", salvo poi piegarsi alla volontà di chi gli assicurava i mezzi e i finanziamenti necessari per proseguire le sue ricerche. Su questo orientamento avalutativo s'è basata - come noto - tutta la filosofia neopositivistica.

Oggi le cose stanno notevolmente cambiando. Si pensi solo alla decisione di quei 6.500 scienziati e ricercatori americani, fra cui 15 premi Nobel, di rifiutare qualsiasi partecipazione alla messa a punto del progetto reaganiano SDI (noto col nome di "guerre stellari"). Con sempre maggiore convinzione lo scienziato giudica essere suo fondamentale diritto e dovere quello d'intervenire su molte questioni di carattere globale. Egli sente cioè di dover mettere al servizio dell'umanità, e non solo della produzione del proprio Paese, la sua competenza e professionalità.

L'intervento politico degli scienziati negli ambiti in cui si prendono delle decisioni di carattere "globale", riguardanti cioè le grandi collettività umane, è tanto più necessario quanto più si pensa che i loro appelli morali non sono assolutamente sufficienti per scongiurare eventuali disastri o pericoli per l'umanità. Furono forse ascoltati gli scienziati che prima di Hiroshima si erano raccomandati di non impiegare il nucleare contro le popolazioni civili o di non applicarlo all'apparato militare?

L'etica professionale dello scienziato include il problema della sua responsabilità verso la società. E questa responsabilità non può essere gestita in modo individualistico o semplicemente morale. La scienza è sempre meno affare di ricercatori isolati, i cui successi o le cui sconfitte hanno ripercussioni limitate, ed è sempre più affare d'importanti *équipes* che mettono in opera risorse materiali e intellettuali considerevoli: basterebbe questo, tra l'altro, per comprendere la necessità oggettiva d'un'azione della società sulla scienza e di una vasta eco dei risultati di quest'ultima sulla società.

Ovviamente non si vuole caricare sulle spalle dei soli ricercatori tutto l'onere d'un corretto uso delle conquiste scientifiche: lo scienziato altri non è che un cittadino di una complessa società civile. Come tale egli potrà compiere qualsiasi ricerca, per quanto possano esistere delle priorità da rispettare (impostegli dai suoi interessi o dalle esigenze della società), ma come cittadino egli ha il dovere di sincerarsi che le sue scoperte vengano utilizzate nel migliore dei modi.

Né sarebbe pensabile l'idea di elaborare un codice normativo o deontologico valido in ogni tempo e per qualsiasi situazione. La scienza è sempre ricerca d'un sapere nuovo: di conseguenza essa conduce a situazioni inedite, anche in campo morale, che nessun codice etico è in grado di prevedere. L'armonizzazione degli interessi professionali dello scienziato con il suo ruolo sociale si pone sempre in forme diverse, essendo appunto vincolata a ogni modificazione della realtà concreta in cui egli opera.

Le discussioni sull'etica della scienza non hanno tanto per scopo quello di dare risposte definitive, quanto quello di stimolare la formazione d'una posizione progressista negli scienziati, una posizione socialmente e moralmente responsabile. I problemi etici della scienza sono uno degli aspetti della sua storia sociale. Proprio lo sviluppo del progresso scientifico e delle sue interrelazioni con la società determinano le trasformazioni delle caratteristiche etiche della medesima attività scientifica. Più la scienza penetra in profondità i misteri della materia e della natura, compresa la natura sociale e individuale (poiché anche l'uomo è diventato oggetto di studio scientifico), più essa rende l'uomo potente, obbligandolo ad assumersi responsabilità sempre maggiori, che solo collettivamente possono essere gestite.

Bisogna fare appello alla storia e alla sociologia della scienza per far avanzare le ricerche nel campo dell'etica della scienza. Le sue dimensioni etiche le sono infatti intrinseche. "Anche quando io esplico soltanto un'attività scientifica - constatava il giovane Marx -, attività che io raramente posso esplicare in comunità immediata con altri, io esplico un'attività sociale, poiché agisco come uomo". "Sapere e virtù sono inseparabili", diceva l'adagio socratico. Proprio questo adagio ci rammenta che non è più possibile tornare indietro. Oggi c'è solo un modo per ritrovare l'unità di scienza e morale agli attuali livelli di sviluppo tecnologico e sociale, che sono molto elevati e complessi: quello di realizzare la transizione dal capitalismo a un socialismo democratico.

Scienza, tecnica e società: un rapporto alla resa dei conti

Lo scienziato e filosofo tedesco F. Dessauer, morto nel 1963, era così abbacinato dall'idea di progresso scientifico che equiparava l'invenzione a una vera e propria opera artistica, senza preoccuparsi di sapere quali conseguenze potesse avere sull'ambiente una determinata invenzione. Guardava le cose in maniera estetica, meravigliandosi del fatto che una sintesi tecnica fosse di molto superiore alla somma delle sue singole parti.

Non meno ingenuo era il filosofo e pedagogista statunitense J. Dewey, morto nel 1952, per il quale lo sviluppo tecnico-scientifico tendeva a ridurre le condizioni di rischio tipiche dell'esistenza umana e quindi ad aumentare con successo il controllo sull'ambiente.

Quando gli intellettuali esaminano la scienza e la tecnologia in maniera del tutto separata dai conflitti sociali della società in cui esse si sviluppano, fanno esercizio soltanto di una grande superficialità, al punto che a volte vien da chiedersi se la loro ingenuità sia davvero in buona fede o non sia piuttosto un paravento per mascherare l'interesse privato dei potentati economici che, per i loro profitti, hanno appunto bisogno di determinate scoperte scientifiche e innovazioni tecnologiche. Tale superficialità è senza dubbio più evidente negli Usa che nell'Europa occidentale, forse perché questo paese non è stato pesantemente devastato da due guerre mondiali.

Probabilmente il primo filosofo che ha cominciato a mettere in discussione il valore progressivo della razionalità strumentale, quella indifferente all'etica, è stato F. Nietzsche, che ha tolto il velo alla presunta fondazione "scientifica" della civiltà moderna, sostenendo che in realtà si trattava di una pura e semplice volontà di dominio dell'uomo sulle cose. Ma il suo contributo si fermò qui.

Né, d'altra parte, diede maggiori *input*, per trovare un'alternativa praticabile, quella corrente spiritualistica rappresentata da H. Bergson e J. Maritain, per la quale l'*homo faber* poteva tornare ad essere *sapiens* a condizione di accettare una sorta di "umanesimo teocentrico". Una corrente, questa, del tutto moralistica, in quanto non metteva assolutamente in discussione lo sviluppo in sé della tecnologia, ma solo il suo uso non finalizzato al bene comune, senza rendersi conto, in ciò, che non esiste alcuna neutralità della scienza in sé, in quanto, da quando esistono le civiltà urbanizzate, essa si è sempre posta al servizio delle classi dominanti.

Cioè il problema non sta semplicemente nel lavorare sulla *coscienza* degli scienziati e degli utilizzatori delle loro scoperte, ma anche sul tipo di *sistema sociale* che porta gli uni e gli altri a produrre cose *non conformi a natura*, ma finalizzate oggettivamente a riprodurre antagonismi sociali.

Il marxismo non cadde certamente in questa ingenuità. Marx individuò subito che, sotto il capitalismo, la tecnologia è finalizzata alla conservazione dei rapporti di sfruttamento tra capitale e lavoro. Tuttavia egli non mise mai in discussione, né lo fecero Lenin e Gramsci, che scienza e tecnica dovessero continuare a essere un potente fattore di sviluppo delle forze produttive, a prescindere dalle ricadute ambientali. Secondo i classici del marxismo scienza e tecnica avrebbero favorito l'umanizzazione del lavoro e la libera creatività dell'individuo solo se preventivamente si fosse realizzata la socializzazione dei mezzi produttivi. Risultava estraneo al marxismo il problema dell'impatto tecnologico sulla natura, la quale continuava ad essere considerata come un semplice oggetto da sfruttare.

Forse il primo che ha iniziato a rivalutare il ruolo della natura in rapporto all'essere umano è stato M. Heidegger, morto nel 1976, il quale ha visto in questo dominio incontrollato dell'uomo sulla natura la fine della stessa umanità. Solo che, da buon filosofo, non ha saputo opporre altra alternativa a questa folle corsa verso la tecnicizzazione del nostro rapporto con la natura e tra noi stessi, che il *misticismo del pensiero poetante*, l'unico, secondo lui, capace di recuperare il senso dell'essere e del suo mistero indicibile.

La Scuola di Francoforte, che riprende in parte le idee del marxismo, arriva a sostenere che una società fortemente tecnologizzata, cioè in grado di controllare persino le mentalità e i modi di vivere, diventa inevitabilmente totalitaria, anche in assenza di un'ideologia politica specifica, tant'è che, sotto questo aspetto, è impossibile fare differenza tra capitalismo e socialismo stalinista e post-stalinista. Pertanto il problema sta sempre più diventando quello di ripensare gli stessi criteri dello sviluppo tecnico-scientifico, a prescindere dall'uso che se ne può fare.

Tuttavia, quando si tratta di procedere in questa direzione, non si riesce a fare altro che accentuare l'analisi critica, senza riuscire ad essere efficacemente propositivi. P. es. per E. Severino lo sviluppo abnorme della tecnologia non è che la conseguenza di un nichilismo metafisico di origine greca, per il quale l'essere è niente e il divenire è tutto. Di qui la sua idea di ritornare a Parmenide, per il quale solo l'essere è, il non-essere non è: una soluzione, come si può facilmente vedere, molto autoritaria.

Migliore di quella severiniana è l'idea di G. Anders, per il quale l'unica alternativa al faustismo e alla superbia prometeica, che portano sicuramente a una fine catastrofica della specie umana, è quella di elabora-

129

re un discorso filosofico sulla tutela ambientale, sottoponendo le necessità dell'economia a quelle dell'ecologia.

Di parere opposto però è il filosofo tedesco A. Gehlen, per il quale una specie umana senza tecnologia si sarebbe già estinta, essendo morfologicamente inferiore agli animali. Semmai l'uomo deve sbarazzarsi del sistema sociale massificato, per poter appunto usare la tecnologia in maniera libera, affermandosi come individuo.

In sintesi, si può dire che non c'è modo di risolvere i problemi inerenti al rapporto tra scienza, tecnica e società, se non si parte dal presupposto che all'origine di questo rapporto vi è la formazione di civiltà urbanizzate e schiavistiche, postesi in antagonismo a tutte le civiltà precedenti, siano esse di tipo stanziale o nomadico.

Le basi di un rapporto egemonico dell'uomo nei confronti della natura sono state poste 6000 anni fa, anche se lo sviluppo impetuoso della tecnologia è sorto solo 500 anni fa, con la nascita del capitalismo industriale. Nessun discorso può essere fatto sulla scienza o sulla tecnica, senza fare, contestualmente, un discorso sulla società.

La tecnologia ha cominciato a imporsi in maniera rilevante quando, nello sfruttamento del lavoro umano, è finito il rapporto *personale* tra il proprietario e il nullatenente, e si è imposto quello *giuridico* basato sulla libertà personale formale, cioè in sostanza sul contratto salariale. La tecnologia è diventata una necessità per continuare a sfruttare il lavoro in assenza di una coercizione extra-economica.

Oggi però, oltre a fare queste constatazioni di fatto, dovremmo arrivare a dire che anche quando avessimo risolto il problema dell'emancipazione umana dallo sfruttamento del capitale (sia esso privato o statale), resterebbe ancora da precisare che ciò non può essere considerato sufficiente per impostare in maniera equilibrata il rapporto dell'uomo con la natura. Il rispetto delle esigenze *riproduttive* della natura dobbiamo arrivare a considerarlo superiore al rispetto delle esigenze *produttive* dell'essere umano.

Quale nuovo rapporto tra scienza ed etica?

Vi è qualcosa di apparentemente poco spiegabile nello sviluppo della scienza e tecnologia occidentale. Al tempo della Grecia classica, tra i filosofi della natura, pochissimi tenevano separata la scienza dall'etica; e anche quando lo facevano (p.es. con Anassagora e Democrito), era solo per poter affermare meglio l'indipendenza della natura da qualunque cosa, cioè i princìpi dell'ateismo. Nella vita privata, infatti, questi filosofi-scienziati tenevano un comportamento etico ineccepibile, mostrando che una professione di ateismo non comportava affatto la rinuncia ai valori morali.

La cosa strana è che tenevano unite scienza ed etica all'interno di un contesto sociale, così fortemente caratterizzato dallo schiavismo, che avrebbe invece dovuto indurli a fare il contrario. Nell'ambito dello schiavismo, infatti, il concetto di "persona" è quasi inesistente. Non si riconoscono i cosiddetti "valori umani fondamentali", quelli inalienabili, che si possiedono in quanto appunto si fa parte del *genere umano*. Lo schiavismo è la negazione esplicita della libertà della persona, e quindi della possibilità di avere una propria identità, di essere ritenuto responsabile delle proprie azioni. Essere "giuridicamente libero" era in assoluto la cosa più importante di tutte.

Generalmente si aveva una concezione molto negativa dello schiavo: lo si considerava un fannullone, un bugiardo, un ladro, uno poco abituato a pensare, in quanto tenuto soltanto a obbedire, uno di idee opportunistiche, tendenzialmente amorali, in quanto, pur di avere il consenso del proprio padrone, sarebbe stato disposto a dire o a fare qualunque cosa. Lo schiavo non aveva alcun diritto e andava costantemente sorvegliato. Agli schiavisti non interessava sapere che molti di questi comportamenti erano proprio il frutto di una condizione di forte subalternità. Preferivano dipingere i loro schiavi con mille difetti pur di giustificare l'esigenza di sottometterli e di muovere guerra a popolazioni ritenute, per definizione, "inferiori".

D'altra parte sia i Greci che i Romani ritenevano se stessi i migliori popoli del mondo allora conosciuto: non avrebbero potuto esprimere pareri favorevoli neanche nei confronti degli stranieri liberi, a meno che tali stranieri non mostrassero una particolare intelligenza, mettendola al servizio della stessa civiltà greca o romana.

Dunque il fatto che i filosofi della natura tendessero a non separare la scienza dall'etica non può certo essere attribuito alla presenza dello schiavismo. Almeno non direttamente. Infatti indirettamente lo schiavismo c'entra. La storia dimostra che là dove esso è presente, la scienza si sviluppa poco in senso tecnologico.

La regina delle scienze pratiche, nel mondo antico, era la medicina, che aveva saputo unire alla plurisecolare fitoterapia uno studio accurato del corpo umano. Viceversa la regina delle scienze teoriche era la matematica, che però aveva scarsa applicazione alla fisica (salvo la leva e gli specchi di Archimede, p.es.) e, ancor meno, all'economia (ferma all'uso dell'abaco). La matematica poteva essere applicata all'astronomia (p.es. per stabilire fasi lunari, equinozi, eclissi, ecc.), all'arte (in riferimento alla proporzione tra le parti), all'architettura (per tenere in piedi i ponti, per stabilire la pendenza degli acquedotti, per edificare teatri, anfiteatri, archi di trionfo ecc., si doveva per forza fare dei calcoli), all'arte militare (per costruire un campo, misurare la parabola dei proiettili, l'efficacia delle armi...).

Ma in fondo era una matematica abbastanza semplice; più che altro era una geometria, che si avvaleva di mezzi facili da costruire e di molta esperienza personale, basata su prove ed errori. Generalmente si sostiene che dal 2500 a.C. al 500 d.C. lo sviluppo tecnologico fu relativamente scarso. Quello che mancava alle civiltà schiavistiche era la *sperimentazione in laboratorio*, cioè la capacità di riprodurre, in forma ridotta e quindi simulata, le condizioni presenti in natura o in società. Non si avvertiva la necessità di fare progressi significativi in campo tecnico-scientifico o, quanto meno, di renderli di dominio pubblico.

Per conquistare i territori altrui ci si affidava alla forza fisica dei militari (fanti e cavalieri). Quando si ricorreva a una strumentazione ingegneristica (per costruire catapulte, torrette, arieti...), si usava sempre la stessa, quella consolidata per espugnare una città, una rocca, un bastione fortificato... Anche quando si costruivano navi militari, la forza propulsiva era sempre determinata dagli schiavi rematori.

Chi comandava si accontentava di vincere con la forza dovuta alla quantità numerica dei militari e ovviamente alla loro destrezza, frutto di accurati addestramenti. Tutto il resto veniva considerato accessorio. Semmai si considerava rilevante il coraggio da mostrare di fronte a un nemico temibile.

Quindi il mancato sviluppo di una tecnologia avanzata era dovuto proprio al fatto che la presenza dello schiavismo lo riteneva irrilevante. L'imperatore Vespasiano addirittura puniva chi provava a migliorare la tecnologia. D'altra parte la principale ricchezza era data solo da due cose: terre e schiavi. Chi si dedicava al commercio aveva più che altro esigenza di sicurezza, in quanto faceva degli investimenti rischiando di perderli.

In una società schiavista è già molto se si riesce a essere liberi, e chi lo è non può essere troppo tenero con gli schiavi, proprio perché sa che la sua libertà dipende anche dalla loro sottomissione. Ecco perché allo schiavista non si negava mai il diritto di vita e di morte sui propri schiavi.

In epoca moderna invece i ragionamenti sono molto diversi. In Europa occidentale, priva di schiavitù, come si poteva affermare, al tempo di Galilei, la propria esigenza al successo economico? Il cristianesimo aveva introdotto il concetto di "persona", stabilendo che di fronte a dio si è tutti uguali e che nel paradiso entravano soltanto le persone che sulla terra si era pentite dei loro peccati o che avevano subìto ingiustizie. Lo stesso Cristo s'era fatto "servo" per redimere l'umanità dal peccato originale, per insegnare la legge dell'amore universale.

Certo, sulla terra il cristianesimo non chiedeva di eliminare lo schiavismo; però, siccome spostava nell'aldilà la realizzazione effettiva della libertà personale, era evidente che uno schiavo cristiano, rimasto fedele al suo padrone, anche quando questi lo trattava male, poteva essere considerato dalla chiesa un modello da imitare.

Tuttavia, sulla base di questa concezione di vita non poteva svilupparsi la scienza. Infatti, anche se si tendeva a preferire il servo della gleba, dotato di una relativa autonomia, allo schiavo, che ne era totalmente privo, la rivoluzione scientifica si ebbe soltanto alla fine del Medioevo, dapprima in campo fisico-astronomico, poi, nel Settecento, in campo industriale, grazie al carbone e al ferro.

È vero, durante il Medioevo vi furono varie migliorie tecniche nella gestione della terra (si pensi ad es. alla diversa tipologia degli aratri, al collare rigido per gli animali da tiro, alla staffa nella sella dei cavalli, alla ferratura dei loro zoccoli, ai mulini a vento...), ma non fu da queste cose che si sviluppò la moderna tecnologia.

Paradossalmente possiamo dire che neppure l'inizio dell'avventura coloniale vi contribuì. Le spedizioni navali di due paesi feudali come Spagna e Portogallo costituirono semmai un impedimento allo sviluppo scientifico, proprio perché nelle colonie nacque una nuova forma di schiavismo, da utilizzarsi liberamente per sfruttare le enormi risorse di quei territori.

La mentalità cominciò a cambiare solo quando qualcuno (Bartolomeo de Las Casas, Montaigne, Rousseau, ecc.) cominciò a dire che la civiltà europea, per come si comportava nelle colonie, era più barbara degli indigeni schiavizzati, e che, in ogni caso, non si potevano trattare da "schiavi" i nativi convertiti al cristianesimo.

Ecco la rivoluzione tecnico-scientifica vera e propria avvenne quando l'uso della schiavitù nelle colonie prese ad essere considerato una vergogna (non fu solo una questione di interesse pratico). La coscienza cristiana, per quanto laicizzata fosse, avvertiva come un'insopportabile contraddizione la pratica dello schiavismo con le idee di giustizia e libertà affermate in Europa.

Ora però si faccia attenzione a cosa avvenne riguardo ai rapporti tra etica e scienza. Siccome ai tempi di Galilei (ma anche a quelli di Newton) tutta la morale era determinata dalla religione, si cominciò a dire che tra scienza e fede non vi poteva essere alcun rapporto organico; nel senso cioè che una scienza, imbrigliata dal giudizio dei teologi, non avrebbe mai potuto svilupparsi. E così, proprio nel momento in cui la civiltà europea prendeva atto che la schiavitù era intollerabile (per motivi cristiani), si trovò il modo di estromettere il cristianesimo dallo sviluppo della scienza e della tecnica.

Chi si rese responsabile di questa decisione fu la *borghesia*, la quale, nel tentativo di ovviare agli evidenti limiti del cristianesimo in campo scientifico, pensò di sbarazzarsi anche di qualunque *valutazione etica*. La scienza si sarebbe sviluppata meglio rispondendo a esigenze materiali e demandando alle applicazioni delle proprie scoperte e invenzioni le considerazioni di tipo morale. La morale cioè sarebbe entrata nello sviluppo scientifico solo *a posteriori*, quando tale sviluppo avesse comportato svantaggi sociali insostenibili.

Ora però è venuto il momento di andare oltre questa concezione borghese della scienza (ovviamente senza concedere nulla al cristianesimo). Alla luce dei disastri ambientali ch'essa ha provocato, dobbiamo porre all'ordine del giorno il problema di come unire scienza ed etica. E questa sinergia deve avvenire *a priori*, prima ancora che gli scienziati e gli ingegneri si mettano a lavorare.

Il presupposto perché ciò avvenga può essere uno solo: concedere all'*ecologia* un primato significativo sull'economia. Cioè occorre fare della tutela ambientale la condizione irrinunciabile per un qualunque sviluppo socioeconomico. Va ripensato il concetto stesso di *lavoro*, poiché non ha più alcun senso svolgere determinati lavori quando questi distruggono l'ambiente e minacciano la salute umana.

Occorre ripensare il concetto di *benessere*, che non può dipendere da indici esclusivamente quantitativi (tipico quello del prodotto interno lordo, che è così fondamentale che anche quando sono presenti degli indici qualitativi, non lo si mette mai in discussione).

Va ripensato il concetto di *comodità*, nei cui confronti è del tutto ingiustificato l'atteggiamento di chi non si chiede quali effetti sull'ambiente possono avere gli oggetti che usa. Non possiamo più accettare che tali effetti vengano pagati dalle generazioni future.

Soprattutto va ripensato il concetto di *progresso*, nei cui confronti non si possono assumere atteggiamenti fatalistici: il progresso non è una sorta di divinità cui occorre prostrarsi senza discutere. Se il progresso materiale non sviluppa la personalità umana e riduce la facoltà di scelta, incatenando a decisioni altrui, è meglio rinunciarvi. Una moderna società tecnologica è quella dove i soggetti sono padroni dei propri destini, e questo è possibile solo se *a livello locale* possono controllare le loro risorse, senza dover dipendere dai grandi mercati.

Macchinismo, natura e guerre

Se ci sono soltanto macchine avanzate che possono sostituirsi agli operai, che possono cioè fare a meno di molti operai manuali, pur non potendo fare a meno di operai intellettuali, capaci di far lavorare queste macchine attraverso un computer, il capitalismo non funziona. Un capitalismo del genere produce merci che costano di più rispetto a quel capitalismo che ha macchine meno avanzate ma più operai da sfruttare.

Marx aveva già individuato che esiste una caduta tendenziale del saggio di profitto dovuta al rinnovo periodico del capitale fisso. L'impresa guadagna all'inizio, appena ha introdotto le nuove macchine, e a condizione di poter vendere in maniera costante, ma poi le macchine vengono acquisite da altre aziende concorrenti e le stesse macchine diventano col tempo obsolete, proprio perché la produzione ha ritmi frenetici nel sistema capitalistico.

Gli investimenti per ristrutturare (resi sempre più necessari dalla competizione globale) non sortiscono gli effetti sperati, anche perché: 1. gli operai dei paesi occidentali non possono essere pagati come quelli dei paesi che iniziano adesso a industrializzarsi; 2. se, in forza dell'innovazione tecnologica, vi sono meno operai che producono e che quindi acquistano meno merci, queste rischiano di restare invendute.

La conseguenza inevitabile è, paradossalmente, che quanto più si rinnova il capitale fisso, tanto più si rischia la sovrapproduzione. Alla faccia della cosiddetta "qualità totale". Se non fosse crollato il socialismo reale, sarebbe crollato il capitalismo, ovvero sarebbe scoppiata una nuova guerra mondiale per ripristinare le regole dell'imperialismo delle due guerre precedenti.

Tuttavia è impossibile, in presenza di una competizione mondiale, non innovare il macchinario. Se il capitale non si autovalorizza costantemente, s'impoverisce: non riesce a rimanere invariato, proprio perché esiste competizione. L'alternativa, se non si vuole delocalizzare l'impresa, è quella di chiuderla, investendo finanziariamente i propri capitali.

Volendo crescere a tutti i costi, il capitale preferisce il settore finanziario, che è meno esposto ai rischi della competizione, meno stressato dall'esigenza di rinnovare gli impianti e di collocare le merci, di contrattare con la forza-lavoro. Nei paesi avanzati la ricchezza tende a smaterializzarsi completamente.

I paesi che una volta definivamo del "Terzo Mondo" ci stanno facendo capire, a nostre spese, che, sotto il capitalismo, la capacità di fare profitto non dipende affatto dal grado di perfezione delle macchine. Quando gli imprenditori occidentali dicono che, per competere sulla scena mondiale, devono produrre cose di più alta qualità, lo dicono solo perché in questa maniera possono ricattare i loro lavoratori, ma essi sanno bene che lo sviluppo ineguale del capitalismo permette loro di ottenere più alti profitti anche con macchinari obsoleti, a condizione che la manodopera sia molto meno costosa.

Al capitale interessa vendere, non tanto produrre cose di alta qualità, e per vendere ci vogliono ampi mercati. Quelli occidentali sono mercati saturi, anche se con la pubblicità si fa di tutto per indurre l'acquirente a cambiare elettrodomestici, mezzi di trasporto e mezzi di comunicazione con molta frequenza.

Quando si delocalizza in un paese che fino a ieri era povero perché colonizzato o perché comunista, dove i salari mensili sono, rispetto ai nostri, incredibilmente bassi, non ha senso produrre cose di alta qualità, che nessuno, peraltro, sarebbe in grado di acquistare. È sufficiente produrre cose di media qualità, alla portata di un mercato significativo, che escluda soprattutto il rischio della sovrapproduzione, vera bestia nera del capitale.

È noto che l'imprenditore usa la macchina contro l'operaio, per poter avere meno operai possibili, ma poi la macchina si rivolta contro lo stesso imprenditore, poiché lo obbliga a vendere più di quanto vendeva prima. Per poter sopravvivere sfruttandola al massimo, il capitalista deve porre condizioni ricattatorie ai propri operai o minacciare di delocalizzare gli impianti in aree geografiche dove sicuramente non avrebbe problemi sindacali con la manodopera, anzi, avrebbe incentivi fiscali da parte degli Stati che vogliono modernizzarsi in senso borghese.

In occidente il capitalismo è destinato a morire, a meno che: 1. i lavoratori non vengano ridotti in schiavitù (pur conservando le formali libertà giuridiche); 2. non venga smantellato lo Stato sociale (e quindi privatizzata la scuola, la sanità, la previdenza ecc.) e 3. non vi sia più concorrenza tra imprenditori. Tutte condizioni che, storicamente, sono risultate impossibili sotto il capitalismo, soprattutto in quello cosiddetto "avanzato", costruito dalle società dopo la seconda guerra mondiale. Nessun capitalismo monopolistico di stato è così monopolistico da eliminare la concorrenza o lo Stato (anzi l'Europa occidentale ha dimostrato che col proprio Stato sociale ha meno conflitti sociali degli Stati Uniti).

Le tre suddette condizioni del genere potrebbero verificarsi se invece di società "democratiche" avessimo a che fare con società "autoritarie", dittatoriali, che facessero esclusivamente gli interessi di tutti gli imprenditori, i quali non avrebbero bisogno di competere tra loro, in quanto sarebbero protetti dalle istituzioni. Ma uno Stato del genere non può esistere in un paese occidentale (Europa, Usa, Canada...), dove una qualunque istituzione viene sempre vista in funzione dell'interesse *privato* dell'imprenditore e, tra questi, di quelli più forti.

Da noi gli Stati sono in funzione dei singoli imprenditori privati, *materialmente* (nel senso che ricevono benefit da parte degli Stati) e anche come *logica di sistema* (nel senso che lo Stato, pur vigendo l'idea formale dell'equidistanza delle istituzioni rispetto agli interessi in gioco, non si pone mai contro gli imprenditori, meno che mai contro quelli più forti). Sono semmai i lavoratori che cercano di strappare diritti sia allo Stato che all'imprenditoria privata.

Il capitalismo euroamericano dovrà, prima o poi, lasciare il testimone ad altre nazioni, dove la politica abbia un peso maggiore rispetto a quello che ha in occidente, e dove l'economia produttiva abbia la sua ragion d'essere e la ricchezza non sia solo finanziaria.

I grandi Stati in grado di ereditare il testimone sono la Russia, per l'enorme quantità delle sue risorse, la Cina e l'India, per l'enorme quantità di manodopera disponibile a basso costo. Di questi Stati l'unico in grado di ereditare velocemente la formale democrazia borghese è la Russia, che ha radici cristiane e che già nel passato si lasciava influenzare dalla cultura europea.

Il problema è che la Russia ha un territorio assolutamente sproporzionato rispetto all'entità della propria popolazione. Quindi inevitabilmente il futuro, nell'ambito del capitalismo, non è russo ma cinese: sarà la Cina ad appropriarsi delle immense ricchezze della Siberia. E la Russia, senza la Siberia, è solo un castello di carte. Tuttavia la Cina deve ancora imparare l'abc della democrazia formale borghese. Anzi, sotto questo aspetto, tra i paesi asiatici è più avanti l'India, che però ancora non ha risolto il problema delle caste, della discriminazione di genere e che resta ancora troppo "religiosa" per poter diventare pienamente "borghese".

Il capitalismo, così com'è, può solo peggiorare, può soltanto trasformarsi in una dittatura poliziesca, in cui il ruolo di un partito di governo molto disciplinato, di uno Stato centralizzato, di un numero spropositato di militari, di un vasto consenso sociale faccia la differenza tra un vecchio Stato capitalista e uno nuovo. Difficile pensare che un ruolo del genere possa essere giocato, nei secoli a venire, dall'Europa, dalla Russia o dagli Stati Uniti. Nessuno di loro possiede tutte queste cose messe insieme.

L'alternativa a tutto ciò è la costruzione di una nuova civiltà, che potrebbe mettere radici adesso, ipotizzando il proprio sviluppo nell'arco dei prossimi cinquecento anni. Una civiltà che anzitutto deve superare il concetto di "macchinismo". L'uomo infatti nasce "artigiano", non "operaio", anche perché se la macchina lavora per lui, lui perde interesse al lavoro, anche nel caso in cui la macchina sia di sua proprietà.

L'operaio non è "alienato" solo perché il suo lavoro è "separato" dai suoi mezzi di produzione e quindi dai beni che produce, che giuridicamente non gli appartengono, ma è "alienato" anche perché ha a che fare con una macchina che lo disumanizza, che rende il lavoro monotono e ripetitivo.

Un qualunque oggetto prodotto deve poter essere ristrutturato per scopi diversi. Oggi questo è impossibile. Gli oggetti sono così complessi che per essere riutilizzati vanno prima completamente smontati, dopodiché si riutilizzano pochissimi singoli pezzi per lo stesso scopo per cui erano nati. Di un'auto si fa un cubo pressato: non la si manda neppure in fonderia per recuperare il metallo usato. Spesso non conviene neppure disassemblare, in quanto il costo del lavoro è superiore al valore dei pezzi da riciclare.

Oggi, quando un oggetto non serve più (si pensi p.es. a una semplice penna a sfera), perché usato da molto tempo e non più funzionante come all'inizio o perché superato dal progresso, noi non cerchiamo di ripararlo, di sostituire quel pezzo che permette ancora all'oggetto di funzionare, ma semplicemente lo buttiamo, inquinando irreparabilmente l'ambiente. Così ci è stato insegnato: noi anzitutto dobbiamo essere "consumatori". Un qualunque elettrodomestico non può durare più di dieci anni: lo sappiamo sin dal momento in cui lo acquistiamo.

La nostra civiltà della produzione illimitata di oggetti tecnologici sta diventando un'enorme civiltà di rifiuti, i cui costi di smaltimento o di riciclaggio sono superiori al loro stesso valore.

Ecco perché una civiltà davvero democratica dovrà limitarsi a produrre soltanto quegli oggetti che abbiano un impatto minimo, irrisorio, sulla natura. La trasformazione delle risorse naturali ha un limite oltre il quale non è possibile andare, ed è appunto quello della *riproducibilità della stessa natura*, che va garantita sopra ogni cosa.

Senza inversione di rotta ci attende solo la *desertificazione*, anche in assenza di guerre mondiali. E in ogni caso le guerre diventano inevitabili quando nei periodi di pace non s'intravvedono i modi per risolvere i problemi sociali e ambientali. Le guerre vengono fatte proprio quando si pensa ch'esse possano costituire una soluzione estrema.

Sull'origine dell'uomo e sulla sua evoluzione

Venti miliardi di anni non è forse un tempo sufficiente per credere nell'eternità della materia? Perché quindi parlare di "vuoto assoluto"?

O forse per evitare di credere che all'origine dell'universo vi sia stato un dio, abbiamo bisogno di un tempo ancora più lungo?

Noi non riusciamo a ricordare cosa abbiamo fatto il giorno prima e ci intestardiamo nel sostenere che all'origine del Big Bang vi è un dio. Che differenza fa sapere con certezza che vi è stato un dio o che la materia s'è creata da sola? Non sono forse entrambe le cose del tutto al di fuori della nostra portata mnemonica?

Noi siamo certi di aver avuto un'origine solo perché ci fidiamo delle dichiarazioni di chi ci ha messo al mondo, cioè compiamo un atto di fede nei confronti dei nostri genitori, i quali a loro volta ne hanno compiuto uno identico nei confronti dei loro genitori e così via, ma se non ci avessero detto nulla, noi avremmo anche potuto credere di non essere mai nati, cioè di essere sempre esistiti. Nessuno avrebbe potuto smentirci. Quando ingenuamente si credeva di essere stati portati dalla cicogna o di essere nati sotto il cavolo, non si era meno lontani dalla verità.

Il fatto che dopo la comparsa dell'essere umano non sia nato un essere ancora più complicato e perfetto, cosa deve farci pensare? Semplicemente che l'uomo non è solo una sintesi dell'intero universo, ma una sintesi suprema e ineguagliabile.

Si può dunque ipotizzare che all'origine dell'universo vi sia qualcosa di analogo all'*essenza umana*, qualcosa che ha subìto un processo evolutivo e che ha generato un prodotto identico a sé (a sua immagine e somiglianza), appunto l'*essere umano*, che è in grado di rispecchiarsi in ciò che l'ha generato.

L'essere umano (che è *duplice*, in quanto composto di maschile e femminile) ha generato se stesso, in un processo materiale (energetico), i cui elementi costitutivi non ci sono ancora del tutto chiari, ma che sicuramente, per la parte immateriale, riguardano la *libertà di coscienza*.

La composizione della materia possiede elementi infiniti e quelli che noi attualmente conosciamo sono soltanto una piccola parte. Potremmo anzi dire che uno degli elementi fondamentali della materia è la *coscienza*, che è quanto di più immateriale esista. Volendo potremmo rappresentarci l'antimateria soltanto come coscienza, anche se non riusciamo a sapere fin dove essa sia in grado di arrivare.

*

Vediamo adesso il tema dell'origine della specie umana in termini *evoluzionistici*. Per quale motivo dobbiamo pensare che l'evoluzione dell'uomo sia avvenuta dall'Australopiteco all'Homo habilis? E se l'Australopiteco fosse un'involuzione dell'Homo habilis?

Noi pensiamo sempre a una linea progressiva dal semplice al complesso, dal primitivo al civilizzato, e non pensiamo mai all'ipotesi che in origine sia esistito un essere umano normale, che non era affatto vicino alla scimmia, e che ha assunto elementi spiccati o marcati (come il colore della pelle, la forma degli occhi, del naso ecc.) solo dopo essere emigrato dal territorio in cui s'era formato: così in Africa ha sviluppato la pelle nera, in Europa quella bianca, in Asia quella gialla ecc.

Perché negare a priori l'idea che in origine sia esistito un luogo in cui l'uomo e la donna non erano né bianchi, né neri, né gialli, ma p.es. olivastri, aventi cioè una pelle scura ma non scurissima, con capelli ondulati ma non ricci, e così via. Col tempo si sono accentuate alcune caratteristiche a scapito di altre, rispecchiando le esigenze dei territori che si volevano abitare. L'essere umano originario è forse una via di mezzo che ha subìto delle modificazioni unilaterali a causa dell'uso della propria libertà di coscienza.

Se ci pensiamo bene, la selezione naturale, per quanto riguarda la specie umana, si applica soltanto in riferimento alla nostra capacità riproduttiva, nel senso che una popolazione tende a scomparire se non si riproduce entro determinati parametri, viene cioè ad essere assorbita da quelle più prolifiche. Infatti che una civiltà basata sulla scrittura si sostituisca a una basata sull'oralità non può essere considerato un fenomeno "naturale", e non c'è niente di "evolutivo" nel fatto che una civiltà basata su scienza e tecnica prevalga su una basata sull'autoconsumo e sul rispetto dell'ambiente.

Oggi, là dove certe popolazioni si riproducono poco, si cerca d'intervenire con mezzi meccanici, ma i risultati artificiali che si ottengono sono molto modesti e sicuramente insufficienti rispetto alla gravità del problema. Se la riproduzione non si verifica in maniera naturale, la scienza non è in grado di supplirvi a vasto raggio: può soltanto intervenire su singoli casi e con risultati che comunque non risolvono il problema della denatalità e dell'invecchiamento della popolazione.

Anzi, ogniqualvolta si parla di selezione che vada oltre la riproduzione naturale, si deve intendere qualcosa che, nella propria artificiosità, può risultare anche pericolosa, come furono pericolosi gli esperimenti di Mengele sui gemelli. I gemelli vanno considerati un problema della società non una soluzione alla denatalità. Basta vedere cosa Mengele fece non solo nei lager nazisti ma anche in Sudamerica, dove riuscì a far partorire molti gemelli con occhi azzurri e capelli biondi.

Forza interiore e forza esteriore

Perché mentre nel mondo animale la forza del maschio si accompagna a una maggiore bellezza rispetto alla femmina, nel mondo umano la bellezza è un attributo tipicamente femminile?

Nel mondo animale è il maschio, in competizione con altri maschi, che deve convincere la femmina ad accettare la riproduzione. Nel mondo umano invece esiste un rapporto dispari tra i sessi che deve diventare pari, pur restando dispari. Una tale complessità relazionale il mondo animale non sarebbe stato in grado di affrontarla, poiché qui il concetto di "forza" gioca sempre un ruolo decisivo.

La forza è l'elemento che permette al maschio di dominare la femmina, salvo eccezioni poco significative, come p.es. la mantide religiosa o l'ape regina. L'unico momento in cui il maschio non esercita la forza sulla femmina è quello del corteggiamento. Infatti è la femmina che deve accettare la riproduzione e generalmente lo fa scegliendo il maschio che nella lotta con altri maschi si dimostra più forte.

Quando il concetto di "forza" s'impadronisce della sfera umana, l'uomo diventa come l'animale, anzi peggio, perché nell'animale la forza viene sempre esercitata entro certi limiti, che sono quelli della sopravvivenza delle rispettive specie e quelli, non meno fondamentali, del rispetto della natura.

L'uomo è "naturalmente" più simile all'animale nella prima fase della sua vita, quella in cui ancora deve capire che i rapporti vanno regolati su criteri opposti a quelli della "forza". Ecco perché si dice che nei confronti degli alunni bisogna avere dei metodi non molto diversi da quelli che usano i domatori o gli addestratori di animali.

C'è da dire che tutte le civiltà individualistiche, da quelle schiavistiche alle attuali, sono civiltà in cui la "forza" gioca un ruolo centrale: non a caso vengono definite come "maschiliste" o "patriarcali".

Il contrario di "forza fisica" è "forza morale": quest'ultima, come noto, può esprimersi compiutamente anche in una condizione di debolezza fisica. In tal senso non vi è alcuna differenza tra uomo e donna. Anzi, la superiorità fisica dell'uomo costituisce un ostacolo da rimuovere, in quanto si pone come tentazione a far valere le ragioni della propria forza.

Per la donna, sotto questo aspetto molto generico, è più facile far valere la forza della ragione, il valore della morale: la tentazione che deve vincere è proprio quella di non rinunciare a tale compito a motivo della propria debolezza fisica.

Resta comunque inspiegabile, dal punto di vista delle determinazioni lineari o quantitative, il passaggio dal mondo animale a quello umano. È come se la natura si fosse ad un certo punto resa conto che per garantire l'equilibrio degli elementi contrapposti non era più necessaria una forza esteriore ma soltanto una interiore.

La natura deve necessariamente aver subito l'impatto di un agente esogeno, una sorta di condizionamento indipendente dalla sua volontà. Essa infatti aveva le sue leggi ben definite, collaudate in milioni di anni; per sconvolgere queste leggi deve essere successo qualcosa di "esterno" (al pianeta), in grado di innestarsi e di interagire coi suoi processi fisico-chimici. La novità sostanziale è stata proprio quella di rendere inscindibili gli aspetti materiali e spirituali. A partire da un certo momento Materia e Coscienza non possono più essere esaminati e neppure vissuti separatamente.

Un capovolgimento epocale del genere testimonia di una intelligenza molto singolare, interna o esterna alla natura, cioè appartenente alla Terra o all'universo. Infatti, ci si chiede come abbia potuto la natura attuare una svolta così radicale, quando per milioni di anni aveva basato la propria sopravvivenza e il proprio sviluppo su atteggiamenti del tutto opposti. Per quale motivo c'è voluto così tanto tempo prima di creare l'essere umano? La natura ha forse compiuto un percorso evolutivo in cui l'uomo rappresenta la sua forma suprema di autoconsapevolezza? Cioè la nascita dell'essere umano può essere considerata come la fine di un ciclo e allo stesso tempo l'inizio di un nuovo ciclo?

Considerando che la comparsa dell'uomo sulla Terra è, rispetto ai tempi dell'universo, molto recente, è forse lecito pensare ch'essa vada interpretata come l'inizio di un ciclo la cui durata, in forme di vivibilità che non potranno essere sempre uguali, può essere misurata in miliardi di anni?

Le forme dovranno per forza essere diverse, poiché è impensabile che la natura, una volta giunta, con la nascita dell'uomo, a un livello di consapevolezza superiore, del tutto sconosciuto al mondo animale, voglia continuare ad accettare per sempre l'attuale configurazione dei limiti spazio-temporali? Con la nascita dell'essere umano la natura è giunta a un punto d'aver bisogno di superare se stessa e di darsi una nuova veste (sia spaziale che temporale), più conforme alle esigenze superiori della nuova creatura.

La presenza fisica dell'essere umano sul pianeta va considerata come una fase transitoria, propedeutica a ben altre forme d'esistenza. Quanto più si sviluppa l'autoconsapevolezza umana, tanto meno la Terra è in grado di soddisfare le sue esigenze.

La gestione individualistica della libertà o il primato concesso alla "forza fisica" non fa che impedire lo sviluppo progressivo di questa autoconsapevolezza.

Tutto è interdipendente

Quando scopriremo che materia ed energia coincidono, senza dissipazione né entropia, avremo trovato l'origine dell'universo. Materia prodotta dall'energia e viceversa, senza soluzione di continuità.

Dal punto di vista umano tale reciprocità è possibile tra coscienza ed esperienza, tra essere e pensiero. Non c'è un primato dell'uno sull'altro, poiché essi convivono in maniera simbiotica nell'essere umano. La stessa scienza non è che uno sviluppo progressivo della coscienza, la quale non può scindere gli aspetti etici da quelli cognitivi: si può far valere una distinzione, non una netta separazione. Essere e pensiero hanno un'autonomia relativa, proprio in quanto dal punto di vista assoluto risultano interdipendenti.

Tale reciprocità non può neppure essere interrotta dalla morte fisica, poiché nell'universo non esiste il concetto di morte definitiva: tutto è destinato ad essere trasformato perennemente. L'importante è sostenere che l'effetto partecipa alla causa come suo prodotto originario, assolutamente specifico.

La scienza come nuova religione

Che l'artificiale stia sostituendo completamente il naturale lo si vede in tutto il mondo, non solo nei paesi a capitalismo avanzato, dove si è cominciato a farlo, in maniera considerevole, a partire dalle rivoluzioni industriali.

L'uomo ha sempre modificato la natura per i suoi bisogni, ma oggi lo fa impedendo alla natura di soddisfare i suoi propri bisogni. Manca il *rispetto* e, quel che è peggio, manca la convinzione che il rispetto sia necessario per la sopravvivenza dell'intero pianeta, inclusa quindi la specie umana.

Non riusciamo più a capire quale sia il *limite* oltre il quale l'uso di strumenti lavorativi diventa, agli occhi della natura, un abuso. Non è un caso che il capitalismo si sia sviluppato di pari passo con la devastazione ambientale. Solo che con la scoperta del "Nuovo Mondo", in virtù della quale abbiamo potuto trasferire altrove il peso delle nostre contraddizioni, non ce ne siamo accorti più di tanto. Da un lato infatti abbiamo potuto rendere gli abitanti del Terzo mondo più "schiavi" degli operai occidentali; dall'altro abbiamo potuto saccheggiare le loro risorse, ritenendo che questo processo sarebbe durato in eterno.

La percezione di una vastità immensa di risorse umane e materiali da utilizzare ci ha permesso di guardare con molta benevolenza i problemi che nei nostri territori occidentali sono stati creati dallo sviluppo del capitalismo. Il concetto di "vastità geografica" ci ha permesso di restare a un livello di "profondità" molto superficiale.

Noi non abbiamo mai una vera consapevolezza dei problemi che creiamo: pensiamo sempre di poterli risolvere in maniera relativamente semplice. E ci stupiamo enormemente quando vediamo le crisi prolungarsi troppo nel tempo. Preferiamo non guardarci mai direttamente allo specchio, ma restare sempre dentro una bolla di sapone. Ci piace guardare la realtà in maniera deformata, per poter sognare ad occhi aperti, come i grassoni in quegli specchi dimagranti di certi luna park.

Quando l'Europa occidentale ha fatto scoppiare le due ultime guerre mondiali, sembrava che nessuno le volesse, ma, appena si sono verificati i primi conflitti, subito quasi tutti hanno voluto prendervi parte, perché sappiamo bene che, in caso di vittoria, i vantaggi sono considerevoli.

La guerra fa parte del nostro DNA, nel senso che non ci viene istintivo fare di tutto per evitarla. Noi siamo figli di quel Carl von Clausewitz secondo cui "la guerra non è che la continuazione della politica con altri mezzi".

Forse pochi si ricordano che quando, nella seconda guerra irachena, gli americani adottarono la dottrina militare nota col nome di *shock and awe* (colpisci e terrorizza), si comportarono, più o meno, come i nazisti nelle loro battaglie, a partire da quella di "prova" che fu il bombardamento di Guernica, durante la guerra civile spagnola.

I moderni Clausewitz oggi si chiamano H. Ullman e J. P. Wade, per i quali i bombardamenti massicci devono imporre un livello travolgente di distruzione e di terrore in un lasso di tempo sufficientemente breve da paralizzare del tutto la volontà del nemico di proseguire una qualunque forma di resistenza. È il *blitzkrieg* hitleriano in salsa yankee, cioè con l'aggiunta di armi molto più potenti e sofisticate, cui vanno aggiunte quelle dei mezzi di comunicazione di massa, utili a creare un clima "patriottico" di euforia per la potenza tecnologica e militare dispiegata. L'importante è non far vedere le immagini delle vittime civili.

Oggi, quando distruggiamo tutto, siamo convinti di poterlo ricostruire abbastanza facilmente, in tempi relativamente rapidi, proprio in virtù dei mezzi che disponiamo, e non ci preoccupa granché il fatto che l'ambiente abbia subìto, a causa delle nostre azioni scriteriate, dei danni enormi. Nel nostro vocabolario non esiste la parola "irreparabile", anche perché non andiamo certo a chiederlo a chi, vivendo a Hiroshima e Nagasaki, ha subìto bombardamenti atomici, o ai vietnamiti che hanno subìto bombardamenti chimici (*agent orange*), né ai serbi che hanno subito bombardamenti all'uranio impoverito (che peraltro hanno fatto ammalare di cancro persino i nostri militari) e neppure agli iracheni che hanno subìto bombardamenti al fosforo. Che c'importa di sapere se la popolazione e l'ambiente bombardati hanno subìto danni irreversibili, al punto che non si è più nemmeno in grado di riprodursi normalmente?

Quando nel mondo antico e medievale si considerava la natura praticamente immutabile, in quanto l'uomo sembrava poterla modificare solo parzialmente, in realtà ci s'illudeva. Nel senso cioè che non ci si rendeva conto che anche delle piccole modifiche ripetute nel tempo, possono provocare sconvolgimenti inarrestabili, com'è successo con la formazione dei deserti in seguito alle deforestazioni compiute nell'area del Mediterraneo.

Oggi l'illusione di poter riportare le cose a com'erano prima delle nostre devastazioni è ancora più grande, proprio perché riteniamo la potenza della nostra tecnologia una realtà praticamente invincibile. Se c'è una cosa che oggi non vogliamo assolutamente mettere in discussione è l'emancipazione che l'umanità ha compiuto nei confronti della religione medievale, grazie alle scoperte scientifiche e alle innovazioni tecnologiche. Senza volerlo abbiamo fatto della scienza una *nuova religione*.

Deduzione e induzione

Due modi di dire la stessa cosa

La differenza tra ragionamento *deduttivo* e *induttivo* non esiste sul piano pratico, essendo solo una speculazione sofistica di tipo filosofico. Tutti i ragionamenti sono *induttivi*, anche quelli matematici, altrimenti non sono "ragionamenti" ma conclusioni tautologiche, del tutto prive di contenuto.

Ma se il ragionamento che "produce conoscenza" è solo induttivo, si potrebbe in sostanza dire che l'induzione non è altro che una deduzione basata sull'osservazione dei fatti o su un'esperienza personale.

Facciamo un esempio, di quelli classici.

Se io dico: "in un sacchetto ci sono solo fagioli bianchi; se pesco un fagiolo posso dire con certezza che sarà bianco".

Questo viene definito un "ragionamento deduttivo", che è quello per cui, partendo da premesse chiare e distinte (come nella geometria euclidea), i ragionamenti che si sviluppano hanno tutti il carattere della certezza indiscutibile.

Che bella scoperta dedurre che da un sacchetto pieno di fagioli bianchi, vi è il 100% di possibilità di estrarne uno dello stesso colore! Che valore può avere una conoscenza che parte da presupposti certi per ottenere deduzioni altrettanto certe?

Ed ecco il ragionamento induttivo.

Se io estraggo da un sacchetto una serie di fagioli bianchi, posso arguire, con buona approssimazione, che tutti i fagioli di quel sacchetto sono altrettanto bianchi. Ovviamente, per essere sicuro al 100%, dovrei svuotare l'intero sacchetto. Però non lo faccio e mi accontento di un calcolo delle probabilità. Non ho una conoscenza "matematica", ma ne ho comunque una che mi permette di vivere in maniera relativamente sicura.

Il problema però viene proprio adesso, ed è tutto *linguistico*. Per non usare il verbo "dedurre" ho voluto mettere "arguire", come avrei potuto mettere "inferire". Di sicuro non avrei potuto usare il verbo "indurre", poiché, in un ragionamento del genere, non si troverebbe nessuno disposto ad usarlo.

Nella lingua italiana "indurre" vuol dire tutta un'altra cosa: p.es. "indurre in tentazione". Vuol dire cioè "sollecitare qualcuno a fare qualcosa", buona o cattiva che sia, senza usare, propriamente parlando, la forza fisica, la costrizione materiale. Si induce la coscienza con argomenti persuasivi, spesso capziosi, artificiosi, subdoli, che certamente hanno una loro logica, ma che non presumono di sottoporre il diretto interessato a un esperimento scientifico. Generalmente si è indotti a credere in qualcosa prima ancora di averne fatta esperienza.

L'induzione, nella nostra lingua, non riguarda affatto la scienza ma la *psicologia*. Essa può anche avvalersi di ragionamenti logici, ma non necessariamente supportati da dimostrazioni pratiche.

Questo per dire che se invece di "arguire" o di "inferire", avessi usato il verbo "dedurre", sarebbe stata la stessa identica cosa. Se da un sacchetto estraggo una serie di fagioli bianchi, posso *dedurre*, con buona approssimazione, che quelli rimasti dentro sono dello stesso colore.

La differenza quindi non è tra ragionamento deduttivo e induttivo, ma tra *ragionamento* e *tautologia*. P.es. un ragionamento come questo, che viene fatto passare per deduttivo, in realtà è tautologico: "è sempre vero che se A è un triangolo, la somma dei suoi angoli interni è uguale ad un angolo piatto". Qui cioè si sono fuse due induzioni separate, ottenute da esperimenti diversi, facendole passare per un'unica deduzione. Nella vita 1+1 non dà 2 ma dà sempre 1. Per avere 2 bisogna sommare 1 a 0. Anzi siccome lo 0 nella vita non esiste, poiché si parte sempre da 1, la conoscenza procede, come unità minima, da questa somma: 1+2=3.

Insomma tutti i "ragionamenti" o sono delle deduzioni che aumentano la conoscenza iniziale o non servono a nulla. Se non c'è questo "incremento", non c'è neppure "conoscenza", ma solo "fede". Infatti la fede religiosa è, per definizione, una conoscenza tautologica, sempre uguale a se stessa: una conoscenza che vive solo di presupposti indiscutibili, considerati certi per definizione.

La fede religiosa è una conoscenza che non fa aumentare di una virgola il processo della conoscenza, proprio perché non ritiene che dalla conoscenza umana possa venir fuori l'umana felicità. È la sfiducia nell'uomo (negli altri e in se stessi) che fa nascere la fede in dio.

Illusioni del metodo induttivo-sperimentale

Il metodo induttivo-sperimentale è irrealistico semplicemente perché, per verificare le proprie ipotesi, lo scienziato ha bisogno di prescindere da ciò che può influenzare il proprio esperimento. Cioè l'esperimento avviene in una condizione irreale, in cui le variabili (che sono una caratteristica imprescindibile della realtà) vengono ridotte al minimo o addirittura annullate.

Questo metodo non è una sintesi di *esperienza* e *ragione*, bensì di *ragione* e *calcolo matematico*. Si ottengono delle leggi che valgono solo se non esistono variabili che possono influenzare le condizioni preventivamente isolate. Sono quindi delle leggi *astratte*. Galilei ha creato una scienza che di "scientifico" non aveva nulla, se non appunto un calcolo matematico basato su un esperimento artificioso.

Il calcolo matematico, basato su condizioni riprodotte artificialmente, in quanto non esistenti in natura, è stato fatto sotto il pretesto di "semplificare" le cose. Ma la realtà, per sua natura, è *dialettica*, cioè *complessa*, irriducibile a semplificazioni che non tengano conto del principio secondo cui gli opposti si attraggono e si respingono di continuo. Peraltro tutti gli elementi della realtà sono strettamente interconnessi, per cui una loro suddivisione può essere fatta solo in maniera molto relativa.

Le verità della matematica sono tutte necessariamente *astratte*, proprio perché necessitano di condizioni che nella realtà sono poco probabili, ovvero molto artificiose, tant'è che, per essere dimostrate, hanno bisogno di esperimenti da laboratorio, oppure si avvalgono di calcoli la cui giustezza è fine a se stessa. Sulla base di questi calcoli si possono costruire imponenti grattacieli, per poi scoprire, una volta che si è preso ad abitarli, che la qualità della vita, da essi offerta, lascia molto a desiderare.

Lo sviluppo abnorme della matematica, quale si è avuto a partire dalla fine del Medioevo, è stato il riflesso di un tipo di vita particolarmente individualistico e alienato, in cui l'illusione di poter dominare la natura e l'intero pianeta con gli strumenti della scienza e della tecnica ha giocato un ruolo preponderante.

La scienza moderna ha avuto la pretesa di anticipare sulla Terra ciò che può avvenire, compiutamente, solo nell'universo, per poi rendersi conto che l'anticipazione non serve a niente (e che per mantenerla come forma illusoria occorre spendere ingenti capitali). Peraltro è sempre possibile che nell'universo si venga attratti da forze gravitazionali di qualche corpo o si possa essere colpiti da corpi le cui traiettorie sono imprevedibili (si pensi ai corpi lanciati nello spazio dall'esplosione delle stelle).

Le dimostrazioni di Newton erano, tutto sommato, semplicistiche e non tanto perché nell'universo le cose sono molto più complesse che sul nostro pianeta (il cui sistema solare si pone come forma sintetica e quindi necessariamente semplificata delle leggi dell'universo), quanto perché nel nostro stesso pianeta le variabili che impediscono il verificarsi costante e uniforme delle leggi matematiche da lui elaborate sono sempre molto alte. Non c'è alcuna legge matematica che, pretendendo d'essere considerata *vera* a prescindere da forme di spazio e di tempo specifici, e soprattutto a prescindere da quell'elemento imponderabile costituito dalla *libertà umana*, possa davvero considerarsi "realistica".

Questo modo pseudo-scientifico di vedere la realtà è storicamente appartenuto alla classe borghese, incapace di accettare l'idea che tutte le cose sono così intrecciate tra loro che non è possibile ottenere, p.es., un moto rettilineo uniforme a prescindere da ciò che può condizionarlo, se non appunto facendo astrazioni arbitrarie (come già Galilei aveva fatto). Newton aggiungerà due nuove astrazioni: *tempo e spazio assoluti*. Il fatto che Newton parta da presupposti galileiani, relativi al moto dei corpi, è significativo, in quanto tali presupposti presumono, per essere verificati, molta astrazione dalle condizioni di spazio-tempo. Questi scienziati non si rendevano conto che, ricostruendo artificiosamente le condizioni dello spazio, in cui un dato fenomeno doveva verificarsi, andavano necessariamente a modificare anche quelle del tempo, letteralmente inventandosele. Dapprima hanno fatto del reale spazio fisico uno spazio sovrafisico (ai limiti di quello meta-fisico), in cui poter cimentarsi in dimostrazioni puramente matematiche, e poi hanno prodotto un tempo sovra-storico, cioè non attinente alla realtà, seppur privo di riferimenti religiosi tradizionali, il che però non poteva certo impedire alla loro scienza di diventare una nuova forma di magia.

Una teoria non è *vera* solo perché produce macchine funzionanti che modificano la realtà e la natura. La verità non sta in questo tecnicismo. L'esperimento deve essere *conforme a natura*. Non ha senso dire che si conosce la realtà solo perché si è stati capaci di astrarre da essa alcuni elementi perturbatori, che potevano smentire le nostre ipotesi e i nostri esperimenti.

Non serve a nulla dire che dio non può conoscere meglio dell'uomo che 2+2=4. Non è così che si afferma l'ateismo. Ateismo vuol dire che non è scientifico solo ciò che è quantificabile, ma tutto ciò che è *conforme a natura*. Altrimenti si afferma una presunzione matematica, che però, di fronte all'ipotesi religiosa, resta impotente o quanto meno costretta ad ammettere di non potersi esprimere scientificamente al 100%.

Noi dobbiamo affermare una scienza che non ponga l'uomo contro la natura, poiché, se ci si limita a questo, non ci si può sottrarre al rischio di veder ripresentarsi l'idea di dio in sostituzione a quella dell'uomo prevaricatore e distruttore dell'ambiente. Noi dobbiamo servirci dell'uomo e della natura come partner equipotenti, che insieme possono affermare una totale indipendenza da qualunque idea religiosa.

Dobbiamo dunque tornare all'astronomia aristotelica, privandola delle sue ingenuità metafisiche, che la chiesa poté strumentalizzare molto facilmente. Cioè dobbiamo avvalerci della rivoluzione scientifica compiuta nel Seicento per escludere da qualunque teoria astronomica una qualunque componente religiosa o mistica. E tuttavia dobbiamo tornare a una visione *naturale* del nostro rapporto con l'universo, una visione non meccanicistica, non matematizzabile. Dobbiamo tornare a una visione basata sul "buon senso", che ci fa sembrare al "centro" dell'universo, pur sapendo di non esserlo fisicamente.

Noi siamo figli della Terra, oltre che dell'universo, cioè dobbiamo concepire il nostro pianeta come il luogo privilegiato in cui ci è dato di vivere. Le nostre coordinate di spazio e di tempo sono esclusivamente terrestri. L'universo ci appartiene solo indirettamente: è una sorta di grattacielo (per stare all'esempio di prima), in cui noi viviamo al primo piano, perché è qui che dobbiamo vivere umanamente. Non ha davvero senso che noi si cerchi di arrivare ai piani superiori quando ancora non siamo capaci di vivere al piano che la natura ci ha assegnato. I mezzi, gli strumenti che abbiamo sono idonei a questo piano; quelli che ci diamo in più non servono a risolvere i nostri problemi quotidiani.

È la natura stessa che ci indica come dovremmo vivere umanamente la nostra condizione terrena. Cosa che, a quanto pare, non siamo capaci di fare, e che c'illudiamo di saper fare usando scienza e tecnica in forme sempre più sofisticate. A che cosa ci sono serviti questi ultimi quattro secoli di rivoluzione scientifica? Abbiamo forse risolto le contraddizioni sociali causate dalla proprietà privata dei mezzi produttivi?

Siamo stati forse capaci di rispettare le esigenze riproduttive della natura? Abbiamo forse smesso di vedere popolazioni affamate, assetate, in preda alle malattie più spaventose, sfruttate dai potentati economici e private di qualunque istruzione? Siamo forse riusciti a impedire le guerre, i genocidi, le violenze d'ogni genere che affliggono l'intero pianeta?

Non solo la scienza e la tecnica non sono riuscite a risolvere neppure uno di questi problemi, ma spesso hanno contribuito a crearli. Dunque è ora di fare una nuova rivoluzione scientifica, ma questa volta a immagine e somiglianza dell'uomo naturale, cioè dell'uomo che vuole vivere "conforme a natura", secondo le leggi universali e necessarie della natura.

Noi dobbiamo cercare di capire il motivo per cui gli scienziati del Seicento, per poter affermare idee ateistiche (in sé sacrosante), furono costretti: 1) a fare della natura un semplice oggetto a disposizione dell'uomo, invece di considerarla una partner privilegiata, 2) a eliminare l'antropocentrismo a favore della pluralità dei mondi abitati, che è un'autentica astrazione, in quanto anche se non esiste un geocentrismo fisico né un antropocentrismo religioso, esiste pur sempre un centro ontologico, caratterizzato da *umanità* e *naturalità*, e 3) a sostituire il geocentrismo con l'infinità dell'universo, come se le due cose siano incompatibili. Quegli scienziati fecero dell'ateismo o comunque della scienza una nuova religione, illudendosi d'essere più scientifici con l'aiuto della matematica. Inoltre hanno messo la loro scienza al servizio di potentati economici e politici, cioè per liberarsi della servitù ecclesiastica han dovuto sostituirla con un'altra.

Questi intellettuali hanno dato l'impressione d'essere "alienati" come le autorità ecclesiastiche da cui volevano emanciparsi. Apparivano, in forme e modi diversi, come l'altra faccia del clericalismo politico di derivazione feudale. Facendo della matematica la regina delle scienze, questi scienziati han trasformato la natura in un puro e semplice bene strumentale.

Il senso dell'universo

Davvero siamo solo un puntino nell'universo? Per adesso sì, ma il nostro destino è quello di crescere all'infinito, perché infinito è l'universo in cui viviamo e che attende d'essere popolato da noi.

Un discepolo di Ippocrate, rimasto anonimo, rivelò come i medici della scuola ippocratica intendevano la riproduzione umana: semplicemente come l'incontro di *due semi, maschile e femminile*. Avevano capito che all'origine di tutto non vi è un principio unico, ma *duale*, paritetico fra i suoi elementi opposti e complementari, in grado di creare le cose migliori proprio per *congiunzione*, non per separazione.

Ippocrate era nato nel 460 a.C. e aveva già capito tutto. Paradossalmente le cose si capiscono meglio quanto minori sono i mezzi scientifici con cui esaminarle: è sufficiente infatti essere molto vicini alla loro nascita. In tal modo siamo meno condizionati dalle sovrastrutture mentali che col tempo ci siamo dati.

Probabilmente anzi ciò che Ippocrate dovette cercare di "capire", veniva vissuto, prima di lui, in maniera del tutto naturale, senza neppure metterlo in discussione. Lo dimostra il fatto che, nell'epoca schiavistica, le religioni hanno dovuto subordinare l'elemento femminile per poter giustificare il maschilismo imperante.

L'embrione fecondato è solo un puntino nel ventre materno. Il suo progressivo sviluppo è come un *simbolo* di quello che attenderà noi nell'universo. Quando nasciamo, ciò che ci ha nutrito (il sangue) ci viene somministrato in una maniera molto diversa, relativa alla nuova dimensione in cui dobbiamo vivere.

Così sarà quando usciremo da questo pianeta. Non come fanno gli astronauti, la cui scienza vuole anticipare arbitrariamente i tempi, ma come dovremmo fare *tutti* quando verrà quel giorno. La Terra non è che un ovulo fecondato da un agente esterno, da un seme proveniente dall'universo. È il nostro sacco amniotico, che ci sta apparendo sempre più stretto.

Tutto quanto abbiamo fatto su questa Terra dovrà essere, in qualche maniera, *ricapitolato*, ricompreso, rivissuto in maniera depurata e potenziata, eliminando quegli aspetti non conformi a natura, che ci hanno impedito di manifestare pienamente la nostra umanità.

Non sarà lo sviluppo della scienza - come illusoriamente crediamo - a indurci a desiderare di uscire dal pianeta, ma sarà lo *sviluppo della coscienza*, le cui esigenze di autenticità sono infinitamente più stringenti, più pressanti. Non avremo bisogno di tenere aperti gli occhi sulla realtà, ma avremo bisogno di *chiuderli* e di pensare, nel buio della nostra anima, a quel che siamo, a quel che siamo diventati e a ciò di cui abbiamo bisogno per continuare ad essere. Dobbiamo concentrarci verso l'interno e immaginarci pronti a fare un lungo viaggio.

La nostra esistenza su questo pianeta deve soltanto servire a porre le condizioni *umane* e *naturali* affinché il viaggio avvenga in maniera produttiva, equilibrata, in grado di rispondere alle aspettative dell'universo, il quale sicuramente non ha bisogno delle tante cose inutili e fuorvianti che in questi ultimi 6000 anni ci siamo dati, a partire dall'assurda proprietà privata dei mezzi produttivi, sino a quel mostro spersonalizzato e violento che chiamiamo "Stato", passando per quell'altro obbrobrio economico, che ci rende tutti dipendenti, chiamato "mercato".

Quando avremo eliminato questi tre elementi che caratterizzano, in maniera assolutamente negativa, tutta la vita del pianeta, noi saremo in grado di *uscirvi*. Infatti continuare a viverci ci apparirà limitativo, in quanto saremo arrivati a comprendere che la vita veramente umana e naturale l'avevamo già vissuta nel periodo della *preistoria*, per cui non avremo bisogno di ripeterla.

Chi non capisce che da questo pianeta dobbiamo uscire per vivere nell'universo, in altre forme e modi, quella stessa *umanità* e *naturalità* che avevamo vissuto nel corso della *preistoria* e che abbiamo colpevolmente rinnegato da quando si sono volute creare le cosiddette "civiltà", si condanna a non capire il vero *senso dell'universo*.

*

Se l'universo è uno solo, di cui il nostro sistema solare è parte; se la materia è eterna e infinita, di cui noi siamo figli; se l'essere umano rappresenta l'autoconsapevolezza della natura – allora ciò che facciamo su questa Terra ci caratterizza non solo come specifici esseri umani di un determinato pianeta, ma anche come una componente fondamentale dell'intero universo.

Ciò che facciamo in questo mondo, se contraddittorio, deve, prima o poi, trovare una soluzione: e se non la trova su questo pianeta, la troverà in altri pianeti. L'importante è che la trovi, poiché nell'universo nulla di quanto impedisce alla libertà di coscienza di svilupparsi, deve continuare ad esistere.

La Terra è solo un banco di prova di ciò che possiamo fare e anche di ciò che non dobbiamo fare. È una forma di esperimento, in cui si fanno vari tentativi per capire qual è la soluzione migliore per risolvere determinati problemi.

Tra vita terrena ed extraterrena deve esserci una qualche forma di *continuità*, tale per cui gli antagonismi che ci caratterizzano possono essere affrontati e risolti. La differenza sta appunto nella *possibilità*, che non può essere negata a nessuno.

È sbagliato quindi dire che il nostro mondo è il migliore dei mondi possibili. Sarebbe meglio dire che se su questa Terra non si è capaci di costruire un mondo migliore, lo si potrà fare in una dimensione extraterrena, usando quella stessa *facoltà di scelta* che serve per compiere tentativi autonomi, liberi, da parte di chiunque. L'unica cosa che dobbiamo veramente capire è che non è possibile esercitare il *libero arbitrio* contro la volontà altrui.

Dall'origine dell'universo all'origine dell'uomo

Origine dell'universo

Secondo la maggior parte degli astronomi, si può far risalire la comparsa della materia e dell'energia esistente in un preciso istante del passato compreso tra i 12 e i 20 miliardi di anni fa.

Il primo indizio che condusse alla formulazione di questa teoria fu la scoperta dell'espansione dell'universo, avvenuta nel 1920 a opera del fisico statunitense Edwin Hubble: dall'analisi spettroscopica delle radiazioni elettromagnetiche emesse dalle galassie, egli capì che queste non sono ferme, ma si muovono allontanandosi le une dalle altre con velocità proporzionale alla reciproca distanza. Tale espansione è del resto prevista dalla teoria della relatività generale di Albert Einstein.

Se i componenti dell'universo sono in continuo allontanamento l'uno rispetto all'altro, in passato devono essere stati più vicini di quanto non siano ora; al limite, in un lontanissimo passato, deve esserci stato un istante in cui tutto ciò che esiste era concentrato in un unico punto matematico (una cosiddetta singolarità). Da quel punto, attraverso un'espansione esplosiva, nota come Big Bang, avrebbe avuto origine l'universo.

Una conferma all'idea che l'universo abbia conosciuto un inizio fu la scoperta, negli anni Sessanta, della radiazione cosmica di fondo, vale a dire di onde elettromagnetiche di bassa energia che permeano ogni regione del cosmo e in cui gli scienziati vedono l'eco del Big Bang.

Il Big Bang non deve essere pensato come l'esplosione di una massa di materia all'interno di uno spazio vuoto. Al momento del Big Bang, infatti, spazio e tempo coincidevano, così come materia ed energia; "al di fuori" della sfera infuocata primigenia non esisteva nulla, e non esisteva tempo "prima" del Big Bang. È lo spazio stesso che si espande via via che l'universo invecchia, portando i corpi in esso contenuti sempre più lontani gli uni dagli altri.

Universo inflazionario

La teoria standard dell'origine dell'universo, basata su una combinazione di cosmologia, meccanica quantistica e fisica delle particelle elementari, prevede il cosiddetto processo di *inflazione*. Se si considera come "tempo zero" l'istante in cui il tutto emerse dalla singolarità iniziale, l'inflazione spiega come un "seme" superdenso e supercaldo contenente tutta la massa e l'energia del cosmo, ma più piccolo di un protone, si sia espanso incessantemente dal tempo zero, per miliardi e miliardi di anni.

Secondo la teoria dell'universo inflazionario, l'espansione fu prodotta da quelle stesse forze fondamentali, allora riunite sotto forma di un'unica forza di inflazione, che oggi governano le leggi della natura: la forza di gravitazione, la forza elettromagnetica, la forza di interazione *debole* (vedi la teoria elettrodebole) e la forza di interazione *forte* (le ultime due osservabili soltanto a livelli subatomici e subnucleari, nelle interazioni tra le particelle elementari).

La forza di inflazione agì solo per una frazione infinitesimale di secondo, pari ad appena 15×10^{-33} secondi, sufficiente a dilatare le dimensioni dell'universo nascente da quelle di una microscopica sfera 1020 volte più piccola di un protone, a quelle di una regione di spazio del diametro di 10 cm. Tale fu la violenza di quel primo impulso che, nonostante la forza di attrazione gravitazionale contrasti costantemente il moto di deriva delle galassie, rende l'espansione dell'universo ancora attuale.

Secondo i cosmologi, pur essendo nei dettagli ancora oggetto di studi e approfondimenti, la teoria dell'inflazione può spiegare tutto quanto si verificò a partire dal momento in cui l'universo aveva l'età di un decimillesimo di secondo, una temperatura di 1000 miliardi di gradi e una densità omogenea pari a quella di un odierno nucleo atomico. In quel momento, materia ed energia si trasformavano continuamente l'una nell'altra: le particelle elementari si trasformavano in fotoni, e i fotoni in particelle.

La trasformazione di energia in materia è un fenomeno previsto da Einstein e quantificato dalla ben nota equazione $E=mc^2$, in cui E rappresenta l'energia, m la massa e c la velocità della luce. Queste condizioni, che avrebbero caratterizzato una brevissima fase della storia dell'universo, vengono oggi in parte riprodotte negli acceleratori di particelle.

Dal momento che le previsioni dei teorici trovano riscontro negli esperimenti svolti all'interno degli acceleratori, si può pensare che la teoria descriva abbastanza bene lo svolgimento effettivo delle prime fasi di vita dell'universo.

Via via che l'universo si espandeva, la sua temperatura diminuiva. A poco a poco l'energia disponibile non era più sufficiente a permettere lo scambio tra fotoni e particelle di materia, e l'universo, per quanto ancora in fase di espansione e di raffreddamento, incominciò a stabilizzarsi. Un centesimo di secondo dopo l'inizio, la temperatura era caduta a 100 miliardi di gradi, e protoni e neutroni si erano stabilizzati. Inizialmente il numero di neutroni era uguale a quello dei protoni, ma in seguito i neutroni, instabili, iniziarono a decadere in protoni ed elettroni, spostando l'equilibrio.

Un decimo di secondo dopo l'inizio, il rapporto neutroni-protoni era 19:31 e la temperatura era scesa a 30 miliardi di gradi. Un secondo dopo la nascita dell'universo, il rapporto era di 6 neutroni contro 19 protoni, la temperatura era scesa a 10 miliardi di gradi e la densità dell'intero universo era "solo" 380.000 volte quella dell'acqua.

Da questo punto in poi, i cambiamenti cominciarono a rallentare. Ci vollero 14 secondi perché la temperatura scendesse a 3 miliardi di gradi, ovvero raggiungesse le condizioni in cui avvengono normalmente i processi di fusione nucleare all'interno del Sole. In tali condizioni, neutroni e protoni presero ad aggregarsi, formando per tempi brevissimi nuclei di deuterio (idrogeno pesante), che subito venivano spezzati da nuove collisioni.

A tre minuti dall'inizio, l'universo era 70 volte più caldo di quanto sia oggi il nucleo solare: la sua temperatura era scesa a un miliardo di gradi. Esistevano soltanto 7 neutroni ogni 43 protoni, ma i nuclei di deuterio erano stabili e resistevano alle collisioni. La combinazione di neutroni e protoni, atta a formare nuclei stabili, permise la sopravvivenza dei neutroni, che altrimenti, se fossero rimasti isolati, sarebbero completamente decaduti.

La costituzione di nuclei e atomi

Da questo istante, fino al termine del quarto minuto dall'inizio, ebbe luogo una serie di reazioni nucleari che portò alla formazione di nuclei di elio (particelle costituite da due protoni e due neutroni) e di altri nuclei leggeri, a partire da protoni (nuclei di idrogeno) e nuclei di deuterio, in un processo noto come nucleosintesi.

Meno del 25% della materia nucleare finì convertito in forma di elio; tutto il resto, tranne una frazione dell'1%, in forma di idrogeno. La temperatura era tuttavia ancora troppo elevata perché questi nuclei potessero legare a sé elettroni e formare atomi stabili.

A 30 minuti dall'inizio, la temperatura dell'universo era di 300 milioni di gradi e la densità era scesa drasticamente, a circa il 10% di quella dell'acqua. I nuclei di idrogeno ed elio, dotati di carica elettrica positiva, coesistevano con elettroni liberi, carichi negativamente; sia i nuclei che gli elettroni, data la loro carica elettrica, continuavano a interagire con i fotoni. La materia si trovava nel cosiddetto stato di plasma, come è oggi all'interno del Sole.

Questa attività proseguì per circa 300.000 anni, fino a che l'universo in espansione si fu raffreddato più o meno alla temperatura a cui si trova oggi la superficie del Sole, vale a dire a circa 6000°C. In queste condizioni, gli elettroni erano in grado di rimanere vincolati ai nuclei così da formare atomi stabili. Nel successivo mezzo milione di anni, tutti gli elettroni e i nuclei si legarono a formare atomi di idrogeno ed elio.

Gli atomi, elettricamente neutri, cessarono di interagire con la radiazione. Da questo punto in poi si può considerare conclusa l'era della sfera di fuoco: l'universo divenne trasparente, nel senso che i fotoni di radiazione elettromagnetica potevano passare indisturbati attraverso gli atomi.

È il residuo di questa radiazione, oggi a una temperatura di -270°C, che viene rilevata dai radiotelescopi e interpretata dagli scienziati come radiazione cosmica di fondo. A partire da qualche centinaio di migliaia di anni dopo l'inizio, essa cessò di interagire con la materia; ancora oggi, leggere differenze di temperatura nelle radiazioni cosmiche di fondo provenienti da diverse regioni del cosmo, serbano memoria di come la materia era distribuita nell'universo a quell'epoca.

Stelle e galassie si formarono a partire da un milione di anni circa dall'inizio, soltanto dopo che materia e radiazione si furono disaccoppiate.

Materia oscura

Secondo le grandi teorie unificate (nome collettivo che designa l'approccio di un ramo della fisica teorica che vede le forze della natura unificate), esiste un'altra componente dell'universo, oltre alla materia nucleare e alla radiazione, emersa dal Big Bang ed entrata a far parte dell'universo: la *materia oscura*.

L'universo contiene infatti molta più materia di quanta non se ne possa osservare: la proporzione tra materia oscura e materia chiara (detta talvolta materia barionica) risulta di almeno 10:1 (e forse addirittura 100:1). Ne è prova il modo in cui, per effetto gravitazionale, la materia influisce sul movimento di galassie e ammassi di galassie. Se si ammettesse l'esistenza della sola materia conosciuta, il moto delle galassie sarebbe diverso da quello osservato e il modello di Big Bang qui delineato non funzionerebbe. In particolare, il quantitativo di elio prodotto nel Big Bang non corrisponderebbe a quello osservato nelle stelle più vecchie, formatesi non molto tempo dopo il Big Bang stesso.

Le grandi teorie unificate prevedono quindi che, nelle prime frazioni di secondo della storia dell'universo, dall'energia primordiale si sia generata una grande quantità di un qualche altro tipo di materia (chiamata appunto "materia oscura", o anche "materia esotica").

Questa materia potrebbe essere oggi concentrata nei buchi neri, nei neutrini (se si scoprisse che sono dotati di massa) o in esotiche particelle elementari di massa enorme, dette WIMP (Weakly Interacting Massive Particles), che interagirebbero con la materia unicamente attraverso la forza debole. La più importante conseguenza di ciò è che, quando l'universo emerse dal Big Bang e la materia ordinaria e la radiazione si disaccoppiarono, le irregolarità nella distribuzione di materia oscura nello spazio generarono enormi addensamenti gravitazionali che rallentarono il movimento delle particelle di materia barionica.

Ciò avrebbe permesso la formazione di stelle, galassie e ammassi di galassie, e spiegherebbe il modo in cui gli ammassi di galassie sono distribuiti nell'universo attuale, in una struttura "schiumosa" che consiste di superfici e filamenti avvolti intorno a bolle scure.

La convergenza di fisica e cosmologia

Il modello qui descritto della nascita dell'universo poggia su evidenze certe, sebbene alcuni aspetti, relativi in particolare alle modalità di formazione delle galassie, siano ancora non compresi. Esso costituisce un punto di incontro tra la fisica teorica delle grandi teorie unificate, a cui si devono la teoria dell'inflazione e quella della materia oscura, e la cosmologia, che ha accolto tali teorie applicandole all'interpretazione dell'universo nel suo complesso.

Le attuali misurazioni della temperatura della radiazione cosmica di fondo permettono di risalire alla temperatura dell'universo al tempo della nucleosintesi, e di stabilire che il 25% della materia, nelle stelle più vecchie, è costituito da elio; un dato, questo, confermato dalle osservazioni sperimentali.

Inoltre, l'aspetto dettagliato delle "increspature" della radiazione di fondo, rilevato dal satellite COBE, rivela gli effetti della presenza della materia oscura, che avrebbe assunto il predominio gravitazionale su quella chiara entro poche centinaia di migliaia di anni dal tempo iniziale dell'universo e si sarebbe distribuita nel cosmo in una struttura corrispondente all'attuale distribuzione di galassie "chiare" a grande scala.

È proprio la corrispondenza tra la comprensione della fisica delle particelle (il mondo dell'infinitamente piccolo), acquisita attraverso esperimenti condotti sulla Terra, e quella della struttura dell'universo in espansione (il mondo dell'infinitamente grande), sviluppata grazie alle osservazioni astronomiche, a convincere i cosmologi che, se pure rimangono dettagli da risolvere, il quadro di cui si dispone oggi sull'origine dell'universo è sostanzialmente corretto.

Inizialmente la Terra era un ammasso di materiale tenuto insieme dall'attrazione gravitazionale. I materiali più pesanti lentamente sprofondarono verso il centro e formarono il nucleo, mentre quelli più leggeri costituirono il mantello e la primitiva atmosfera. Lo strato più superficiale, col progressivo raffreddamento, formò la crosta.

Quando la temperatura superficiale della Terra scese sotto i 100°C, il vapore si condensò e cadde sotto forma di pioggia formando gli oceani. Nelle acque si formarono molecole sempre più complesse e comparvero i primi esseri viventi: alghe verdi microscopiche che si nutrivano di anidride carbonica e producevano ossigeno. L'atmosfera si arricchì di ossigeno e consentì lo sviluppo di nuovi organismi viventi; l'evoluzione poi, seppure in modo lento ma progressivo, ha portato a tutte le forme di vita oggi esistenti.

Lo strato più esterno della Terra detto litosfera, non è uniforme bensì suddiviso in numerosi frammenti, detti placche, che sono in continuo movimento perché poggiano sulla parte sottostante del mantello, chiamato astenosfera, formato da materiali semifluidi.

Terra

La Terra, unico pianeta conosciuto che ospiti forme di vita, è il terzo pianeta per distanza dal Sole: 8 minuti di anni-luce (150 milioni di km). I primi esseri viventi apparvero circa due miliardi e mezzo di anni fa (l'essere umano circa due milioni di anni fa). Il Sole è una stella nana gialla. Attorno al Sole la Terra viaggia a 30 km al secondo: un giro totale è di 365 giorni circa. Il sistema solare è parte della Galassia della Via

Lattea (più di 100 miliardi di stelle). Vi sono 30 mila anni-luce dal nucleo centrale della Galassia, attorno al quale il sistema solare ha già compiuto una ventina di giri o rivoluzioni (uno ogni 200/220 milioni di anni, alla velocità di 300 km al sec.). In questo momento ci troviamo nel Braccio di Orione. La nostra Galassia è una fra tante (nel nostro gruppo locale dominano Andromeda e il Sole, estesi per un raggio di circa 3 milioni di anni-luce). L'universo racchiude almeno 100 miliardi di galassie che si stanno allontanando da circa 18 miliardi di anni: lo dicono le stelle più vecchie e la velocità delle galassie, che è maggiore quanto più sono lontane. Il Big Bang sarebbe esploso a 500 miliardi di gradi.

Poiché la superficie terrestre presenta curvature diverse, la forma della Terra non è identificabile con quella di un solido geometrico definito. Trascurando i rilievi e le irregolarità superficiali, essa può essere approssimativamente ricondotta a quella di un ellissoide di rotazione, cioè alla figura geometrica che si ottiene facendo ruotare un ellisse intorno al suo asse minore.

Calcoli recenti, basati sulle perturbazioni delle orbite di satelliti artificiali, hanno mostrato che la Terra presenta una forma leggermente piriforme: la differenza tra il raggio minimo equatoriale e il raggio polare (distanza tra il centro della Terra e il Polo Nord) è di circa 21 km; inoltre il Polo Nord "sporge" di circa 10 m, mentre il Polo Sud è depresso di 31 m.

Moto

La posizione della Terra nello spazio non è fissa ma è il risultato di una complessa serie di moti che avvengono con caratteristiche e con periodi differenti. Insieme alla Luna, il nostro pianeta orbita intorno al Sole, a una distanza media di 149.503.000 km e con una velocità media di 29,8 km/s, compiendo una rivoluzione completa in 365 giorni, 6 ore 9 minuti e 10 secondi (anno sidereo); la traiettoria è un'ellisse di piccola eccentricità, pertanto l'orbita è quasi circolare con una lunghezza approssimativamente uguale a 938.900.000 km.

Inoltre la Terra è interessata anche da un moto di rotazione intorno a un proprio asse, che avviene da occidente a oriente, cioè in senso inverso rispetto all'apparente moto del Sole e della sfera celeste, e si svolge con un periodo di 23 ore, 56 minuti e 4,1 secondi (giorno sidereo).

La Terra segue il moto dell'intero sistema solare e si muove nello spazio a una velocità di circa 20,1 km/s nella direzione della costellazione di Ercole; inoltre partecipa al moto di recessione della galassia e insieme alla Via Lattea si sposta verso la costellazione del Leone.

Oltre a questi movimenti principali, ve ne sono altri secondari, tra i quali la precessione degli equinozi (eclittica) e le nutazioni (queste ultime consistono in una variazione periodica dell'inclinazione dell'asse terrestre, dovuta all'attrazione gravitazionale del Sole e della Luna).

Età e origine della Terra

I metodi di datazione basati sullo studio dei radioisotopi hanno consentito agli scienziati di stimare l'età della Terra in circa 4,65 miliardi di anni. Benché le più vecchie rocce terrestri datate in questo modo non raggiungano i 4 miliardi di anni, alcuni meteoriti, che sono simili geologicamente al nucleo del nostro pianeta, risalgono a circa 4,5 miliardi di anni fa e si ritiene che la loro cristallizzazione sia avvenuta approssimativamente 150 milioni di anni dopo la formazione della Terra e del sistema solare.

Il nostro pianeta, dopo essersi originato dalla condensazione delle polveri e dei gas cosmici per effetto della gravità, era probabilmente un corpo quasi omogeneo e relativamente freddo, ma la continua contrazione del materiale produsse un riscaldamento, al quale contribuì senza dubbio la radioattività di alcuni elementi chimici.

Nella fase successiva della formazione, l'aumento di temperatura determinò un processo di parziale fusione del pianeta, provocando la differenziazione in crosta, mantello e nucleo: i silicati, più leggeri, si portarono verso l'alto, formando il mantello e la crosta, mentre gli elementi pesanti, soprattutto ferro e nichel, sprofondarono verso il centro formando il nucleo del pianeta. Contemporaneamente, a causa delle eruzioni vulcaniche, gas leggeri venivano immessi di continuo dal mantello e dalla crosta. Alcuni di questi gas, principalmente anidride carbonica e azoto, vennero trattenuti dalla Terra, per effetto della gravità, formando l'atmosfera primordiale, mentre il vapore acqueo condensò, dando origine ai primi oceani.

Uno dei più grandi ricercatori del XVIII secolo, Georges-Louis Leclerc, più comunemente chiamato conte di Buffon, fu il primo a sostenere l'ipotesi che la Terra fosse stata abitata da organismi animali e vegetali diversi da quelli esistenti oggi; concetti che lo studioso descrisse nella sua opera *Histoire Naturelle*.

Queste sue ipotesi provocarono il disappunto della Scienza Ufficiale, che lo costrinse a ritrattare tutto quello che era in contrasto con quanto narrato dalla Bibbia. Lo studioso però ostinatamente continuò i suoi studi ed alcuni anni più tardi arrivò a pubblicare un libro in cui si parlava dell'età della Terra. In quest'opera si affermava che la crosta terrestre si era trasformata nel tempo e con essa era cambiato anche il clima; nel libro si ipotizzava inoltre una parentela dell'uomo con gli animali.

Dalle ipotesi di Buffon, in netto contrasto con la teoria della immutabilità, secondo la quale dall'origine della vita in poi nulla era cambiato, hanno preso vita le teorie dell'evoluzione, i cui più autorevoli sostenitori furono Lamarck e Darwin. Secondo le teorie evoluzionistiche il mondo e gli esseri viventi cambiano nel tempo attraverso un processo che è iniziato qualche miliardo di anni fa e che continua tutt'ora.

Un esempio evidente, a sostegno di queste teorie, è costituito dal cormorano delle Galapagos, che ha rinunciato al volo, scegliendo, per catturare le prede, costituite da pesci, di immergersi; ebbene, le ali di questo uccello si sono, a differenza di quelle dei cormorani delle altre parti del mondo, atrofizzate; è dunque probabile che tra qualche milione di anni vedremo un nuovo animale e stenteremo a riconoscerne il progenitore.

Fra le teorie formulate in merito all'origine della vita sul nostro pianeta, quella che trova più credito sostiene che i primi composti organici (tra cui gli amminoacidi, componenti delle proteine) si sono formati circa 4 miliardi di anni fa da sostanze inorganiche.

Le condizioni terrestri di allora erano ben diverse da quelle attuali: violenti sconvolgimenti geologici "modellavano" la Terra, l'atmosfera conteneva metano, ammoniaca, anidride carbonica e azoto. I fulmini fecero reagire questi gas e favorirono la formazione spontanea di proteine.

Essendo più pesanti dell'aria, le proteine precipitarono in mare; la loro concentrazione divenne così alta da formare quello che è definito un "brodo primordiale". A stretto contatto l'una dell'altra le proteine dettero origine a molecole sempre più complesse, fino a che un loro gruppo riuscì a riprodursi.

Sarebbe così comparsa la prima forma di vita (alcuni scienziati sono dell'opinione che le forme di vita sono arrivate dallo spazio; in alcuni frammenti di meteorite sono state, infatti, rivenuti amminoacidi e batteri). I più antichi fossili (resti di organismi animali e vegetali vissuti nelle epoche passate) sono stati trovati in Australia: alghe azzurre e batteri, la cui età risale circa 3.500 milioni d'anni fa.

Le alghe azzurre sono organismi capaci di produrre il proprio nutrimento dall'energia solare (organismi autotrofi). Questo processo chimico, noto con il nome di fotosintesi clorofilliana, da circa due miliardi d'anni fa ha consentito la produzione d'ossigeno, fino allora assente nell'atmosfera primordiale.

Quasi tutti i batteri, al contrario, non riescono a produrre da soli il proprio nutrimento (organismi eterotrofi). Fin dagli inizi pertanto si svilupparono due diverse forme di vita: quella *autotrofa* che ha condotto alle piante e quella *eterotrofa* che invece sfocia negli animali.

Circa un miliardo di anni fa comparvero alcuni tipi di cellule che per riprodursi si accoppiarono: nacque la *riproduzione sessuale*. Per quasi tre miliardi di anni gli organismi furono unicellulari: i primi esseri pluricellulari erano assai semplici e primitivi.

Soltanto 570 milioni d'anni fa da organismi pluricellulari invertebrati si sviluppano i pesci, e da pesci capaci di camminare sulla terraferma e di respirare l'ossigeno atmosferico si originano gli anfibi; da quest'ultimi si procede verso i rettili; il passo successivo conduce agli uccelli e ai mammiferi.

La storia dell'uomo iniziò 65 milioni di anni fa con i piccoli mammiferi che vivevano sugli alberi e si nutrivano di insetti. La vita arboricola favorì lo sviluppo di caratteri come le dita prensili, la vista stereoscopica (per valutare la distanza fra un ramo e l'altro), la velocità dei riflessi e il cervello più sviluppato.

L'evoluzione di questi caratteri portò alla nascita di nuove specie viventi come le scimmie, che costituiscono l'ordine dei Primati. Circa 20 milioni di anni fa il clima cambiò, le foreste vennero sostituite dalle savane; molte furono le specie di scimmie che iniziarono a vivere in terra.

Da una di queste specie, il ramapiteco, probabilmente, derivò l'uomo. Nel nuovo ambiente l'evoluzione portò alcune specie di primati a camminare sulle gambe posteriori; questo consentì di avere gli arti anteriori liberi per catturare la preda. In Africa sono stati rinvenuti resti di specie di scimmie che camminavano in modo eretto; questa specie, detta Australopiteco, era alta metri 1,50, pesava 30 chilogrammi e aveva un cervello di 400 cm^3.

Due milioni di anni fa fece la comparsa un primate capace di fabbricarsi strumenti di pietra; questo primate è detto Homo habilis ("uomo capace a produrre oggetti"). Un milione e mezzo di anni fa comparve una nuova specie, più grande dell'Homo habilis, che costruiva strumenti in pietra migliori e che conosceva l'uso del fuoco; questa nuova specie è detta Homo erectus ("uomo che cammina in posizione dritta"). Le sue dimensioni erano simili a quelle dell'uomo moderno, solo il cervello era di poco più più piccolo, circa 1200 cm^3.

L'Homo sapiens ("uomo intelligente") comparve sul nostro pianeta circa 400.000 mila anni fa. Il primo tipo di Homo sapiens, l'uomo di Neanderthal (dal nome della località tedesca dove sono stati ritrovati molti suoi resti), era molto peloso, quindi adatto ai climi freddi; si estinse circa 30.000 anni fa, quando il clima divenne più caldo. Il secondo tipo è l'Homo sapiens sapiens; i suoi resti fossili risalgono a 35.000 anni fa, è tutt'oggi vivente e costituisce il genere umano.

Per concludere, l'evoluzione dell'uomo può essere suddivisa in due parti: dal ramapiteco all'Homo habilis abbiamo un'evoluzione soprattutto fisica; aumenta il peso, cambia la forma degli arti e il modo di camminare. Dall'Homo habilis all'uomo moderno la forma fisica cambia pochissimo, l'evoluzione riguarda soprattutto l'espansione del cervello, è quindi di tipo mentale.

Essere umano e universo

L'universo ci attende

Può essere difficile accettare l'idea che esista un "padre dell'universo", che ha generato figli destinati a diventare come lui. Può essere difficile perché in genere le religioni s'immaginano un dio onnipotente e onnisciente che ci sovrasta in maniera infinita. Ma questa visione delle cose è infantile.

Noi in realtà dobbiamo pensare che l'essere umano esistente sulla Terra è l'unico essere vivente di tutto l'universo o, se si preferisce, che l'umanità è il senso dell'universo, per cui non può esistere una umanità diversa dalla nostra. Possono esistere forme diverse di umanità - come possiamo costatare facilmente sulla Terra - ma la sostanza rimane identica. Siamo tutti figli di una stessa sostanza: *pluriversi di esperienze della libertà di coscienza*, che è unica.

Tutto quanto è stato prodotto nell'universo ha per fine la nascita e lo sviluppo degli esseri umani, i quali, inevitabilmente, hanno il compito di popolare l'intero universo, così come hanno fatto del loro pianeta. Noi stiamo sperimentando nel microcosmo quel che dovremo sperimentare nel macrocosmo.

Lo stesso essere umano è una specie di universo concentrato, ed essendo una sintesi non poteva venir fuori che per ultimo. La cosa strana è che l'essere umano, a differenza di tutti gli altri esseri viventi, appare come un *microcosmo autoconsapevole*. Quindi in un certo senso l'universo ha acquisito consapevolezza di sé solo nel momento in cui è nato l'essere umano. Da un lato sembra che l'universo non sia che una dimostrazione materiale dei meccanismi che regolano il nostro corpo, dall'altro sembra il contrario, come se per capire i meccanismi dell'universo fosse sufficiente studiare l'essere umano.

La stranezza sta nel fatto che l'essere umano non appare come sommatoria di elementi separati tra loro. Noi non abbiamo preso il meglio di ogni specie. Sembra anzi vero il contrario, e cioè che ogni specie ha preso qualcosa di nostro, potenziandolo al massimo (p.es. i cani l'odorato). È come se la natura avesse saputo in anticipo che l'essere umano non aveva bisogno di prendere il meglio delle altre specie, in quanto nessuna specie avrebbe potuto avere quanto di meglio caratterizza l'uomo, che è poi il *senso infinito della libertà*.

Dunque all'origine dell'universo e quindi dell'uomo non vi può essere che l'uomo stesso. L'universo è stato creato perché potesse essere abitato da esseri umani. Non esiste alcun dio con caratteristiche assolutamente diverse dalle nostre. E se esiste, per "partecipazione" gli siamo identici. La parola "dio" è soltanto una parola, il tentativo goffo d'interpretare una familiarità perduta. Quando gli ebrei nel Genesi parlavano di "immagine e somiglianza", parlavano anche di un "dio" che "passeggiava nel giardino alla brezza del giorno" (Gn 3,8). Nell'innocenza primordiale ci si riconosceva in maniera naturale con la propria origine.

La Terra, per noi, è una forma di apprendistato per imparare il mestiere di popolatori di pianeti interstellari; è come una sorta di grembo materno, dal quale, prima o poi, una volta giunto il momento necessario, dovremo uscire, proprio per iniziare a diffonderci in un universo che ci appare infinito.

L'universo dunque ci sta attendendo. Dobbiamo soltanto evitare di compiere gli errori che abbiamo compiuto sul nostro pianeta, come quando, p.es., al momento della scoperta di nuovi territori, portandoci dietro le nostre contraddizioni, abbiamo sterminato le popolazioni ivi residenti, col pretesto che avevano una civiltà inferiore alla nostra. Dovranno essere le esigenze naturali a guidare le espressioni dell'umano.

Le popolazioni che ci hanno preceduto nella storia, composte da miliardi di esseri umani come noi, sono destinate a popolare altri pianeti dell'universo, esattamente come noi, proprio perché l'essere umano non può fare altro: noi esistiamo per diffondere nell'universo l'idea di *umanità*.

Per poter fare questo bisogna anzitutto rispettare le condizioni fondamentali che permettono all'essere umano di vivere e di riprodursi con sicurezza; in secondo luogo bisogna rispettare i suoi tempi di crescita, di maturazione esistenziale. Non servono a nulla i viaggi spaziali che stiamo da tempo facendo: non sarà attraverso essi che popoleremo l'universo.

Per poterlo fare dovremo prima impadronirci dei *segreti dell'energia*, che non riguardano anzitutto la scienza, bensì la *coscienza*, che non riguardano soltanto la materia ma anche e soprattutto lo *spirito*. La cultura e l'esperienza occidentale non sono in grado di dare un contributo significativo in questa direzione. Noi siamo troppo concentrati sulla valorizzazione di ciò che è *esterno* a noi.

Noi saremo davvero pronti a uscire dal nostro pianeta soltanto quando avremo compreso in maniera adeguata l'importanza della *libertà di coscienza*. Finché non avremo capito che nessun essere umano può essere ridotto in schiavitù o forzato a essere libero, noi resteremo prigionieri di noi stessi, delle nostre contraddizioni.

Il tempo che ci vorrà a capire questo non potrà essere lunghissimo, anche perché abbiamo già sperimentato due civiltà basate sull'antagonismo sociale: lo *schiavismo* e il *servaggio*. Ora siamo nella fase conclusiva della terza: il *capitalismo*, che, considerando la durata delle precedenti, in Europa occidentale non può avere una durata di vita superiore al millennio, e se la facciamo partire dall'Italia comunale, dovremmo essere agli sgoccioli. A meno che il capitalismo non voglia darsi la forma esplicita della dittatura militare, come fece lo schiavismo romano durante la fase imperiale. Idealmente però dovrebbe assomigliare a una sorta di *socialismo di stato*, quello burocratico, amministrato dall'alto, di cui abbiamo già avuto un'anticipazione significativa con lo stalinismo e il maoismo. Questa falsificazione del socialismo democratico ha posto le sue basi nel XX secolo, e potrebbe aver bisogno di un altro millennio per svilupparsi completamente e terminare la propria parabola involutiva. I protagonisti di questa mistificazione saranno probabilmente i paesi asiatici, più abituati di noi ad esigenze di tipo collettivistico.

Esaminando le formazioni sociali della storia è difficile pensare a delle civiltà significative che durino meno di un millennio. Che il socialismo di stato abbia già posto le proprie basi è attestato dal fatto ch'esso si va sviluppando, all'interno di una medesima nazione, in maniera parallela allo sviluppo capitalistico. Il socialismo di stato è in grado di prendere del capitalismo quanto gli serve e di utilizzarlo per i suoi scopi di potere.

La Russia vi ha rinunciato perché le sue radici cristiane le impedivano di credere ciecamente nella sottomissione politica della società allo Stato. Il cristianesimo infatti non può essere superato con l'autoritarismo ma solo con la *democrazia sociale*; senonché in Russia, quando s'è capito questo, non si è stati capaci di trasformare il socialismo da burocratico a democratico; si è invece preferito abbracciare il capitalismo, sia a livello economico che politico, senza rendersi conto che in questa maniera ci si indeboliva enormemente nei confronti della Cina.

Nell'esperienza cinese infatti il socialismo burocratico può continuare a sussistere politicamente proprio perché culturalmente non ha da superare le tradizioni cristiane. Questa forma di socialismo si sta sviluppando enormemente grazie al contributo dello stesso capitalismo. È un'esperienza di opportunismo politico assolutamente inedita.

Viceversa lo stalinismo (che in un certo senso è padre e figlio del socialismo di stato) era nato in territori culturalmente cristiani: non poteva prendere del capitalismo un intero sistema di vita. Si era limitato a prendere singoli aspetti: l'industria, la scienza, la tecnica... nell'illusione di poterli gestire con un approccio fortemente ideologico, dove la politica del partito unico, coincidente con lo Stato, dettava le proprie leggi all'economia.

Nel socialismo cinese invece si è preso tutto del capitalismo, facendo in modo però che l'economia non possa influire sulla politica. La politica vuole restare autoritaria permettendo all'economia di comportarsi in maniera relativamente anarchica. Tale antinomia (impensabile in occidente, se non nelle dittature fasciste) è stata possibile proprio perché la Cina non affronta le cose sulla base di valori ideologici da affermare, ma sulla base di un potere da conservare. La flessibilità di questo potere dipende solo dal proprio cinismo.

In Russia il socialismo burocratico è fallito perché la vita reale non corrispondeva agli ideali professati in sede ideologica. In Cina non si professano gli ideali, per cui nella vita reale si può ricercare un comportamento che di socialista può anche non aver nulla, salvo le passate (e rurali) tradizioni collettivistiche e salvo, soprattutto, il fatto che la gestione della cosa pubblica è completamente sottratta a chi gestisce il potere economico. La parodia del socialismo viene garantita in maniera autoritaria dal partito unico, che però, essendo privo di ideologia (o avendo comunque rinunciato ad essa dopo la fine del maoismo), permette alla società civile di svilupparsi in maniera capitalistica.

Una situazione del genere è sostenibile solo a condizione che il potere politico possa avvalersi, in qualunque momento, di imponenti forze militari e poliziesche, e a condizione che il potere economico possa sfruttare senza ostacoli le risorse umane e materiali interne al paese.

La cosa può andare avanti per molto tempo, poiché qui il capitalismo non incontra le resistenze ideali di poteri economici e culturali antagonisti (come p.es. è successo in Europa occidentale a causa della presenza massiccia dei latifondisti e della chiesa). Probabilmente le resistenze all'autoritarismo statale si faranno sentire maggiormente negli ambienti giovanili o in quegli strati sociali oggi più esposti allo sfruttamento di manodopera e risorse ambientali (p.es. i contadini), oppure in quegli ambienti che fanno ancora della religione un motivo di opposizione all'ateismo di stato.

La Cina non può più essere contestata dal punto di vista del capitalismo (al massimo può esserlo da quello dell'ideologia liberista, che però anche in occidente, a fronte del carattere monopolistico della produzione, è da tempo scomparsa). Nello stesso tempo essa può sempre dimostrare che una gestione politico-socialista dell'economia borghese è migliore, sul piano della razionalizzazione, di una gestione liberista.

I veri problemi subentreranno quando ci si accorgerà di non avere più risorse interne da sfruttare e quando le popolazioni contadine cominceranno a rivendicare i loro diritti. A quel punto il partito-stato dovrà necessariamente scatenare una nuova guerra mondiale, ma potrà farlo solo col pretesto di dimostrare che il socialismo è migliore del capitalismo.

L'universo: ipotesi fantascientifica di origine

L'universo esisteva anche prima che venisse riempito di stelle. Era come una camera d'aria vuota, buia e fredda. Il Big Bang è stato come un fuoco d'artificio scoppiato in un ambiente senza gravità. La sostanza di cui erano composte le scintille dell'esplosione era nucleare, quindi destinata a bruciare per un tempo lunghissimo.

A cosa servisse una camera d'aria vuota non lo sappiamo, ma evidentemente essa rappresenta soltanto una parte dell'insieme. Anche l'utero di una bambina non serve a niente finché da adulta non partorisce. L'universo dunque non era che una possibilità in attesa d'essere valorizzata.

E la valorizzazione è avvenuta nella forma di un'improvvisa esplosione, la quale, a sua volta, ha determinato una modificazione dello stato del medesimo universo, che infatti ha iniziato a espandersi.

Se volessimo cercare un paragone terreno a questo evento, potremmo trovarlo facilmente nel rapporto sessuale. All'origine della nascita dei corpi celesti vi è stata una gigantesca eiaculazione. Gli antichi monaci orientali parlavano di "logos spermatikos".

E se proprio vogliamo restare su questo paragone, potremmo aggiungere che forse l'universo non era affatto vuoto, ma aveva già dei pianeti che attendevano d'essere fecondati dalle stelle. La Terra è stato l'unico pianeta fecondato dall'esplosione iniziale.

All'origine quindi vi è un extraterrestre di tipo umano, le cui sembianze terrene sono riscontrabili nell'uomo della Sindone, l'unico che, sfruttando la potenza della propria energia, abbia saputo impedire alla materia di decomporsi.

Questo extraterrestre ha preso corpo nel ventre d'una donna (forse in maniera non convenzionale) allo scopo di ricordare agli uomini (in questo caso rappresentati dagli ebrei) due cose di cui avevano perso memoria, e cioè che non esiste alcun dio, in quanto nell'universo l'unico dio è lo stesso uomo, e che il modo migliore per sentirsi umani è quello che gli uomini avevano vissuto prima della nascita della civiltà schiavista, al tempo del comunismo primordiale. Il Cristo ha proposto il recupero di queste verità nel rispetto della libertà di coscienza, che è il bene più prezioso dell'essere umano.

Questa proposta una parte della popolazione l'ha rifiutata e un'altra parte l'ha mistificata, procurando conseguenze gravissime all'intero genere umano. Una piccolissima parte invece l'accettò, ma non ne sappiamo quasi nulla.

Potrà forse apparire contraddittorio che sul piano ateistico si ammettano l'esistenza di fenomeni umanamente impossibili (resurrezione, nascita verginale, miracoli...). Tuttavia noi dovremmo aggiungere due considerazioni che il cristianesimo non potrà certo condividere:
1. nessun fenomeno giudicato da noi impossibile, sulla base delle conoscenze a nostra disposizione, deve portarci necessariamente a credere nell'esistenza di un dio onnipotente. L'unico essere onnipotente dell'universo è l'uomo, di cui il Cristo può essere considerato "prototipo", nel senso che i suoi poteri sono destinati a diventare i nostri;
2. qualunque fenomeno sovrumano compiuto dal Cristo ha riguardato unicamente la sua libertà di coscienza, non la nostra. Nel senso che nessun essere umano ha mai potuto constatare con sicurezza lo svolgimento di alcun fenomeno soprannaturale compiuto o vissuto o generato dal Cristo, proprio perché un qualunque fenomeno del genere avrebbe inevitabilmente violato la nostra libertà di coscienza (in tal senso la "resurrezione" resta soltanto un'interpretazione della tomba vuota, anzi, una mistificazione, in quanto nessuno ha mai visto il "corpo risorto". L'unica interpretazione umanamente accettabile, di fronte al fatto della tomba vuota, era quella della scomparsa misteriosa del cadavere).

Se accettiamo l'idea che la libertà di coscienza è il valore più alto di un essere umano, dobbiamo anche accettare l'idea ch'essa non può essere indotta o tanto meno forzata a credere in qualcosa che va oltre le capacità umane riscontrabili sulla Terra. Qualunque fenomeno che va oltre queste capacità è illusorio e può essere usato con intenti mistificatori.

L'universo: ipotesi di sviluppo

Sarebbe un modo di vedere mistico quello di sostenere che la contrazione futura dell'universo coinciderà con la sua fine. Sono i credenti che pensano all'esistenza di un dio al di fuori di questo universo. Sono loro che fanno coincidere la fine del mondo con la fine dell'universo. Come se il fatto che l'uomo sia al centro dell'universo possa voler dire che l'esistenza di un universo costruitosi in miliardi di anni sia vincolata all'esistenza di un unico pianeta: il nostro.

È preferibile invece pensare che l'universo non abbia mai avuto un inizio e mai avrà una fine. Esso è infinito nello spazio e illimitato nel tempo. Il fatto che sia in espansione indica soltanto che in un certo luogo, in un certo momento, vi è stata un'enorme esplosione. Un'eventuale fine del pianeta Terra non avrà alcuna conseguenza sull'attuale configurazione dell'universo, anche nel caso in cui fossimo certi che l'universo è stato creato per far nascere l'essere umano.

Dovremmo anzi pensare l'opposto, e cioè che un'eventuale fine del ciclo di vita terrestre non comporterà nulla per le sorti del genere umano, proprio perché l'universo è infinito nello spazio e illimitato nel tempo. Nell'universo esisteranno sempre infinite possibilità per la sopravvivenza del genere umano.

A noi non interessa avere certezza matematica di questo, sia perché i tempi e gli spazi interstellari sono talmente ampi da non poter riguardare le singole generazioni di esseri umani, sia perché il compito che ci attende, finché esiste la Terra, non è quello di popolare altri pianeti, ma quello di rendere possibile, nel migliore dei modi, la vita di tutti gli esseri umani su questo pianeta (cosa che ancora non siamo riusciti a fare).

È inutile cercare delle alternative al di fuori della Terra quando quelle che già abbiamo ci rifiutiamo di applicarle. Noi dobbiamo imparare a essere noi stessi nelle condizioni spazio-temporali che ci sono state date. I limiti di agibilità per l'essere umano sono più che sufficienti per essere se stessi.

Solo chi è al di fuori di questi limiti (le generazioni che nella storia ci hanno preceduto) ha altri compiti da svolgere, ed è giusto che con questi soggetti non vi sia alcuna possibilità di contatto. Qualunque forma di contatto rischierebbe di violare la libertà di coscienza. I cosiddetti "medium", con le loro trance o sedute spiritiche, sono solo dei ciarlatani.

Sul piano scientifico sappiamo soltanto che al momento dell'esplosione iniziale si sono formati dei corpi che viaggiavano e ancora adesso viaggiano a velocità incredibilmente grandi, impensabili per il nostro pianeta. L'esplosione che ha generato questi corpi ha determinato un'espansione dell'universo, ma non è detto che ciò vada interpretato come una "creazione dell'universo". Noi usiamo un termine del genere in riferimento più al *contenuto* dell'universo che non al suo *contenitore*, che potrebbe anche essere sempre esistito.

Il motivo dell'esplosione ovviamente non possiamo saperlo (il bisogno di produrre e di riprodursi fa parte delle leggi dell'universo); in ogni caso, e fino a prova contraria, noi dobbiamo dare per scontato che quella esplosione coincida con la nascita del genere umano.

I tempi in cui le cose avvengono nell'universo sono talmente dilatati che per noi sono più che sufficienti per avere la percezione dell'infinità dell'universo e di noi stessi.

Se anche dovesse esistere qualcosa al di fuori di questo universo, non potrebbe essere che di natura umana, poiché tutto quanto non appartiene a questa natura ci è estraneo o comunque non ci permette una piena identificazione. Noi possiamo assimilare soltanto ciò che ci appartiene: tutto il resto ci abbruttisce.

Quando comprenderemo che la nostra libertà di coscienza ha una profondità paragonabile all'infinità dell'universo, allora forse smetteremo di chiederci chi ha creato l'universo. Chi altri infatti può averlo fatto se non il prototipo dell'essere umano? All'origine dell'universo vi è un essere umano in cui noi possiamo identificarci, volendolo, senza alcun problema.

Noi guardiamo l'universo come fosse uno specchio opaco, ma man mano che si rischiara scopriamo che l'immagine riflessa non è altro che la nostra. Noi siamo la coscienza dell'universo, la sua autoconsapevolezza: la sua origine è la nostra stessa origine.

Noi non abbiamo modo di capire con sicurezza, al momento, cosa ci sia nell'intero universo, cosa ci sia oltre la materia, fin dove possano spingersi le facoltà umane, quanto grande sia la profondità della coscienza: però tutte queste cose possono essere in qualche modo *intuite* o *percepite*.

Nel nostro specchio opaco vediamo ombre che si muovono, riusciamo a immaginare dei lineamenti, delle proporzioni, ma soltanto fino a un certo punto. Anche perché, purtroppo, noi non riusciamo ad essere trasparenti con noi stessi, per cui agli impedimenti fisici, materiali, andiamo ad aggiungere, col nostro comportamento, quelli spirituali, che sono propri all'essere umano.

Alla fine rischiamo di non avere neppure la percezione di quel che dovremmo essere: ci abituiamo a non essere noi stessi. E invece di avvicinarci progressivamente alla comprensione della realtà, ce ne allontaniamo sempre più. Lo specchio diventa sempre più opaco, anzi sempre più torbido.

Eppure è fuor di dubbio che universo ed essere umano si appartengono reciprocamente: noi siamo l'alfa e l'omega, il principio e la fine. Chi pensa di poter fare dell'universo ciò che vuole, ne contraddice proprio l'essenza di fondo, che è quella di rispettare la *libertà di coscienza*.

*

L'universo che possiamo constatare coi nostri strumenti scientifici è sufficientemente grande perché noi si abbia il senso della sua illimitatezza e dell'infinito in generale.

Una qualunque analisi dettagliata di questa porzione di universo è del tutto inutile ai fini di una maggiore consapevolezza della sua infinità. Non solo, ma è anche del tutto inutile ai fini di una ricerca delle soluzioni alle nostre contraddizioni terrene.

L'essere umano contiene in sé tutto quanto gli serve per conoscere l'universo. La coscienza è infinitamente più profonda della vastità dell'universo: questo non è che figura o simbolo di quella. Oppure, se preferiamo, la vastità dell'universo è relativa alla profondità della nostra coscienza. È una forma di garanzia contro ogni pretesa di esaustività.

Fine dell'universo

Se la natura non avesse alcun *fine* perché chiederselo? Gli animali non si pongono problemi filosofici, e non si sentono certo infelici a causa di questa loro inconsapevolezza. Eppure anch'essi fanno parte della natura. Dunque perché solo l'essere umano si pone problemi di natura *teleologica*?

Il fatto stesso di porsi il problema di un "telos", cioè di un fine delle cose, non solo implica una qualche sua possibilità virtuale, ma anche una differenza sostanziale tra essere umano e animale.

È quanto meno illogico sostenere che nell'universo non esiste alcun fine solo perché nulla ci autorizza a pensarlo come cosa certa, o solo perché gli uomini non hanno elementi sufficienti per conoscerlo in maniera adeguata. Non possiamo sostenere che l'uva è acerba solo perché non riusciamo a prenderla.

Se nell'universo esiste un fine, il fatto stesso che non sia facilmente conoscibile ci aiuta a capire il motivo per cui l'uomo è così diverso dall'animale. Gli animali, per sopravvivere al meglio, hanno bisogno di evidenze; noi no, anzi ci piace metterle in discussione.

L'uomo è dotato di un'intelligenza superiore, frutto della libertà, che non viene meno neppure quando la utilizza per autodistruggersi. Essendo dotato di libertà, l'uomo è libero di non comprendere il senso della propria esistenza.

L'animale vive di istinto, non ha problemi di coscienza e non deve compiere scelte esistenziali. Sensazioni come angoscia, paura, dolore... non sono tali da indurlo a decidere per il bene o il male. Se l'animale, istintivamente, non si comporta secondo la propria natura, la responsabilità, di regola, appartiene all'uomo, che ne ha voluto fare un proprio passatempo, uno strumento di lavoro, un'occasione di business, insomma una copia sbiadita di se stesso.

Chiunque crede di trovare nell'animale caratteristiche umane fondamentali o dei surrogati di queste o pensa addirittura di potergliele far acquisire, perde il suo tempo. Il primo a subire un torto a causa di tale illusioni è proprio l'animale, che finisce col perdere parte della propria natura.

Quando si vuol negare un fine alla natura è perché non si riesce a scorgerne uno nella vita umana in generale e nella propria in particolare: di qui la sopravvalutazione dell'importanza degli animali in campo affettivo.

Si badi, l'infelicità dell'essere umano non sta tanto nel non conoscere *scientificamente* il fine dell'universo, quanto semplicemente nel non viverlo in maniera conforme. Cioè a dire, le cose possono essere vissute in maniera adeguata anche senza conoscerne l'intero significato. La "positività" della vita è cosa che prima di tutto si "sente".

Molti obiettano che se nell'universo esistesse un fine, la libertà umana non potrebbe essere tale. Noi vediamo chiaramente che l'essere umano appartiene allo stesso universo cui appartengono gli animali: dunque se la sua differenza è così grande rispetto agli animali, perché non pensare che l'universo abbia in sé delle potenzialità che nessun animale è in grado di cogliere? Cioè perché stupirsi allorquando si sostiene che il fine dell'universo è senza dubbio legato alla natura umana?

Certo, si può obiettare che se veramente l'essere umano fosse il fine dell'universo, esso avrebbe dovuto esistere *prima* e non *dopo* la comparsa degli animali. Un'obiezione del genere sarebbe tuttavia strana se provenisse dagli ambienti evoluzionistici. S'è mai visto un prodotto finito precedere le sue parti costitutive?

Ciò che non si vuole ammettere è la compatibilità tra "fine" e "libertà". Un "fine" non può essere imposto, se non appunto a un animale, il quale comunque lo vivrebbe d'istinto, senza coscienza, o perché acquisito attraverso una qualche costrizione. Là dove esiste la *coscienza*, come nel caso dell'essere umano, lì esiste anche la *libertà*, ovvero la possibilità di accettare o rifiutare un "fine" per la propria esistenza.

I peggiori alieni sono tra noi

Chiunque parli di alieni o di extraterrestri si deve rassegnare: non c'è nessun altro essere nell'universo che non sia "umano" o che non abbia "caratteristiche umane". Tra *essere umano* e *universo* non vi è alcuna differenza di sostanza. Siamo tutti fatti di una medesima *materia originaria e increata*, da cui tutto dipende.

Possiamo considerare l'essere umano come l'*autoconsapevolezza della natura*, per cui, come non ha senso parlare di uomo senza natura, così non ha senso parlare di natura senza uomo. L'una senza l'altro è vuota, l'uno senza l'altra è cieco.

Qualunque problema noi si abbia, nessun altro può risolverlo se non noi stessi. Chiunque pensi che i nostri problemi siano così grandi da risultare per noi irrisolvibili o risolvibili solo per mezzo di "entità esterne", s'inganna o è in malafede, sia perché non esiste alcuna "entità esterna" che non sia "umana", sia perché nessun problema è irrisolvibile, anche perché non è la natura che crea problemi, ma solo l'uomo, usando male la libertà di cui dispone grazie appunto alla natura.

Credere negli alieni, in nome della scienza, è come credere nella divinità in nome della religione. Chiunque parli di alieni più intelligenti dell'essere umano o più pericolosi, lo sta facendo per impedire che i nostri problemi interni vengano risolti da noi stessi.

D'altra parte è da quando sono nate le civiltà che, di fronte ai propri drammatici conflitti sociali, che si acuiscono progressivamente, i poteri costituiti tendono a far dipendere da "motivazioni esterne" le cause di quei conflitti. Ci si convince di poter risolvere più facilmente i problemi costruendosi l'immagine di un "nemico", sempre molto pericoloso e privo di umanità.

Quando il nazismo dichiarò guerra alla Russia, tutti i tedeschi erano stati da tempo istruiti a credere che gli slavi in generale e i sovietici in particolare andavano sterminati e sottomessi proprio in quanto razza subumana, sottosviluppata, nei cui confronti ogni atto di pietà o di generosità sarebbe stato interpretato come una forma di codardia, se non di tradimento verso la propria patria.

Ancora oggi, quando assistiamo in televisione ai documentari in cui s'intervistano gli ultimi superstiti tedeschi di Stalingrado, li vediamo commossi per le perdite subite, affranti per non aver potuto salvare i propri compagni, disperati per la cocente sconfitta, al massimo adirati per l'incapacità dello Stato Maggiore di comprendere sino in fondo la gravità di quella situazione, ma non li vediamo mai pentirsi degli orrori compiuti in Russia, o criticare duramente la decisione di aver tentato di occupare quel paese. O comunque chi li intervista non li mette mai in condizione di riflettere sulla natura della guerra in generale e di quella imperialistica in particolare. Noi siamo abituati a credere che una qualunque nazione euro-occidentale abbia tutti i diritti a considerarsi migliore di una qualunque nazione dell'Europa orientale.

Naturalmente il potere non cerca mai di dipingere il nemico come migliore di sé; al massimo può far credere ch'esistano forze oscure, misteriose, nei cui confronti bisogna prepararsi a combattere. Le mistificazioni devono essere rapportate sia a un determinato livello di tecnologia che a un certo grado di secolarizzazione dei costumi.

Bisogna quindi stare attenti quando qualcuno sostiene che la gente comune non ha forze sufficienti per risolvere i propri problemi, e che deve riporre ogni fiducia nei poteri dominanti. Alla fine, quando ci si accorgerà d'aver sbagliato a comportarsi così, si ripeterà quanto già visto nel racconto della creazione, in cui Adamo, dopo aver trasgredito l'ordine di non mangiare il frutto dell'albero della scienza, si giustificò dicendo ch'era stata Eva a farlo peccare. Al che Eva rispose: "È stato il serpente".

Esistono gli extraterrestri?

Le ambiguità

Sul piano *laico* i sostenitori dell'esistenza degli alieni sostengono che i governi delle grandi potenze mondiali sono sempre stati d'accordo nel tenere l'umanità all'oscuro di quanto sapevano sugli UFO (e cioè che questi esistono, ci tengono d'occhio, spesso i loro piloti sono stati catturati, vivi o morti, e custoditi nel più rigoroso riserbo), perché se le società ammettessero l'esistenza di E.T. (anche non umani), in grado di risolvere i problemi della Terra, nessuno più rispetterebbe i capi di Stato. Pena per chi vuole violare il segreto: la morte.

Sul piano *religioso*: poiché la Bibbia ci presenta l'uomo come la massima creazione di Dio e ci dice che tutto l'universo è in qualche modo in funzione dell'uomo, che cosa accadrebbe se si scoprisse che nell'universo esistono degli alieni più intelligenti o migliori di noi?

I presunti avvistamenti

Ufficialmente si comincia a parlare di UFO e di dischi volanti a partire dal 1947, allorché un pilota militare USA disse di vedere una formazione di UFO volare a grande velocità su alcune montagne. Prima di questo gli avvistamenti erano stati fatti da gente comune e non segnalati dalla stampa.

Le ondate di avvistamenti di UFO sono tipiche dei momenti di crisi sociale. In tal senso vanno considerati come fenomeni di illusione o di suggestione o d'interpretazione errata di eventi naturali o umani (artificiali), non comuni o difficilmente spiegabili.

L'andamento di tali avvistamenti segue una curva che si sovrappone a quella dell'andamento delle apparizioni sacre negli stessi periodi.

Testimoni oculari?

Gli UFO vengono visti da chi li vuole assolutamente vedere. Molti, suggestionati dall'idea che possano esistere, dicono di vederli appena scorgono nel cielo qualcosa di apparentemente anormale. (Gli uomini sono più disponibili a crederci delle donne.)

Spiegazione degli avvistamenti

L'inconscio, per rendere percepibili i propri contenuti, tende a spostarli su un oggetto esterno (fenomeno della proiezione).

L'ignoranza scientifica porta a dare delle spiegazioni irrazionali a fenomeni del tutto naturali (il 97% dei presunti avvistamenti si riferiva a satelliti artificiali, frammenti di razzi che rientrano nell'atmosfera, aerei militari, aerostati, palloni sonda, fulmini globulari, configurazioni particolari delle nubi, meteoriti ecc.).

Le autorità politiche tacciono sui presunti UFO probabilmente perché in taluni casi si tratta di mezzi militari usati da USA ed ex-URSS per spiarsi a vicenda. Gli alieni intravisti nei dischi volanti non sono che sagome artificiali usate per verificare la resistenza di materiali speciali.

Risposte possibili alla domanda: "esistono gli extraterrestri?"

La maggioranza degli scienziati è d'accordo nel ritenere lo sviluppo della vita terrestre un fenomeno talmente complesso e anomalo da risultare difficilmente riproducibile nella stessa maniera su altri corpi celesti. Infatti, nonostante la sostanziale uniformità nella distribuzione degli elementi chimici principali del cosmo (carbonio, ossigeno, azoto, idrogeno...), esistono moltissimi fattori (gravità, pressione atmosferica...) in grado di orientare in maniera molto diversa l'evoluzione biologica, pur partendo da condizioni iniziali simili. Un alieno, se esistesse, sarebbe molto diverso da noi, almeno per quanto riguarda l'aspetto esteriore. E se anche fosse dotato di organi di senso somiglianti ai nostri, percepirebbe in modo differente la realtà e agirebbe sulla realtà in maniera diversa.

Negli USA sono stati spesi, a partire dal 1992, decine di milioni di dollari per utilizzare dei radiotelescopi capaci di ascoltare le 800 stelle simili al Sole che si trovano a un raggio di centinaia di anni-luce, al fine di captare presenze aliene. Non è servito a nulla.

Se esistono dei pianeti simili alla Terra, sarebbe molto difficile individuarli, poiché i pianeti hanno masse molto piccole rispetto a quelle delle stelle: le loro perturbazioni gravitazionali sono difficilmente percepibili. Inoltre la nostra galassia è formata da oltre cento miliardi di stelle e nell'universo esistono miliardi di galassie. Le distanze tra i pianeti sono così grandi nell'universo che la comunicazione è praticamente impossibile.

Noi cerchiamo un rapporto con l'alieno perché siamo o ci sentiamo alienati. Cerchiamo con la fantasia ciò che non riusciamo ad ottenere con la volontà, nella realtà quotidiana. Oggi avvertiamo il bisogno di contattare entità extraterrestri perché pensiamo che sulla Terra non possano esistere altre forme di vita umana diverse da quella che già conosciamo e che, per molti aspetti, consideriamo invivibile. Non siamo capaci di rapporti umani, naturali con gli esseri umani e andiamo a cercare di realizzare tali rapporti con degli extraterrestri!

Cosa potrebbero dirci gli alieni che già non sappiamo? Potrebbero forse dirci delle cose per le quali non siamo ancora sufficientemente preparati? La consapevolezza dei problemi non deve forse essere proporzionale alla capacità di affrontarli? Forse gli esseri umani non dispongono già da adesso di tutti gli strumenti possibili per risolvere i loro problemi? Se questi alieni esistono davvero, non potranno certo essere molto diversi da noi. Ma se è così, il fatto di non conoscerli in che modo può pregiudicare la realizzazione dei valori umani su questa Terra?

Forse andiamo a cercarci l'aiuto di alieni nello stesso identico modo in cui andiamo a cercarci l'aiuto di un dittatore che sappia risolvere da solo, al nostro posto, i problemi che affliggono l'umanità?

Se gli alieni esistono e non dispongono della nostra stessa libertà di scelta (che è il bene più importante che abbiamo), a che pro cercarli?

L'obiettivo teorico di Hawking

I

Quando S. Hawking scriveva, nel suo famosissimo libro, *Dal big bang ai buchi neri* (Rcs, Milano 2006), che "una buona teoria scientifica deve soddisfare due richieste: descrivere con precisione una grande classe di osservazioni sulla base di un modello contenente solo qualche elemento arbitrario, e fare predizioni ben definite sui risultati di future osservazioni" (p. 23), inevitabilmente attribuiva molta più importanza alla teoria che non alla pratica.

Tuttavia la pratica non può mai essere circoscritta all'interno di definizioni teoriche. La cosa è così vera che gli elementi arbitrari possono avere più importanza di quelli convenzionali, tant'è che questo ha determinato il fiorire illimitato delle scoperte scientifiche. Il che però non sta affatto a significare che l'elemento arbitrario sia di per sé più significativo di quello convenzionale, unanimemente condiviso.

È sciocco pensare di dover distruggere l'acquisito solo perché è emerso un fattore in controtendenza. Il metodo giusto è quello di esaminarlo in maniera obiettiva (onesta), senza pre-giudizi di sorta, senza voler difendere a tutti i costi il già dato. Le teorie, le scoperte, le invenzioni... bisogna metterle alla prova, verificarle con attenzione e molta pazienza. Vi è sempre un certo margine di rischio in cui la libertà ha diritto di mettersi in gioco.

In tal senso se davvero "il fine ultimo della scienza - come dice Hawking - è quello di fornire una singola teoria in grado di descrivere l'intero universo" (p. 24), bisogna anche aggiungere che una teoria del genere, se fosse messa per iscritto, sarebbe poverissima rispetto alla complessità dell'universo.

Una "teoria del tutto" avrebbe possibilità di sussistere solo se formulata *in negativo*, per dire cioè che cosa il tutto non è; oppure, se formulata in positivo, dovrebbe limitarsi a dire quali aspetti (pratici e cognitivi) e in quali modi possono contribuire a darci una percezione integrale del tutto, senza aver la pretesa di definirlo. È strano che uno scienziato come Hawking, che ha pretese metafisiche, non si sia reso conto che una qualunque definizione è anche una negazione.

II

Il "tutto" dell'universo è l'essere umano, che, come tale, è indefinibile. L'umanità dell'umano può solo essere vissuta, non può essere definita, a meno che appunto non si voglia dire, in negativo, che qualunque definizione è provvisoria, relativa, approssimativa per difetto.

Persino i teologi ortodossi dei primi concili ecumenici, quando combattevano le eresie, si astenevano dal dare definizioni catafatiche relativamente alla natura del Cristo: preferivano formulare enunciati apofatici, cioè in negativo, dicendo quel ch'essa non era, per essere più sicuri di non dire cose improprie, inesatte.

In effetti Hawking ha ragione quando dice che bisogna superare, in una teoria del tutto, la parcellizzazione del sapere scientifico, ma è altrettanto indubbio che il giorno in cui s'otterrà una teoria del genere, di tipo olistico, essa sarà molto diversa dal modo attuale di "fare scienza".

Oggi la teoria scientifica si basa sulla separazione tra teoria e pratica, il che ha comportato una subordinazione della scienza a interessi di mero profitto economico o di potere politico. Se si vuole eliminare la separazione, in nome di una ricomposizione organica del sapere, strumentale all'esserci, alla sua esperienza di vita, inevitabilmente la scientificità del sapere sarà molto diversa da quella attuale.

A noi occorrerà sapere soltanto quel che basta per essere noi stessi, in qualunque dimensione dell'universo si andrà a vivere (terrena o cosmica). Il sovrappiù andrà guardato con sospetto, anche perché per essere se stessi occorre che la natura resti incontaminata, essendo essa parte organica dell'universo.

Se per trasferirsi da un posto all'altro è sufficiente un asino o un cavallo, che sono elementi naturali, non si capisce perché si debba inventare il motore a scoppio. Il vero progresso scientifico deve essere compatibile con le esigenze riproduttive della natura, la quale è l'unica titolata a dettarci le condizioni irrinunciabili del nostro progresso. Per questo una qualunque civiltà basata anzitutto sull'industria è un'anomalia storica. Nell'universo, sul piano naturale, l'energia stellare è più che sufficiente per garantire qualsivoglia forma di vita e di azione.

III

Hawking si rende conto della difficoltà di elaborare una teoria globale dell'universo, che pur pensa sarà una sintesi tra la relatività generale e la meccanica quantistica, cioè tra l'infinitamente grande (ordinato) e quello piccolo (disordinato).

Tuttavia egli mette la difficoltà unicamente in relazione alla complessità dell'oggetto da esaminare, e qui sbaglia. "Se ogni cosa nell'universo dipende in un modo fondamentale da ogni altra cosa, potrebbe essere impossibile approssimarsi a una soluzione completa investigando isolatamente le diverse parti del problema" (p. 25).

Infatti è proprio questo il punto: partendo dalle singole discipline non si arriverà mai all'insieme, proprio perché ogni branca del sapere s'è posta storicamente coll'intenzione di negare l'esistenza di un tutto.

La scienza moderna è nata negando il tutto teologico, ma con l'acqua sporca ha buttato via anche il bambino. Cioè invece di limitarsi a negare dio sostituendolo con l'uomo, ha frantumato l'uomo stesso, separandolo in tante parti tra loro incompatibili (manuale/intellettuale, possidente/nullatenente, sapiente/ignorante), dopodiché ha scelto quella più forte, allo scopo di dominare non solo quella più debole ma anche l'intera natura.

L'artificiale ha prevalso sul naturale e la devastazione ambientale (saccheggio delle risorse, uso violento dell'ambiente) ha portato la stessa umanità al limite della sopravvivenza.

La separazione dei saperi, che è un riflesso della più generale separazione tra teoria e pratica, a sua volta riflesso della ancora più generale separazione, nella pratica, tra individuo e collettivo, ci porterà inevitabilmente all'autodistruzione, poiché essa non ha alcun fondamento della natura.

Se vogliamo che nel cosmo micro e macro coincidano, dobbiamo sentirci parte di un tutto che ha delle regole da rispettare. Come potremo guardare in faccia le stelle se non sappiamo neppure gestire l'energia che è dentro di noi?

Che cosa vuol dire "progresso"?

Non ho mai sostenuto d'essere contrario al progresso tecnico-scientifico. Sarebbe molto sciocco esserlo. Ciò che non mi ha mai convinto è stata l'idea, di origine borghese, che lo sviluppo tecnologico fosse *di per sé* indice di *progresso*. Ogni volta che si esamina un fenomeno, bisogna sempre chiedersi quali sono state le motivazioni che l'hanno generato e quali hanno contribuito a farlo sviluppare in una direzione e non in un'altra.

Penso che debba essere considerato come un dato di fatto che l'essere umano possieda un certo desiderio di cercare nuove forme di vita, di fare nuove esperienze. L'esigenza di conoscere l'ignoto, di gestire razionalmente ciò che sembra sfuggire al controllo, di creare ordine da ciò che appare caotico, appartiene da sempre a ogni popolo della storia. In tal senso dovremmo ringraziare la prima donna del genere umano che, trasgredendo un divieto e convincendo il marito a fare altrettanto, ha permesso il sorgere di qualcosa che prima non c'era.

Eppure ciò è avvenuto in maniera anomala, trasgredendo appunto un divieto, cioè un'esperienza pregressa, delle tradizioni comuni, dei valori più o meno consolidati. Gli esseri umani sono usciti da una condizione d'ingenua innocenza per avventurarsi in un'esperienza di vita, perlopiù negativa, dalla quale non avrebbero più potuto prescindere.

Cosa c'era di sbagliato in quella scelta? Non eravamo forse destinati a compierla? L'unica cosa sbagliata era la *tipologia della modalità*. Gli esseri umani (almeno una parte di essi) avevano deciso di vivere una vita che rompesse col loro passato e che affermasse una sorta di esperienza arbitraria, del tutto inedita.

L'essere umano è destinato, per natura, a progredire infinitamente nella conoscenza e nel modo di applicare le nozioni che apprende. Tuttavia deve imparare a farlo *secondo natura* e secondo l'*etica* che lo caratterizza umanamente, rispettando le condizioni spazio-temporali in cui è chiamato a vivere. Per ogni cosa ci sono le dovute modalità e c'è anche il suo tempo: ogni arbitrio e ogni anticipazione sono indebiti.

Indubbiamente il pianeta contiene aspetti negativi che vanno superati. Ma questi aspetti sono naturali: servono a formare il carattere, a migliorare se stessi. Abbiamo bisogno di avversità climatiche, di asperità ambientali, di sconvolgimenti tellurici non solo per capire che siamo soltanto "ospiti" della madre Terra, ma anche perché è l'affronto delle contraddizioni che ci fa crescere, che ci rende forti. Questa pedagogia è *universale* e ci riguarderà anche quando non esisterà più il nostro pianeta: cambieranno soltanto le forme, i mezzi e le strategie di affronto dei problemi.

In realtà il vero nodo gordiano da sciogliere è un altro: come affrontare le contraddizioni restando *umani*, cioè senza perdere le caratteristiche fondamentali che qualificano la nostra specie. Questo, da quando è nato lo schiavismo e sino ad oggi, è diventato il nostro problema principale, cui non sappiamo trovare una soluzione convincente.

Alcuni studiosi attribuiscono tale transizione negativa, cioè il momento della nascita della tragedia, alla scoperta dell'agricoltura. Tuttavia *in sé* non c'è nulla che possa impedirci d'essere noi stessi. L'agricoltura ha cominciato a costituire un grave problema (le cui contraddizioni apparivano insormontabili) soltanto quando si è imposta la *proprietà privata*, non prima.

Si badi: che questa proprietà appartenga a sfruttatori individuali o che sia gestita, a livello statale, da una élite burocratica, risulta abbastanza irrilevante. Se si guardano i progressi compiuti sul piano tecnologico e quindi economico, dovremmo dire che la proprietà privata ha prodotto risultati più significativi di quella statale. Ma se guardiamo la stabilità dei sistemi, dovremmo dire il contrario, tant'è che storicamente la prima forma di proprietà a imporsi (Egitto, India, Cina, Mezzaluna fertile, Civiltà precolombiane) è stata quella statale, gestita da un sovrano imperiale o da una città-stato.

Infatti, quando gli imperi caratterizzati dalla proprietà statale sono crollati, ciò non è avvenuto per motivi endogeni, ma perché essi incontrarono altri imperi che, essendo basati sulla proprietà privata (e quindi su una forte competizione interna), avevano sviluppato meglio le tecnologie e gli apparati militari. A volte gli scontri epocali erano tra popoli stanziali e popoli nomadici o tra allevatori e agricoltori. Ma la storia ha deciso che dovesse prevalere la stanzialità, prima agricola e poi industriale.

Oggi lo Stato che sembra conciliare meglio istanze private di business con forme di autoritarismo politico-statale, sembra essere la Cina, il paese più idoneo a sostituire la leadership degli Stati Uniti, il cui capitalismo è fondamentalmente privato e lo Stato interviene soltanto per correggere le sue storture, facendone pagare interamente il prezzo al comune cittadino.

L'essere umano all'origine dell'universo?

Lo studio eccessivo, matematico, dell'universo non è indispensabile per la vivibilità dell'essere umano, che, in quanto tale, è già un concentrato delle sue salienti caratteristiche. P.es. il fatto che in virtù di tale studio si sia arrivati alla convinzione (soprattutto con Einstein) che nell'universo è tutto relativo al punto di vista dell'osservatore, nel senso che non vi è nulla di statico, di definibile in maniera univoca, già lo sapevamo da quando abbiamo cominciato a capire che la coscienza umana, il cui elemento principale è la *libertà*, è insondabile.

Non sarebbe dunque meglio limitarsi a tutelare l'essenza umana, le proprietà fondamentali di questa libertà, lasciando che la conoscenza dell'universo venga da sé? Una conoscenza matematica dell'universo risente di un certo intellettualismo, soprattutto in considerazione del fatto che i nostri attuali strumenti per verificare le teorie o per interagire col cosmo risultano molto limitati. Non è nostro compito quello di rivolgerci all'universo cercando di indagarne leggi e misteri. Il nostro orizzonte è solo quello terreno. Non ha senso andare a cercare nell'universo quelle risposte che noi non riusciamo neppure a dare ai problemi che noi stessi ci creiamo su questa Terra.

La scienza di cui abbiamo bisogno è quella che ci permette d'essere umani in qualunque angolo del pianeta. È dunque il primato che alla matematica noi occidentali abbiamo voluto concedere che va rivisto. È il primato dell'intelletto separatore (rispetto ai sentimenti e alla stessa ragione unificatrice) che va ridimensionato. E dobbiamo farlo subito, altrimenti ci sarà chi, col pretesto di chissà quali problemi cosmici, distoglierà l'attenzione dal compito di risolvere i problemi del nostro pianeta. Già oggi si parla di meteoriti o asteroidi che potrebbero colpirci, di buchi neri che potrebbero inghiottirci, di alieni che potrebbero invaderci, e tutto questo per indurci a credere che la mancata soluzione dei problemi che noi stessi ci creiamo, non dipende dalla nostra volontà.

Peraltro molte cose che gli scienziati di ieri e di oggi dicono d'aver scoperto grazie a dimostrazioni matematiche o fisiche, erano già state intuite nei secoli passati senza alcuno strumento scientifico. P. es. quando Paolo di Tarso parlava di "doglie della creazione" (pensando alla nostra galassia come a una sorta di ventre materno), non diceva forse la stessa cosa di Hubble, quando dimostrava che l'universo è in espansione?

Quando i monaci cristiani parlavano di "logos spermatikos" non dicevano forse una cosa analoga alla teoria del Big Bang?

Quando nelle Apocalissi ebraico-cristiane si parla di stelle che cadranno dal cielo, in maniera rovinosa per le sorti del nostro pianeta, non è forse possibile trovare delle analogie alle teorie del collasso della materia o ai cosiddetti "buchi neri"? Peraltro, quando gli antichi parlavano di "apocalisse", di fine del mondo, intendevano sempre il momento di una drammatica trasformazione, non di un annichilimento assoluto del genere umano, come invece pensano gli scienziati catastrofisti, che negano persino i fondamenti teorici della loro scienza, quelli secondo cui tutto nell'universo è in perenne evoluzione e trasformazione, al punto che non è escluso l'annichilimento.

Quando nei vangeli si parla, in maniera simbolica, di Cristo trasfigurato (che riprende l'immagine biblica del Mosè dal volto radioso ma anche di quella del roveto che arde senza bruciare), non si anticipa forse l'equazione di Einstein, che pone equivalenza tra materia ed energia, sotto la condizione di una particolare esperienza di luce?

Quando nell'antichità si pensava che la Terra fosse al centro dell'universo, non si diceva forse, sul piano simbolico, una verità? I greci, nella loro ingenuità, sbagliarono soltanto a considerare questa centralità in senso fisico, ma noi, con tutta la nostra scienza, perché mai abbiamo voluto prenderli alla lettera?

Tutto ci gira attorno, come fosse in attesa di un parto. Dobbiamo uscire dal pianeta per comprendere che tutto l'universo, infinito nello spazio e nel tempo, è la nostra ultima dimora. La Terra ci serve solo per capire quale sarà il modo migliore per popolare l'intero universo, ed è da circa seimila anni che abbiamo smesso di saperlo.

L'universo (almeno la porzione che ci è data da vivere) non è che un gigantesco ventre materno, di cui al momento non possiamo vederne la fine, anche perché non è detto che vi sia. Se vogliamo ipotizzare la necessità di una fuoriuscita, dobbiamo anche ipotizzare la presenza di più universi, uno contenente l'altro (che è esattamente l'esperienza che vive il neonato). Se non esiste l'*uni-verso*, esistono certamente i *pluri-versi*, per descrivere i quali non abbiamo neppure le parole adeguate.

Sappiamo soltanto di dover spiritualizzare tutto. La stessa memoria non potrà essere soltanto una cosa cerebrale. Memoria non sarà solo "ricordare", ma *sentire* l'umanità autentica quando affiora. Memoria non è saper recitare una poesia senza leggerla, ma sentirsela rievocare perché qualcosa ha emozionato la coscienza. Dovremo andare a cercare nel nostro inconscio l'umanità perduta.

Inizio e fine dell'universo

Se dell'universo pensiamo che abbia avuto un inizio, sorge spontaneo chiedersi se debba avere anche una fine. Ora, è evidente che chiunque pensa a una fine assoluta di una cosa così immensa, vuole insinuare il sospetto che esista una cosa ancora più grande, e qui il misticismo la fa da padrone. Questo poi senza considerare che se anche vi è stato un inizio, questo per noi sarebbe così remoto da risultare inintelligibile.

È puerile, anzi presuntuoso, pensare di potersi impadronire dei segreti dell'universo semplicemente conoscendone la data di nascita. È la stessa pretesa che abbiamo di creare la vita artificialmente conoscendone al microscopio i meccanismi di riproduzione naturale.

Se noi potessimo tornare nel ventre di nostra madre, capiremmo meglio noi stessi? E se ci potessimo vedere mentre nasciamo, capiremmo meglio nostra madre? A noi dovrebbe bastare sapere che nell'universo esistono infinite possibilità di caratterizzazione dell'essere umano, pur essendone unica la sostanza. Ognuno di noi ha facoltà di essere unico e irripetibile. Persino nel caso estremo dei gemelli monozigoti, uno ha qualcosa di diverso dall'altro e tanto più l'avrà quanto più si formerà in un ambiente diverso da quello dell'altro. Non esistono copie identiche nell'universo, proprio perché, se esistesse qualcosa di statico, non sarebbe neppure in grado di riprodursi.

Se invece pensiamo che l'universo non finirà mai, proprio perché in realtà è sempre esistito (e il Big Bang, in tal senso, non sarebbe altro che un fenomeno particolare, di una porzione dell'universo), non avremo bisogno di scomodare teorie di tipo teologico, e in ogni caso non avremo la percezione negativa che qualcosa che ci appare infinito debba avere una fine (e, con essa, inevitabilmente la nostra).

    Chi sono stati i nostri primissimi progenitori? Non lo sappiamo e anzi pensiamo che se l'umano è la consapevolezza dell'universo, non esistono neppure questi fantomatici progenitori. Noi dovremmo partire dal presupposto che in realtà esistiamo da sempre e sempre esisteremo, per cui non ha davvero senso chiederci in un universo infinito nel tempo e nello spazio quando è avvenuto l'inizio di qualcosa. L'infinità è una condizione imprescindibile, ineliminabile, dell'esserci, esattamente come quella dell'essere in generale e proprio su questa certezza si basa la responsabilità personale. Noi non possiamo ricordare nulla della nostra vita intrauterina perché in realtà non siamo mai nati. L'essenza umana è eterna e universale.

    È sbagliato agire solo dopo aver trovato le risposte alle domande che ci poniamo. Le risposte giungono solo mentre si agisce. Noi siamo destinati a guardare le stelle in faccia, per scoprire i loro misteri, le fonti della loro energia: non possiamo perdere tempo con domande oziose, anzi capziose. Non esiste alcun dio nell'universo che non sia lo stesso essere umano.

    Se accettiamo sino in fondo l'idea che la legge fondamentale dell'universo è la *trasformazione perenne della materia* (che è un insieme di energia e spazio-tempo), non può esserci né un vero inizio né una vera fine, se non in maniera metaforica o relativa a un altro inizio e a un'altra fine. Abbiamo creduto che l'universo abbia avuto un inizio (sia col mito ebraico della creazione che con la teoria scientifica del Big Bang), ma l'abbiamo fatto solo perché noi stessi nasciamo (o almeno così ci dicono), senza renderci però conto che la nostra stessa nascita va vista come parte di un tutto che ci sovrasta, che per noi è in realtà infinito.

    Chi ha un giudizio negativo dell'essere umano, sarà inevitabilmente portato a immaginare che esista qualcosa a noi di molto superiore (civiltà extraterrestri o entità divine), oppure, in un caso disperato, si comporterà come Sansone, che vuol morire insieme a tutti i suoi nemici: l'universo sarebbe destinato a un catastrofico collasso proprio perché sulla Terra non si è riusciti a realizzare nemmeno un briciolo di umanità.

    Bisognerebbe invece dire che proprio con l'apparizione dell'essere umano, l'universo ha raggiunto la sua massima espansione e profondità. L'umano è all'origine dell'universo e non vi è nulla che superi l'umano, benché, essendo noi parte di un'evoluzione, non possiamo sapere fin dove saremo in grado di spingerci (probabilmente non ci sarà limite a questo). Al momento sappiamo soltanto che se noi fossimo destinati a scomparire per sempre con la nostra morte, l'idea di un universo infinito non avrebbe alcun senso, né lo avrebbe la nostra esistenza, individuale o di specie. E tutto sarebbe lecito, al punto che dovremmo considerare il "senso di umanità" che alberga in noi come una sopravvivenza di un passato infantile.

Noi in realtà siamo eterni come lo è l'universo che ci contiene. Non può essere eterna una cosa e temporanea un'altra. Quel che muore si riproduce. La stessa parola "morte" dovremmo sostituirla con "dipartita", "trapasso", "mutazione"... L'essere umano è l'intelligenza concentrata dell'intero universo: un microcosmo che contiene tutto.

In tal senso noi siamo destinati a riprodurci all'infinito, in forme e modi che non possono essere identici a quelli attuali. La nostra esperienza è solo un banco di prova per comprendere nel miglior modo possibile cosa voglia dire "essere" in quanto "esseri umani" e come si possa vivere il "senso di umanità" in condizioni diversissime tra loro. Quel che avviene sulla Terra sarà centuplicato nello spazio.

La coscienza dell'universo

In questo momento la parte cosiddetta "avanzata" dell'umanità sta usando scienza e tecnica per dimostrare la propria superiorità sulla natura, ma non è detto che in futuro debba essere ancora questa la principale preoccupazione degli umani. Anzi, si può presumere che in luogo della scienza si darà molto più peso alla *coscienza*, la quale, nei confronti della natura, non proverà il bisogno di manifestare espressamente (esplicitamente) la propria superiorità.

Il senso di superiorità che un umano proverà nei confronti di una pianta o di un animale sarà solo una questione *interiore*, basata sulla consapevolezza che tutti devono sottostare a medesime leggi, che possono essere istintuali o necessarie nel mondo animale, vegetale e minerale, ma che non per questo autorizzano noi umani a fare quello che vogliamo.

Noi non sappiamo quasi nulla dell'universo, anche perché, pur con tutta la scienza e la tecnica di cui possiamo dotarci, è proprio la posizione oggettiva del nostro pianeta che ci impedisce di superare i nostri limiti conoscitivi. Un giorno forse ci accorgeremo che potremo conoscere meglio le leggi dell'universo quanto meno scienza faremo, cioè quanto più saremo capaci di approfondire le leggi della nostra coscienza (che in fondo è una "scienza" anche questa, benché basata sulle leggi insondabili della libertà).

La coscienza ha un orizzonte di comprensione dei fenomeni molto più ampio della scienza, proprio perché l'organo fondamentale in cui la coscienza può muoversi è la *libertà*, che praticamente non ha limiti di sorta. La scienza invece, per definirsi tale, ha bisogno di stare entro i limiti della *necessità*. La realtà deve essere trasformata in necessità, in leggi di natura, delle quali quelle relative alla libertà sono assai poco influenti rispetto ai processi complessivi.

La libertà di coscienza, con le sue proprietà contraddittorie, che ne determinano il movimento, è la fonte che può spiegare ogni cosa, è la legge suprema dell'universo. Il principio fondamentale di questa legge è *l'unità degli opposti*, il fatto cioè che gli opposti scelgano liberamente di attrarsi, pur nella loro diversità. Nell'universo nessuno può essere costretto a fare ciò che non vuole. L'attrazione serve per completarsi. La gravità dà forma all'informe: da una nebulosa è nato il nostro pianeta. L'opposizione serve per impedire la stretta identificazione e quindi l'arbitrio dell'uno sull'altro.

L'identificazione, cioè la riduzione della duplicità all'identità univoca, impedisce la dialettica dei contrari, l'esercizio della libertà, il rispetto e la valorizzazione della diversità. In natura non esiste l'uno ma il due, e uno più uno non fa due ma tre. Ogni cosa non è solo in relazione a un'altra, ma tende anche, in virtù di questa relazione, a produrre nuove cose.

In natura non c'è nulla che non si ponga in relazione ad altro: tutto è strettamente interconnesso, interdipendente, e l'azione del più piccolo elemento ha la sua influenza sul più grande, per cui tutti sono responsabili di tutto. Il battito d'ali di una farfalla ha una potenza inusitata.

Il fatto stesso che ogni corpo nell'universo si muova unicamente rispetto a un altro non è solo indice di relatività organica, che permette a tutti di sussistere, ma è anche indice di infinità, poiché ciò dà garanzie di continuità. Non avremo bisogno di chiederci quale sia l'ultimo corpo a muoversi autonomamente, senza essere in relazione ad altro, proprio perché sapremo con certezza che questo corpo non esiste.

L'azione acquista significato in quanto, anche se minima, appartiene a un tutto. Grazie a questi collegamenti imprescindibili, noi sapremo sempre con certezza di non essere mai soli e che qualunque cosa si faccia, anche la più apparentemente irrilevante, è parte organica di un sistema.

L'unica teoria unificata completa può essere data solo dalla *libertà di coscienza*. Senonché tale teoria deve coincidere strettamente con la sua pratica (quindi deve negarsi, propriamente parlando, come "teoria"): la pratica della coscienza è appunto la sua *libertà* che si manifesta nell'esperienza. Una libertà del genere non può essere definita in maniera univoca. Quindi l'unica vera teoria che potrà unificare il tutto sarà soltanto il *silenzio*, assunto consapevolmente: cosa che per noi occidentali, abituati da millenni a parlare e a scrivere, a fare rumore e a inquinare in tutte le maniere, sarà impossibile acquisire spontaneamente.

Il movimento dell'universo

L'universo è in espansione semplicemente perché non c'è nulla di statico, se non queste parole scritte che ne parlano. Tutto è in movimento, ivi incluse le cellule che contribuiscono all'invecchiamento di chi sta scrivendo queste righe. Persino un "buco nero" non è indice di morte ma solo di una possibilità venuta meno, che resta in attesa di qualcosa che la faccia trasmutare in un "buco bianco".

Ciò che non si muove sulla Terra viene definito "morto", ma anche il concetto di "morte" nell'universo è relativo: si muore rispetto a una condizione di vita, ma per rinascere a una nuova condizione, proprio perché esiste in realtà solo *trasformazione*. Il nostro stesso metabolismo è simbolo elementare di una perenne *trasmutazione* (che i teologi scolastici chiamavano, in riferimento all'eucaristia, "transustanziazione"). Il fatto che questa trasformazione venga definita in tanti nomi diversi, in qualunque cultura del pianeta, sta appunto ad indicare che la sua necessità oggettiva è universale.

Sulla Terra in cui viviamo, dal momento della nostra nascita sino a quello della morte, non c'è un solo momento in cui noi siamo esattamente uguali a noi stessi. I capelli bianchi, la perdita progressiva della vista, la lentezza dei movimenti, la crescente stanchezza e mille altre cose sono lì a dimostrarlo.

La stessa espansione ipotizzata dagli scienziati è in funzione di una trasformazione, il cui oggetto è, fino a prova contraria, lo stesso essere umano. È del tutto inutile stare a cercare altre entità extraterrestri finché dobbiamo vivere in questa dimensione.

L'espansione è la gestazione dell'universo. Qualcuno potrebbe criticare di "misticismo" queste affermazioni, ma, se per questo, tante teorie scientifiche, pur non dichiarandosi dettate da fede religiosa, di fatto rientrano nella categoria del "misticismo" o della "metafisica", essendo del tutto infondate, come è facile che sia a certi livelli di osservazione delle cose.

L'essere umano è destinato a rinascere in un nuovo corpo per poter vivere in una nuova dimensione. Ne abbiamo già un'anticipazione nei sogni, in cui c'immaginiamo diversi da quelli che effettivamente siamo. Un terzo della nostra vita lo passiamo come se fossimo "sospesi", come se il mondo terreno ci appartenesse non esattamente com'è, ma riveduto e corretto dai nostri desideri, che si sentono più liberi di muoversi e che, nello stato di veglia, spesso ricacciamo nell'inconscio, ritenendoli irrealizzabili.

Se l'universo è infinito nello spazio e illimitato nel tempo, non si capisce perché dovremmo uscirne. Non abbiamo neanche le parole per definirlo, trovandoci come pianeta in una sua porzione infinitesimale, e pretendiamo che esista qualcosa che lo superi, che ad un certo punto vi sia una porta d'uscita, prima che tutto collassi e venga inghiottito dai buchi neri... Gli americani in queste forme di terrorismo psicologico sono imbattibili.

Noi non potremo mai vedere tutto l'universo, neppure quando avremo un corpo migliore di questo, capace di far coincidere in tempo reale materia ed energia. L'origine dell'energia deve restare misteriosa: dovremo soltanto avere la consapevolezza di possederla. L'energia vera dell'universo è l'essere umano, e questo è l'energia di quello: non sono elementi separabili, che possono essere analizzati e compresi tenendoli divisi.

Quando diciamo che il nostro modo di viaggiare dovrà essere come quello della luce, intendiamo dire che noi stessi saremo luce. O l'universo esiste per noi o la vita non ha alcun senso.

Che cos'è l'universo?

Newton - come noto - arrivò a dire che la Luna non cade sulla Terra come una mela matura perché ha una velocità tangenziale (cioè un moto trasversale opposto a quello verticale di caduta causato dalla forza gravitazionale della Terra) sufficiente a farle ottenere un moto parabolico (circolare) che non la farà mai cadere. Se i pianeti non avessero una propria velocità, che li rende sufficientemente autonomi, andrebbero a sfracellarsi contro quelli che hanno una massa maggiore. L'universo sarebbe dominato solo da giganti che dovrebbero tenersi a debita distanza.

In tal senso Newton aveva fatto un passo avanti rispetto ad **Aristotele**, il quale, pur avendo individuato il moto circolare dei pianeti, ne attribuiva la causa alla facoltà ch'essi hanno di risiedere nei cieli, in quanto tutto ciò che appartiene alla sfera o regione terrestre (sublunare) è inevitabilmente destinato a cadere sul nostro pianeta.

Tuttavia Newton, rispetto ad Aristotele, non avanzò neanche di un millimetro quando sostenne che alla Luna la velocità iniziale doveva essere stata data da una sorta di "Primo Motore", cioè da quella "cosa" che nella Fisica aristotelica era responsabile del movimento ultimo dei pianeti, in quanto essa sola non era mossa da alcunché.

Dunque fino a Newton il movimento veniva visto come una sorta di "difetto metafisico", scientificamente inspiegabile: la perfezione stava nell'immobilità assoluta, nella staticità paga di sé. Chi si muove è perché ha bisogno di farlo, altrimenti starebbe fermo. Le classi dirigenti infatti, quelle regali e nobiliari, non lavoravano, né ai tempi di Aristotele né a quelli di Newton, essendo del tutto passive ancorché politicamente dominanti: il lavoro era cosa ignobile, da schiavi o da servi o da operai salariati.

Tommaso d'Aquino era così convinto della fondatezza dell'idea del "Primo Motore", che la utilizzò come una delle cinque prove dell'esistenza di dio. Disse infatti che colui che non ha passioni o desideri, avendo già tutto, non può essere che immobile e dare movimento verso di sé a tutto il creato (concezione, questa, non molto diversa da quella buddhista, formulata molti e molti secoli prima e che verrà ripresa dalla teologia degli asceti ortodossi col concetto di "apatheia", anch'esso di molto anteriore al tomismo).

Il primo che mise in discussione questa teoria fu il filosofo tedesco I. **Kant**, che nelle sue opere scientifiche mostrava idee chiaramente ateistiche. Egli arrivò magistralmente a formulare una sorta di "teoria evoluzionistica", secondo cui i corpi stellari, i pianeti, i satelliti... non sono sempre stati come li vediamo oggi. P.es. le stelle possono essersi formate per contrazione (o condensazione) di nubi di gas, dovuta alla forza gravitazionale delle stesse nebulose. Quindi niente "Primo Motore" bensì "autosviluppo", "autocreazione", e, peraltro, verso una direzione specifica: gli elementi pesanti si formano da una combinazione di elementi leggeri.

Kant si trovò a dover spiegare il motivo per cui tutte le velocità risultanti dalla contrazione sono dirette verso un centro (velocità centripeta) e non trasversalmente. Fu allora che ipotizzò l'esistenza di una *forza repulsiva universale*, che si opporrebbe alla gravitazione che attrae.

Di questa geniale intuizione filosofica non fu del tutto convinto **Laplace**, il quale sosteneva che se essa fosse vera le orbite dei corpi celesti dovrebbero andare indifferentemente da est verso ovest e viceversa, quando invece i 37 sistemi orbitanti del nostro sistema solare (quelli allora conosciuti) hanno tutti un'orbita da ovest verso est, inclusi i satelliti attorno ai pianeti, e per giunta tutte le orbite giacciono sullo stesso piano, cioè non sono una perpendicolare all'altra.

Laplace in sostanza dimostrò che per ottenere delle forti velocità tangenziali, ai corpi celesti è sufficiente quella medesima gravitazione universale che dovrebbe farli cadere. In altre parole, se una nebulosa rotante su se stessa, si contrae fino a esplodere, i corpi che si formano non sono schegge impazzite, che non sanno dove andare, ma sono corpi intelligenti, che si mettono a girare attorno al corpo dotato di maggiore densità e quindi di maggiore gravitazione. Cioè nell'universo le cose possono anche avvenire casualmente, ma le conseguenze devono sottostare a delle leggi precise.

L'universo è composto di tanti spirali (le nebulose), di tante trottole (i pianeti) e di tanti dischi rotanti (le orbite). Eccezioni a queste regole si trovano solo nei superammassi di galassie, che però non sono ancora nella fase del collassamento.

Conclusione? La conclusione purtroppo è composta di sole domande. E cioè se esiste un'evoluzione del genere, si può ipotizzare un suo inizio? Se vi è stato un inizio, si può ipotizzare una fine dell'universo?

A queste domande verrebbe da rispondere affermativamente, eppure, se lo facessimo, dovremmo poi ammettere che nell'universo esiste un punto particolare, una sorta di "Primo Motore", il che però contrasta con l'idea che nell'universo non sembra esistere alcun "centro" specifico, univoco. Nessun punto ha una posizione privilegiata o preferenziale: è come se tutti i corpi fossero seduti attorno a una tavola rotonda e ognuno di essi fosse convinto d'essere al centro. L'universo è uniforme in ogni suo luogo.

Da quando si è sconfessata la teoria tolemaica, abbiamo dedotto che per comprendere l'insieme dell'universo è sufficiente studiare una sua piccola parte, p.es. quella del nostro sistema solare.

Studiando tale sistema si è chiaramente capito che l'universo non è statico, ma si muove secondo fasi di contrazione e di espansione, come un elastico. Che sia attualmente in espansione lo ha dimostrato **Hubble** nel 1929, studiando l'effetto Doppler applicato alle galassie. Una scoperta semplicemente geniale e a tutt'oggi rimasta inconfutata. Si arrivò persino a dire, grazie ai suoi calcoli, che tutti gli oggetti astronomici che osserviamo non possono avere un'esistenza superiore ai 20 miliardi di anni. Lo stesso si dirà degli elementi chimici dell'universo.

Che le cose abbiano avuto un inizio e siano destinate a finire l'aveva già detto **Rutherford** nel 1908, con la sua teoria del decadimento radioattivo, secondo cui ogni elemento radioattivo si riduce della metà dopo un certo lasso di tempo, al punto da trasformarsi in altra cosa. P.es. l'uranio-235 dopo un miliardo di anni diventa piombo-207.

Oggi gli archeologi usano l'orologio radioattivo del carbonio-14 (che ha un tempo di dimezzamento di 5570 anni) per datare i reperti antichi. Anzi con l'orologio fornito dall'uranio gli scienziati hanno stabilito una data di nascita del sistema solare intorno ai 4,55 miliardi di anni, in seguito all'esplosione di una supernova, giunta alla fase finale della sua esistenza.

Senonché è stato solo nel 1983, dopo il Nobel dato al fisico americano W. A. **Fowler**, che gli scienziati si sono convinti di una "finitudine" di tutti gli elementi cosmici. Il che però non è servito per dare una risposta sicura a un altro tipo di domanda, e cioè: l'universo-contenitore è destinato a finire come tutto ciò che contiene? Ha anch'esso una data di nascita?

Newton, a tale proposito, aveva fatto questo ragionamento: le stelle non possono che essere distribuite in uno spazio finito, poiché se fossero presenti in uno infinito, anche il loro numero dovrebbe essere infinito e ciò darebbe luogo a una forza gravitazionale infinita, che renderebbe instabile l'intero sistema.

Leibniz gli aveva obiettato che le stelle devono per forza essere distribuite in modo uniforme in uno spazio infinito, poiché se questo fosse limitato, si riproporrebbe l'idea di un "centro", che a partire da Copernico si era definitivamente escluso.

Kant intervenne in questa diatriba dicendo che noi non siamo in grado di dire né che l'universo sia finito né che non lo sia. Il quesito non ha soluzione, almeno non all'interno di una geometria euclidea.

E così il dibattito era abortito, semplicemente perché si faceva coincidere "finito" con "limite". Oggi invece, grazie alle geometrie non-euclidee, gli scienziati sono convinti che possa esistere sia una finitezza senza limite che un infinito limitato.

Il primo ad avere un'idea innovativa in questa direzione, e a esporla con chiarezza e con coraggio (Gauss infatti lo precedette ma esitò ad andare controcorrente), è stato Bernhard **Riemann**, che nel 1854 cominciò a dire che sul piano tridimensionale lo spazio ci appare infinito, ma se lo immaginiamo *curvo*, può essere anche finito: la Terra, p.es., ha una superficie curva finita e illimitata. In nessun punto la sua superficie non è curva. Quindi che l'universo sia finito o infinito dipende dalla curvatura dello spazio.

Oggi alcuni scienziati sostengono, alla luce di queste considerazioni, che se si accetta l'idea di un'espansione dello spazio, bisogna per forza considerarlo finito, proprio come un palloncino che si gonfia, un sacco amniotico di una madre gravida.

Eppure il matematico Georg **Cantor**, padre della teoria degli insiemi, elaborò una tesi che portava a risultati opposti, e cioè che in un universo sempre in espansione, lo spazio infinito mantiene sempre il suo carattere infinito, esattamente come nei numeri cardinali e ordinali transfiniti, che oggi nessun matematico mette in discussione.

A parte questo, l'importanza della curva rispetto alla linea retta sembrava aver aperto inedite piste di ricerca. Infatti ci si cominciò a chiedere se l'universo è solo in eterna espansione, in uno spazio infinito, illimitato, aperto, non influenzato in alcun modo dal moto della materia (come voleva Newton), oppure se l'universo può passare da una fase di espansione a una di contrazione: in tal caso lo spazio potrebbe anche essere finito, chiuso, ancorché illimitato (come dirà Einstein).

I tentativi di rispondere a questo dilemma si sono incrociati con gli studi condotti negli anni Trenta dall'astronomo svizzero Fritz **Zwicky**, secondo cui nell'universo esistono grandi quantità di materia oscura, invisibile, formata di particelle (p.es. neutrini) con carica nulla, prive di elementi chimici e con una massa a riposo molto piccola, incapace di emettere luce, e questo in una percentuale, rispetto al totale della materia, di addirittura 9/10! La presenza di queste particelle, la cui natura resterebbe indifferente all'espansione dell'universo, lascia supporre che quest'ultimo sia finito e chiuso. In altre parole l'esistenza dei corpi stellari e quindi di quella umana sembrano dipendere, in ultima istanza, da una materia che non si vede!

La conferma sperimentale delle sue idee si ebbe nel 2008, quando con un telescopio ci si accorse che la luce subisce, nel suo viaggio cosmico, una strana deviazione anche in punti dove non sono visibili masse gravitazionali.

Nel 1854 il fisico tedesco Hermann von **Helmholtz**, studiando la termodinamica, arrivò a dire che prima o poi l'universo si troverà in una condizione di temperatura uniforme e che, a partire da quel momento, cadrà in uno stato di "eterno riposo", come fosse morto. Questo perché se è vero che un sistema può evolvere da uno stato di non equilibrio termico verso uno stato di equilibrio, non succede mai il contrario.

A questa considerazione non pochi obiettarono che se non esiste nessun altro sistema al di fuori dell'universo, allora non vi può essere scambio di calore con l'esterno, sicché l'espansione dell'universo va considerata di tipo *adiabatico*. Cioè ci sarà sempre una differenza di temperatura prodotta dalle relazioni tra luce (o radiazione) e particelle, proprio perché l'universo è in espansione. Il tempo che occorre per giungere a una temperatura uniforme è più lungo della scala temporale di tale espansione, pertanto nei sistemi in cui la forza gravitazionale svolge un ruolo decisivo, l'equilibrio termico stabile non può esistere.

Insomma è proprio la gravitazione che rende instabili gli equilibri. Se anche l'universo originario fosse stato uniforme e non strutturato, di fatto la sua spontanea evoluzione lo porta ad essere difforme e strutturato. La gravitazione è responsabile, insieme alle particelle e alla radiazione, del passaggio dal semplice al complesso, dal caos all'ordine, dall'equilibrio al non equilibrio termico.

Nel 1964 gli astronomi americani Arno **Penzias** e Woodrow **Wilson**, dopo uno studio avviato nel 1940 e che fu premiato col Nobel nel 1978, scoprirono che in tutto l'universo esiste una radiazione cosmica di fondo. In altre parole l'universo primordiale doveva essere caldissimo, composto più di radiazione che di particelle. Di tutti gli elementi dell'universo, quelli più abbondanti e quindi anche quelli più leggeri, sono elio e idrogeno, che, sommati, arrivano al 99% della materia! Questo vuol dire due cose: 1. che gli ammassi stellari si sono formati solo quando le particelle (in origine uniformemente distribuite) si aggregarono per attrazione reciproca; 2. che la temperatura della radiazione tende a diminuire in un universo in espansione.

Già nel 1938 il fisico nucleare Hans **Bethe** era arrivato a ipotizzare che tutte le stelle fossero nate da una fusione termonucleare e che la loro energia provenisse da una reazione nucleare incessante, interna al loro stesso nucleo. Peccato che questa sua ipotesi abbia trovato una prima applicazione nella costruzione della bomba atomica, a Los Alamos, di cui diresse la divisione teorica del progetto Manhattan. Strangamente si ha l'impressione che quanto più ci si avvicina a comprendere, con gli strumenti scientifici e tecnologici, i segreti dell'universo, tanto meno si è in grado di gestirli per il bene dell'umanità.

In che senso l'universo è asimmetrico?

Nell'universo non domina la simmetria degli elementi, ma la loro *asimmetria*. Per quale motivo? Il motivo è molto semplice: ciò che è uguale a se stesso non si sviluppa. Quindi se in origine vi è stata una semplice simmetria, questa doveva comunque contenere un elemento di diversità o di discontinuità che le permettesse di svilupparsi in una forma superiore.

Dunque in principio non vi è l'uno, come sostengono molte religioni, ma il *due*, che diventa tre, e così via, all'infinito. Il tre è possibile proprio perché il due non è composto da due uno identici, esattamente uguali.

L'uno indica solitudine, il due la *relazione*. Se l'uno indica il vuoto, certamente l'asimmetria fondamentale della natura è nata dalla rottura dello stato di vuoto. Questo vuol dire che se l'universo era vuoto in origine, era comunque predisposto per essere riempito di energia e quindi di materia, cioè era ricettivo ad altro e quindi non del tutto vuoto, non del tutto pago della propria vuotezza.

Se l'universo primordiale era vuoto, aveva comunque delle particelle in stato dormiente o fluttuante, che dopo il Big Bang hanno cominciato a condensarsi e a viaggiare nello spazio, espandendolo.

Noi non sappiamo se lo spazio era destinato a espandersi, sappiamo soltanto ch'era predisposto a farlo, ovvero che aveva in sé gli elementi per poterlo fare (quante cose sono polivalenti? Basta vedere il corpo umano). È stata la materia energetica a imporre l'espansione allo spazio inerte. "Imporgli" sembra però una parola grossa, poiché se l'essenza dell'universo è quella "umana", la *libertà di coscienza*, che è l'elemento che ci contraddistingue da qualunque altra cosa, deve aver reso "consensuale" l'atto di nascita dell'universo.

Le proprietà di simmetria si modificano a seconda dell'energia che incontrano, a testimonianza che la vita è un processo in cui interagiscono elementi opposti, paritetici, che si integrano a vicenda, pur nella loro diversità.

Gli scienziati sostengono che la storia dell'universo è un decrescere della temperatura, che ha permesso lo sviluppo di forme asimmetriche. Su queste affermazioni bisognerebbe riflettere molto, poiché in cosmologia spesso si finisce col credere in un dio "Primo Motore". Noi, influenzati come siamo dalle religioni, non riusciamo a immaginare possibile che l'essere umano sia *a capo dell'universo*. Eppure basterebbe considerare l'*essere* un prodotto dell'*essenza umana* per convincersene.

La prova inconfutabile che l'essenza precede l'essere è che nell'uomo esiste un elemento la cui presenza è *data*, cioè non è oggetto di evoluzione: è la *libertà di coscienza*. Di essa può mutare il grado, l'intensità, la forza, ma non il fatto ch'*esista* indipendentemente da qualunque caratteristica, persino dal fatto d'averne coscienza. Neppure la morte, che è una semplice transizione da una condizione di vita a un'altra (come qualunque cosa nell'universo) è in grado d'impedire la sua presenza.

La libertà di coscienza permane immutata in qualunque condizione ambientale: deve soltanto relazionarsi diversamente. Tutto è in evoluzione, ma non la libertà di coscienza, che è *costitutiva all'esserci*, tanto che in essa si riassumono tutte le leggi dell'universo.

Noi dobbiamo uscire da uno stato di minorità non solo sulla Terra ma anche nell'intero universo. Cioè non solo dobbiamo convincerci che l'unico essere dotato di libertà di coscienza, nell'intero universo, è l'uomo, ma anche che lo è a prescindere dalla sua esistenza terrena.

Quell'essenza umana che, per ignoranza dovuta a un peccato d'origine, chiamiamo col nome di "dio", in realtà appartiene solo a noi, ed è all'origine della nascita stessa dell'universo. L'unico dio esistente nell'universo e al di fuori di esso (sempre che vi sia qualcosa esterno ad esso) è l'*uomo*, distinto in *maschio* e *femmina*, in quanto l'origine di ogni cosa sta nella *coppia*.

Che l'universo sia finito o infinito è un aspetto di secondaria importanza. Anche il fatto che il tempo sia eterno o meno. Quando è in questione l'universo, ogni teoria diventa una mera congettura. Noi possiamo fare esperimenti scientifici sulla Terra, non nell'universo, anche se questa limitazione non c'impedisce di fare riflessioni di grande portata.

Il fatto è che l'universo è così esteso e si è sviluppato in un tempo così lungo, che per noi le due cose risultano sufficienti per affermare che l'universo è infinito nello spazio e illimitato nel tempo. O comunque ci vorrebbe così tanto tempo per vederne il limite che per noi sarebbe come infinito. E quand'anche riuscissimo a vederne il limite, scopriremmo ch'esso in realtà è l'inizio di un nuovo percorso, diverso dal precedente, per cui, sapendolo, a che pro porsi una domanda così inutile? A noi non interessa sapere se l'universo sia finito o infinito, ma se esiste la possibilità di viverci godendo dell'infinità della nostra libertà di coscienza, dei nostri sentimenti e del nostro pensiero.

Tutte le domande che ci poniamo intorno all'universo non servono a farci decidere se in esso dobbiamo vivere o no. Noi dobbiamo comunque viverci e sarebbe meglio se ci chiedessimo quale sia il modo migliore per farlo. E questo modo non verrà fuori dalla risposta che avremo dato alla domanda se l'universo è finito o infinito.

Il cosmo non è molto diverso dal nostro pianeta: ciò che è vero per il nostro pianeta non può essere falso per l'universo, poiché la Terra ne è parte organica.

L'universo deve facilitarci nella realizzazione dei desideri, ma non è tenuto a soddisfare curiosità oziose, domande retoriche, atteggiamenti intellettualistici. Nell'universo dovremo anzitutto imparare la *sobrietà*, che è quella virtù che ci permette di essere soddisfatti quel tanto che basta per sentirci realizzati nella nostra *interiorità*.

Sono seimila anni che su questa Terra amiamo strafare, cioè vivere oltre le nostre possibilità, o comunque facendo pagare ai più deboli il prezzo del nostro progresso. Dobbiamo riabituarci a stare ognuno al proprio posto, a non invadere il campo altrui, a contare sulle proprie risorse. Il consenso non si può pretendere: bisogna dimostrare con l'esempio che se ne è degni.

Se il taoismo ha ragione, dovremmo dire che il "non essere" ha generato l'essere. "Nulla iniziò la prima mossa", e questo "nulla" è proprio un "soggetto", un agente che fa. Non è un pronome indefinito che sta per "nessuna cosa". Il "non essere" è ciò che permette all'essere l'assoluta libertà, è ciò che gli impedisce d'identificarsi con se stesso, di credere di non aver bisogno di "nulla". Invece del nulla noi abbiamo sempre bisogno, poiché è ciò che permette all'essere di essere diverso, è ciò che induce un certo modo di vivere l'essere a guardare oltre, verso un modo diverso di vivere l'essere.

Quando diciamo che "nulla può esistere fuori dell'universo", dobbiamo intendere la parola "nulla" come un sostantivo personificato. "Nulla", in effetti, è cosa che può esistere, anzi, in un certo modo, è la garanzia della libertà dell'essere, della sua infinita mutevolezza.

Se l'essere fosse soltanto e sempre uguale a se stesso, diverrebbe col tempo la cosa più povera di questo mondo e dell'intero universo. Se invece diciamo che il "non essere" è altrettanto importante, noi ci siamo assicurati una libertà assoluta. Riconosciamo dunque al nulla la sua dignità, dicendo tranquillamente che "nulla può esistere". Se lo faremo daremo sicurezza a noi stessi, speranza ai nostri sogni. È il nulla che ci fa sognare, che ci permette di essere diversi da quel che siamo.

Noi ovviamente non siamo fatti per vivere nel nulla, però è importante sapere che il nostro essere non è un essere definito o definitivo. Esiste sempre il nulla (o il non essere) come possibilità. *Il nulla è la possibilità*. E questa nessuno può toglicerla.

Noi e l'universo

Il nostro compito è quello di rendere tutti i pianeti dell'universo simili al nostro. Noi adesso stiamo sperimentando varie opzioni di forme di vita, di cui quelle più recenti, legate allo sfruttamento indiscriminato dell'uomo e della natura, non sono praticabili dall'universalità del genere umano.

Quando arriveremo a capire che la forma migliore di vivibilità è stata quella in cui l'uomo si sentiva parte della natura, noi saremo davvero pronti per iniziare la nostra avventura nel cosmo.

Se la Terra fosse stata dotata di molte meno risorse, ci avremmo messo meno tempo per accorgerci dei nostri errori. Non solo, ma questo pianeta per moltissimo tempo ci è parso incredibilmente vasto, con territori per noi addirittura irraggiungibili.

Ora però i confini si stanno restringendo e anche le risorse non sono più così abbondanti. Probabilmente l'essere umano deve andare incontro a immani catastrofi prima di poter capire che i suoi comportamenti sbagliati possono avere effetti irreversibili sull'ambiente.

Noi siamo destinati a vivere, ma questo non ci esime dal compito di ricercare le condizioni naturali migliori per poterlo fare.

L'autocoscienza dell'universo

L'intelligenza dell'universo s'è espressa in forma evolutiva. Cioè fino a quando non sono state poste, dopo averle collaudate per tantissimo tempo, le condizioni utili alla vivibilità dell'essere umano, questo non è riuscito a nascere, non ha potuto farlo.

L'essere umano sembra il risultato di un lunghissimo lavoro scientifico da parte dell'intelligenza dell'universo, che probabilmente ha proceduto secondo il criterio del provare e riprovare, facendo tesoro degli errori compiuti.

Il concetto di evoluzione dell'universo esclude inevitabilmente l'idea di un dio onnipotente che sa già a priori quello che deve fare. L'universo si è evoluto lentamente, migliorandosi costantemente, giungendo progressivamente a darsi delle leggi sufficientemente valide a permettere la nascita di un elemento molto particolare: l'essere umano, che avrebbe avuto la possibilità di comprendere i meccanismi dello stesso universo.

L'uomo e la donna sono l'autocoscienza dell'universo, la cui intelligenza non può che essere umana e non può che essere un tutt'uno con la sensibilità. Il nostro destino è quello di vivere l'umanità universale, di essere noi stessi nell'universo e la Terra rappresenta per noi soltanto un laboratorio in cui sperimentare le varie opzioni esistenziali, al fine di poter capire quale di esse sia la migliore. Capito questo, avremo come compito quello di diffondere nell'intero universo la migliore opzione di vita.

Noi non siamo fatti per vivere in eterno nella sola Terra, proprio perché non può essere un singolo pianeta e neppure un intero sistema solare a delimitare i confini della nostra coscienza. L'intelligenza che ci ha creati è umana come noi: la differenza che al momento ci separa è analoga a quella di un padre nei confronti del proprio figlio. Il figlio però sta crescendo e un giorno arriverà a capire che tra lui e suo padre vi sarà piena uguaglianza. Noi nasciamo umani, ma con l'esperienza possiamo diventarlo ancora di più.

Quindi se il fine dell'universo è la nascita dell'essere umano, un altro essere umano ha fatto nascere l'universo. All'origine di tutto esiste un extraterrestre quasi identico ai terrestri: una forma di energia umana che ad un certo punto ha deciso di manifestarsi in forma materiale, e questa forma si è evoluta sino al punto in cui è potuto nascere un modello analogo al suo prototipo.

Quando gli ebrei dicevano: "Facciamo l'uomo a nostra immagine e somiglianza", avevano perfettamente ragione. Hanno poi sbagliato a dare al soggetto sottinteso il nome di "dio", ma questo è dipeso dal fatto che nella loro cultura è prevalso l'elemento religioso. Non c'è in realtà nessun dio a capo dell'universo, ma una forma sensibile e intelligente in cui noi possiamo riconoscerci molto facilmente, essendone parte costitutiva. Nell'universo vi è una sorta di "apeiron", la cui illimitatezza ha voluto esprimersi in una forma che è limitata sino a un certo punto, in quanto noi percepiamo che possiamo andare oltre questo punto.

Questa energia s'è trasformata in materia, dando però a questa le sue stesse proprietà. Quando arriveremo a capire che tra materia ed energia non c'è differenza di sostanza ma solo di forma, che i processi sono reversibili, quando arriveremo a padroneggiare entrambi gli elementi (e questo implicherà uno sviluppo notevole non tanto della scienza quanto della *coscienza*), il prodotto umano derivato sarà all'altezza del prodotto umano originario. Dobbiamo unire Albert Einstein a Gregorio Palamas per arrivare davvero a capire il segreto della vita umana.

L'essenza dell'essere umano resta inconoscibile: non ci sono parole adeguate per poterla definire esattamente. Possiamo avvicinarci alla sua comprensione soltanto per via negativa, dicendo quel che non è.

Lo stesso dovremmo dire dell'universo, dove i punti di riferimento per comprenderlo sono le stelle, un'esplosione di luce perpetua. Così l'essenza dell'essere umano è una sorta di illuminazione. Ci si rapporta adeguatamente a un essere umano solo vivendo un'esperienza di splendore interiore, poiché questo è l'unico modo intelligente per poterlo comprendere.

La conoscenza è illuminazione dello spirito. Tant'è che anche nel linguaggio popolare lo si dice: "I tuoi occhi emanano una luce". Noi non dobbiamo fare altro che togliere a questi ragionamenti il misticismo che da tempo li avvolge, come Marx l'ha tolto all'economia borghese.

L'universo siamo noi

Noi non abbiamo nessun elemento per poter ritenere che l'universo non sia eterno ed infinito. Se pensiamo che la Proxima Centauri, cioè la stella più vicina alla Terra, dista 4.243 anni luce (cioè 40 mila miliardi di chilometri), ci rendiamo conto che qualunque speculazione intellettuale si possa fare sull'universo non potrà mai trovare alcun riscontro concreto, alcuna verifica attendibile di tipo scientifico.

Se accettiamo l'idea che i livelli di profondità della *coscienza* sono insondabili, dobbiamo accettare anche l'idea che l'universo ci sovrasta in maniera incommensurabile, e qualunque empiria o qualunque metafisica noi si possa elaborare intorno ad esso, lascerà sempre il tempo che trova.

Ritenere che l'universo abbia avuto un inizio e che addirittura avrà una fine non è cosa che si possa desumere dalle distanze abissali che separano tra loro i corpi celesti. È in un certo senso puerile pensare che una cosa infinitamente più grande di noi debba essere stata creata da qualcuno ancora più grande. Dobbiamo smetterla di pensare che tutto quanto noi non riusciamo a fare di positivo su questa Terra, debba essere fatto altrove da qualcuno migliore di noi.

Questo modo di ragionare, applicato alla natura, viene chiamato col termine di "antropomorfismo", cioè le cose apparentemente inspiegabili vengono interpretate in maniera mistica. I credenti non accettano l'idea che possano essere soltanto uno spazio infinito e un tempo eterno a caratterizzare la nostra esistenza: hanno bisogno di un "dio" padrone di entrambi. Temono che l'assenza di un dio perfettissimo, creatore e signore del cielo e della Terra, voglia dire non avere un preciso punto di riferimento, una certezza assoluta.

I credenti son come dei bambini: han sempre bisogno che qualcuno li guidi, che insegni loro come devono comportarsi. Non riescono ad accettare l'idea che nell'universo l'unico dio è *l'essere umano in quanto tale*. Hanno la coscienza atrofizzata, non essendo abituati a ragionare autonomamente. Partono dal presupposto che non vi sia alcuna speranza per il genere umano, ovvero che il cosiddetto "peccato originale" ci abbia guastati in maniera irreparabile e che l'unica salvezza possa esserci soltanto "data" nell'aldilà.

Se i credenti fossero delle persone "ragionevoli" e non "fideistiche", si renderebbero conto che l'infinità dell'universo è, in fondo, un nulla rispetto a quella dell'*umana coscienza* (o quanto meno non le è superiore). Si renderebbero conto che l'essere umano è destinato all'eternità non perché esiste un dio onnipotente e onnisciente, ma proprio perché non ne abbiamo alcun bisogno. Noi siamo dèi di noi stessi, e tutto il male e tutto il bene che possiamo fare dipendono esclusivamente da noi.

Scienza e coscienza in rapporto all'universo

L'illimitatezza fisica dell'universo è in stretta relazione alla profondità della coscienza umana. Questo rapporto tra il materiale e l'immateriale è noto sin dai primordi dell'umanità. È mutato solo il modo d'identificare l'immateriale, che è stato definito, di volta in volta, come natura, cosmo, universo, apeiron, essere, dio... Proprio per questa ragione dobbiamo pensare che la Terra sia, al momento, l'unico pianeta abitabile dell'universo. Non si tratta quindi solo di particolarissime condizioni ambientali (fisiche, chimiche ecc.) che hanno potuto renderlo abitabile, ma anche del fatto che l'essere umano è un prodotto unico e irripetibile dell'intero universo.

Se questo è vero, bisogna ammettere che, al momento, è più indispensabile sviluppare la *coscienza* che non la scienza. La vera "scienza" è quella che rende "umana" la coscienza. È solo una perdita di tempo sviluppare una scienza che a nulla serve per garantire la *libertà di scelta*, che è appunto quella fondamentale della coscienza. È infatti sotto gli occhi di tutti che, nonostante l'immane sviluppo tecnico-scientifico, gli antagonismi sociali sono rimasti, anzi tendono ad approfondirsi o quanto meno a diversificarsi nelle forme, senza mai risolversi.

In un contesto diviso tra classi e ceti contrapposti, un qualunque sviluppo della scienza fa anzitutto gli interessi della classe dominante, e anche quando di quello sviluppo traggono beneficio le classi subalterne, si tratta sempre di briciole, del tutto insufficienti a modificare qualcosa di significativo del sistema dei rapporti conflittuali. In un sistema del genere tutte le risorse impiegate per lo sviluppo della scienza sono sottratte ai tentativi di risolvere i problemi sociali relativi a giustizia, uguaglianza e libertà per tutti.

Qualunque riflessione cosmologica o fisica sull'universo, che non tenga conto della superiorità ontologica della coscienza, non serve a nulla e non andrebbe finanziata in alcun modo. Anche perché in una società fondata sull'antagonismo sociale qualunque finanziamento ha sempre una doppia finalità: una formalmente o ufficialmente scientifica; l'altra, nascosta ai più, di tipo politico o militare o economico o tutte queste cose insieme. P. es. negli Stati Uniti qualunque ricerca scientifica in campo cosmologico serve per sostenere - e si finge anche di dimostrarlo - che, in caso di pericolo proveniente dal cosmo, solo gli stessi Usa sarebbero in grado di salvare l'umanità. Più viene sbandierata la propria superiorità tecnologica, più la si usa come arma di minaccia, di ricatto, d'intimidazione, di pressione psicologica e anche, se necessario, di terrore.

La scienza viene sempre usata al servizio dei poteri costituiti, e gli scienziati si prestano al gioco semplicemente perché vengono lautamente finanziati. Peraltro qualunque spesa venga fatta negli Usa per sviluppare la ricerca scientifica, il risultato finale, che ovviamente rimane implicito, deve sempre essere quello di controllare la popolazione fin nei suoi più piccoli dettagli, in totale disprezzo di qualunque riservatezza e privacy. Per i poteri forti la scienza ha appunto lo scopo di mortificare la coscienza.

Terra e universo

Non è così pacifico che la comparsa del genere umano sia frutto di un'evoluzione "naturale". È vero che tra noi e le scimmie vi è solo un 2% di diversità genetica, ma è anche vero che questa percentuale ci rende incredibilmente diversi non solo dalle scimmie ma anche da qualunque altro animale.

Dunque deve esserci stato nella storia dell'evoluzione naturale degli animali un momento particolare, in cui è avvenuta una specie di salto improvviso, imprevisto, del tutto "innaturale", da una condizione di vita a un'altra.

È molto difficile pensare che l'essere umano sia un prodotto "spontaneo" della natura. E la sua comparsa sulla Terra, anche se è avvenuta in tempi geologici relativamente recenti, non sta di per sé a significare la presenza di una linea evolutiva dal semplice al complesso. Questa linea indubbiamente esiste, ma con molta difficoltà la si potrebbe applicare al genere umano.

Osservando la specifica peculiarità del genere umano, che è la libertà, l'arbitrio, la coscienza di sé ecc., vien quasi da mettere in dubbio che l'umano sia un prodotto della natura, la quale non conosce affatto queste cose, e vien quasi da pensare che sia invece la natura una forma espressiva dell'umano, un suo prodotto creativo. Nel senso cioè che l'umano è in grado di produrre se stesso e "altro da sé", e questo "altro da sé" sarebbe appunto tutta la natura.

Una cattiva riproduzione di sé (p.es. con la creazione delle civiltà antagonistiche) avrebbe portato a una cattiva riproduzione della natura, che si sarebbe per così dire "ribellata" al proprio creatore. Quando la natura si ritorce contro l'uomo è per fargli capire che il suo stile di vita è anti-umano e quindi contro-natura.

L'umano dunque precede la natura come idea che dà senso alle cose, come intelligenza dell'universo. L'umano ha creato la natura in tutte le forme possibili, finché ad un certo punto ha "creato" se stesso nelle forme terrene che vediamo; il "sé" dell'uomo contiene, in nuce, tutta la natura, come il microcosmo contiene tutto il macrocosmo.

L'umano non va collegato al pianeta Terra più di quanto non vada collegato alla dimensione dell'universo. Nell'universo c'è una tendenza all'umano, allo sviluppo dell'umanità. La Terra è appunto il pianeta in cui questa tendenza s'è estrinsecata. Non ci sono duplicati identici nell'universo. La legge fondamentale che domina l'universo è l'*asimmetria*.

Quindi, sotto questo aspetto, non è neppure esatto dire che tra lo sviluppo del genere animale e quello del genere umano vi è stata una rottura inaspettata, imprevista. La comparsa sulla Terra del genere umano sembra essere connessa all'esaurimento delle possibilità evolutive del genere animale.

La Terra è parte dell'universo; il genere umano, a differenza di quello animale, è parte costitutiva, strutturale, organica dell'universo. Fino ad oggi abbiamo guardato l'universo dalla Terra, dobbiamo invece fare il contrario. Si rassicurino gli atei: in tutto questo dio non c'entra niente. Non esiste alcun dio nell'universo. Esiste solo l'uomo.

L'uomo e l'universo

Oggi sappiamo d'essere nell'universo un pianeta tra tanti, eppure avvertiamo questo con una coscienza *internazionale*, come mai prima d'ora era successo: sono tutti gli uomini della Terra che si sentono "piccoli" nell'universo, e questa consapevolezza mondiale ci fa sentire "grandi", ci fa sentire "stretto" l'universo, nonostante la sua immensità. Il destino degli uomini della Terra sembra essere diventato unico, per cui non possiamo non chiederci che fine abbiano fatto le generazioni precedenti. Abbiamo sempre più consapevolezza che nell'universo nulla può andare perduto. Quanto più ci accorgiamo d'essere parte di un tutto (che ci sovrasta), tanto più desideriamo restare uniti e compatti. Quanto più ci scopriamo essere in periferia (e non più al centro), tanto più abbiamo bisogno di pensare che non siamo soli. Quanto più pensiamo d'essere il prodotto finale della natura e dello stesso universo, tanto meno riusciamo a rassegnarci all'idea di non poter confrontarci direttamente con le generazioni che ci hanno preceduto.

Vita e morte nell'universo

Se diamo per scontato che ogni cosa che ha avuto un'origine è destinata ad avere anche una fine, dobbiamo dedurre che la morte è parte costitutiva della vita dell'universo.

In che modo però si può trarre la conclusione che, siccome anche l'universo ha avuto un'origine, anch'esso è destinato a finire? È davvero possibile credere che la morte, pur essendo una legge dell'universo, lo sia al punto da minacciare la sopravvivenza dell'universo stesso?

Oppure dovremmo essere portati ad affermare il contrario, e cioè che l'attuale configurazione dell'universo è strettamente correlata alla conformazione della Terra, per cui il destino dell'universo è analogo a quello della Terra?

È cioè possibile ipotizzare l'idea che, essendo la Terra un prodotto "finale" dell'universo, la sua evoluzione è interdipendente, strettamente interconnessa, con quella dell'universo e che pertanto la morte dell'attuale conformazione del nostro pianeta coinciderà con la morte dell'attuale configurazione dell'universo?

In una parola: la morte inevitabile che attende l'intero universo comporterà la fine di ogni cosa o soltanto la sua trasformazione?

Se si ponessero l'essere e il nulla sullo stesso piano, non si avrebbe alcun vero inizio, a meno che non si volesse considerare il nulla come parte dell'essere: ma allora i due principi non sarebbero equivalenti.

Che il nulla sia parte dell'essere è una legge dell'universo; non c'è "essere puro" che non conosca la legge della trasformazione della materia. Ma se c'è trasformazione c'è anche "non-essere". Ciononondimeno bisogna affermare che l'essere ha una priorità ontologica sul nulla, nel senso che non c'è "nulla" in grado di distruggere l'essere. L'essere ha un primato che impedisce alla morte di essere la fine della vita.

Se essere e nulla coincidessero o si equivalessero, non si spiegherebbe l'origine dell'universo, poiché non vi sarebbe una ragione sufficiente (necessaria, non la "migliore possibile", come diceva Leibniz) che ne spieghi la nascita. Se invece il nulla è parte dell'essere, lo è solo nel senso che la morte è finalizzata alla conservazione o comunque alla trasformazione dell'essere. Cioè vi è un'*essenza* che ha bisogno dell'essere e del non-essere per sussistere.

Ma se la morte ha questo scopo, essa non può avere la caratteristica della permanenza eterna (invarianza). La morte va considerata come un processo transitorio, un fenomeno temporale, interno a una dimensione, i cui confini, per il momento, ci sfuggono (ancora infatti non conosciamo il momento esatto in cui l'attuale configurazione dell'universo è nata, né possiamo prevederne la fine, sempre che ce ne sia una e che non sia una nuova trasformazione).

Praticamente l'attuale esistenza in vita del pianeta Terra rende irrilevante la morte dei singoli individui che fino ad oggi l'hanno abitato. Finché sussiste la condizione formale, estrinseca, che permette all'uomo di riprodursi o comunque di evolvere, la morte del singolo non ha un valore assoluto, nemmeno per chi l'ha vissuta, poiché fino a quando la Terra sarà in vita, il significato della morte del singolo non potrà essere disgiunto dal significato del nostro pianeta o comunque dell'intero genere umano. La morte dei singoli non intacca l'evoluzione del genere umano.

Una morte potrebbe essere considerata assoluta, da tutti i punti di vista, se si distruggessero definitivamente le condizioni formali della sopravvivenza, cioè della riproduzione. L'uomo è in grado di fare questo nell'ambito della Terra? Le leggi dell'universo glielo permetterebbero? È forse possibile dimostrare la propria indipendenza da tali leggi, autodistruggendosi? Non è forse questa una contraddizione in termini?

In ogni caso, finché le condizioni della sopravvivenza restano inalterate, la morte di ogni singolo essere umano non può essere considerata che come una prefigurazione della futura morte e del pianeta Terra e dell'universo attuale, almeno di quello che possiamo osservare o percepire. La differenza sostanziale sta nel fatto che la morte del singolo essere umano non può mai avere quel carattere di assolutezza che può avere la morte del nostro pianeta e dell'attuale universo.

Finché moriranno solo i singoli, noi saremo costretti a pensare che il significato della loro vita (e quindi della loro morte) rientra nel più generale significato dell'universo e del suo prodotto finale: la Terra. Nel senso che la morte del singolo essere umano rientra nel destino complessivo, globale della Terra e, di conseguenza, in quello dell'attuale universo.

L'universo pare abbia un progetto sulla Terra, quello di portarla a distruzione (il che implica una trasformazione e non un annullamento). La realizzazione di questo progetto comporta però una retroazione sulla stessa attuale configurazione dell'universo, nel senso che anche l'universo subirà una corrispondente trasformazione.

La morte del nostro pianeta rientra dunque in un progetto che è sostanzialmente di vita. La morte, in senso stretto, non è che un passaggio, una transizione da una forma di vita a un'altra, in cui nulla del passato viene perduto. L'identità infatti sta nella memoria, oltre che nel desiderio.

Questo significa che all'origine dell'universo c'è l'essere, cioè la vita, non la morte. La morte è un processo della vita, che aiuta la vita a perfezionarsi, a evolvere verso qualcos'altro. La morte è una sorta di trasformazione della materia che rende la materia più complessa, più perfetta.

Oggi riusciamo ad avere coscienza di una grande complessità delle cose. Ciò sta a significare che l'esperienza della morte dei singoli individui non c'impedisce di comprendere sempre meglio la complessità o comunque la vera essenza delle cose.

Praticamente il genere umano non muore mai come genere. Progredisce all'infinito, in forme e modi che per il momento non possiamo sapere. Il genere umano potrebbe progredire così tanto, potrebbe maturare una coscienza così grande da avvertire come troppo stretti, troppo angusti, i confini dell'attuale universo.

È probabile, sotto questo aspetto, che lo scopo dell'universo sia quello di far prendere coscienza all'uomo della propria infinità. C'è dunque nell'universo un finalismo che solo dal punto di vista dell'uomo possiamo comprendere. Microcosmo e macrocosmo si equivalgono.

Non dobbiamo quindi dimenticarci che quanto più ci avviciniamo alla comprensione di tale finalismo, tanto più avvertiamo l'universo come troppo piccolo per la nostra coscienza. Esiste quindi una responsabilità cui non possiamo sottrarci: l'umanità ha il compito di evolvere verso l'*autocoscienza*. Qui forse sta il senso della irreversibilità del tempo.

*

Gli scienziati dicono che le comete sono gli spermatozoi dell'universo... La Terra allora che cos'è: un ovulo fecondato? E gli esseri umani? Il feto dentro il ventre dell'universo? E a chi appartengono questi spermatozoi? Avevano forse ragione gli antichi quando parlavano di "*logos spermatikos*"? Il "Big Bang" è forse un altro modo di dire che all'inizio di tutto c'è stato un rapporto di sesso e amore? Dobbiamo uscire dal ventre dell'universo per sapere chi è questo "*logos spermatikos*" o possiamo saperlo sin da adesso? Nel ventre dell'universo ci resteremo fino a quando non lo sentiremo troppo stretto? Cosa significa che "Tutta la creazione soffre le doglie del parto"? L'universo è in fase di espansione perché il feto umano sta crescendo? E sarà in fase di contrazione quando il feto umano starà per nascere? Ma è possibile che l'universo sia così strettamente legato al feto umano? Il nostro destino è il destino dell'universo?

Universo materico ed energetico

I

Il Big Bang non ha solo dato inizio all'universo, ma lo ha anche reso eterno, poiché sarebbe assolutamente privo di senso uno spreco così enorme di energia per uno scopo limitato quale può essere il fatto che ogni cosa ha un inizio e una fine. Per cui è difficile credere alla teoria della contrazione che porterà al collasso.

Che senso ha che esista un altro universo ancora, quando di questo non sappiamo al momento quasi nulla? Per quale motivo dobbiamo supporre l'esistenza di un universo più consono a quella sostanza che i credenti chiamano "anima"? Una delle più grandi religioni del mondo: l'ebraismo, non ha mai ritenuto che gli aspetti spirituali dell'essere umano possano essere separati da quelli materiali. Sono stati i cristiani, influenzati da correnti gnostiche, a parlare di un aldilà esclusivamente per l'anima, salvo poi rettificare questa assurdità introducendo il concetto di resurrezione dei corpi alla fine dei tempi.

Noi siamo destinati a vivere in eterno in questo universo, ci piaccia o no: è la nostra dimensione, materiale e spirituale. Il che non significa che la Terra non debba avere una fine materiale (secondo le leggi dell'evoluzione) o che non debba averla il nostro sistema solare. Semplicemente andrebbe detto che una fine comporta sempre un nuovo inizio, come da tempo sostiene la dialettica hegeliana, che anche tutto il socialismo scientifico ha accettato.

L'universo è la dimostrazione che esiste una trasformazione eterna della materia, coincidente con l'energia, la cui sintesi più autoconsapevole è l'essere umano. Noi siamo fatti dentro e fuori di materia ed energia: l'unica cosa che non sappiamo fare è trasformare la materia in energia senza dissipazione e ritrasformare l'energia in materia ottenendo qualcosa di identico a quello che si aveva al punto di partenza. Ogni trasformazione ha un prezzo da pagare in termini non solo di inquinamento ma anche di indebolimento della forza iniziale.

Probabilmente è proprio un limite della Terra il fatto che ogni impiego di energia implica un impoverimento delle stesse fonti energetiche, una diminuzione progressiva di potenza che si accompagna a un accumulo di scorie difficilmente smaltibili. E noi non sappiamo se questo limite appartenga all'intero universo, in ogni sua parte (stando ai cosiddetti "buchi neri" parrebbe di sì). Se così fosse, il genere umano, che pur potrebbe vivere nell'universo miliardi e miliardi di anni, ad un certo punto dovrebbe scomparire del tutto, in maniera irreversibile, riportando le cose a prima dello scoppio primordiale, quando ancora non esisteva alcun universo.

Tuttavia è difficile sostenere che da una eiaculazione cosmica (*logos spermatikos*), che è andata a fecondare un pianeta-ovulo, si sia generato un processo destinato prima o poi a concludersi senza soluzione di continuità. Noi non riusciamo neppure ad accettare l'idea di dover dimenticare i sentimenti provati per una persona cara improvvisamente scomparsa dalla nostra vita.

In ogni caso ormai dovrebbe essere assodato che il vero uso non dissipatore dell'energia è soltanto quello naturale, cioè quello che di artificiale non ha nulla, com'era nell'epoca primitiva. Il fatto è però che l'uomo avverte dentro di sé d'essere superiore all'ambiente naturale, per cui non riesce ad adattarsi a vivere "secondo natura". Tale contraddizione si poteva risolvere se invece di sviluppare la *scienza* (per poterci sentire superiori alla natura), avessimo sviluppato la sola *coscienza*. Ma la nostra cultura occidentale è lontanissima da questa ipotesi di lavoro (che è su noi stessi e non al di fuori di noi).

II

Le migliori menti ecologiste chiedono di essere il più possibile naturali usando delle tecnologie in grado di riciclare il mondo. Ma quanto più usiamo le tecnologie tanto meno siamo naturali.

Tutte le tecnologie che usiamo oggi per l'eolico, il solare ecc. tra 50 anni saranno del tutto obsolete e probabilmente non sapremo neppure come riciclarle. Come non sappiamo oggi riciclare i lettori VHS o le vecchie macchine fotografiche o i pc col windows 95-98.

Il rapporto biunivoco di materia/energia sembra non possa essere affatto risolto da alcun tipo di scienza. L'unica cosa che non degrada in maniera irreparabile, anche se col tempo può degenerare a causa di determinate esperienze negative, è la *coscienza*. La coscienza è l'unica cosa che può ritrovare se stessa in maniera integra dopo essersi perduta.

Quindi probabilmente è solo attraverso la coscienza che possiamo gestire in maniera equilibrata, o se vogliamo naturale, il rapporto materia/energia. Questa cosa la percepiva di più e meglio l'uomo primitivo, il cui contatto con la natura era essenziale alla propria sopravvivenza quotidiana. Noi andiamo a cercare un rapporto con la natura soltanto quando siamo stressati.

I teologi bizantini erano arrivati a capire questa cosa dal loro punto di vista religioso (inevitabilmente limitato per una posizione ateistica) verso il XIV secolo, con l'ultima sintesi da loro approvata, quella palamitica, là dove si faceva differenza tra "essenza" ed "energia". Per loro la coscienza partecipa dell'energia dell'essenza, la quale ultima resta inattingibile, inafferrabile.

Cioè avevano capito che dietro l'energia, il cui prodotto materico più significativo resta l'uomo (autoconsapevolezza dell'universo), si cela qualcosa che le assicura la perennità, l'indistruttibilità e quindi l'assoluta alterità rispetto a qualunque rappresentazione umana. Essendo un prodotto derivato, l'uomo non può partecipare al 100% a questa essenza, ma può farlo nei confronti dell'energia. E l'esperienza più significativa per loro stava nella *trasfigurazione*, cioè nella luce che esce dal corpo, che trasforma lo sguardo.

Che cosa volessero dire possiamo intuirlo guardando due innamorati che si amano, poiché se leggiamo il racconto della trasfigurazione taboritica dei vangeli, appare evidente che si tratta di un semplice artificio letterario, senza alcuna attinenza alla realtà. Tuttavia se riteniamo la

Sindone un reperto autentico, dobbiamo ricrederci, perché lì indubbiamente s'è verificata un'esplosione di luce, un qualcosa di bio-radiante, che nella loro ignoranza gli apostoli definirono col termine di "resurrezione".

Universo o pluriversi?

Quando parliamo di "universo" intendiamo, inevitabilmente, quello che riusciamo a percepire, a osservare, ma ciò non può significare che non esistano altre "dimore". In tal senso quando parliamo di "Big Bang", dovremmo intenderlo riferito solo a quella parte di universo in cui la nostra e altre galassie sono contenute: noi non possiamo sapere se questa parte di universo sia una semplice porzione di un tutto ben maggiore.

La porzione di universo in cui viviamo, in seguito a quell'esplosione primordiale, è indubbiamente in fase di espansione, ma noi non sappiamo se altri universi non abbiano questa medesima caratteristica. Il cosiddetto "universo" è come un pozzo senza fondo.

Per quale motivo noi dovremmo avere la pretesa di negare infinite alterità cosmiche? E, soprattutto, per quale ragione noi dovremmo perdere tempo a congetturare e disquisire su queste alterità, quando non riusciamo neppure a comprendere la profondità e la vastità della nostra coscienza? Perché mai dovremmo credere che l'essere umano sia un prodotto dell'evoluzione cosmica e non invece, come "essenza umana", un "creatore" di questa stessa evoluzione? Se dopo aver abolito la creazione divina, abolissimo anche l'evoluzione che ci fa discendere dalle scimmie e ponessimo noi stessi, o meglio la nostra essenza, unica e inimitabile in tutto l'universo, a capo di questa creazione; se dicessimo che l'essenza umana è l'unica che, nell'intero universo, è capace di *autocreazione* e di *autoevoluzione*, saremmo forse "meno scientifici" dei fisici e degli astronomi che sperano di captare qualche messaggio dall'oscurità dello spazio o che ipotizzano entità extraterrestri? meno realistici di quegli scienziati che stanno ancora cercando l'anello mancante tra noi e le scimmie antropomorfe? Saremmo davvero più fantasiosi dei credenti, che danno per certa l'esistenza di un dio che non ha valore, per la scienza, neppure come ipotesi?

Noi dovremmo semplicemente limitarci a dire che una qualunque idea è sempre oggetto di opposte interpretazioni e che, in ultima istanza, una qualunque supposizione o ipotesi ha valore solo nella misura in cui crediamo nelle sue argomentazioni. La scienza è una *fede* in ciò che, riflettendoci sopra, ci appare convincente. La superstizione viene subito dopo, quando non accettiamo che qualcuno possa contraddirci con argomentazioni altrettanto valide.

Se noi partiamo dal presupposto che non esiste alcun dio, se non l'uomo stesso, ogni ipotesi merita d'essere discussa e la libertà di coscienza aiuta tutti a crescere, a farsi delle opinioni personali in un confronto democratico. Se ci preoccupiamo di stare coi piedi per terra, dei cieli possiamo dire ciò che ci pare, nell'ovvia condizione di non offendere mai nessuno. L'importante infatti è vivere il *qui e ora*, cioè la dimensione spazio-temporale della Terra: il resto ci diverrà chiaro quando saremo fuori da questa dimensione.

Noi non siamo in grado di guardare noi stessi dal di fuori, come se non vivessimo su questo pianeta. Chi pretende di guardare la Terra con gli occhi di dio, è solo un visionario che vede coi suoi occhi ciò che non c'è, o un alienato che non vuole assolutamente essere contraddetto su quello che pensa, o un sognatore che non s'accorge di fare cose possibili solo nei sogni (come quando p.es., pur di non essere catturato da un nemico, inizia a volare).

Alcuni inequivocabili indizi ci indicano che c'è qualcosa, in noi, di peculiare, sconosciuto a qualunque animale, qualcosa che ci fa pensare a poteri straordinari dentro di noi (che in occidente abbiamo sviluppato soprattutto in chiave tecno-scientifica). Siamo in grado di elaborare incredibili associazioni di idee, connessioni straordinarie di fatti, eventi, integrando cose tra loro apparentemente opposte, la cui logica può anche non avere riscontri nella realtà. Il nostro potere di astrazione è illimitato. Noi sappiamo andare ben al di là dei condizionamenti quotidiani, eppure è proprio con questi condizionamenti che dobbiamo costantemente misurarci. La realtà non può essere vissuta né coi sogni né coi desideri, anche se non possiamo fare a meno né degli uni né degli altri.

Quando ci guardiamo allo specchio, non riusciamo a immaginarci infinitamente più giovani di quel che siamo. Non potremmo farlo neppure se avessimo delle foto o dei filmati di quando eravamo appena nati. Il fatto di non poter avere l'esatta percezione della nostra nascita non dovremmo considerarlo come un limite, ma, al contrario, come un segno che essere finiti o infiniti per noi è la stessa identica cosa. Il fatto di non ricordare il momento esatto della nascita ci deve indurre a credere che, in realtà, è come se non fossimo mai nati, è come se fossimo sempre esistiti, almeno come "essenza umana".

Lo stesso dovremmo pensare quando neghiamo ch'esista un dio al di fuori dell'uomo. Questa negazione non dovrebbe portarci a negare l'eternità del tempo, l'infinità dello spazio, ma proprio il contrario. Infatti se esistesse un dio, lo spazio e il tempo sarebbero limitati in quanto "creati". Se invece accettiamo l'idea che la creazione è un'*autocreazione*, improvvisamente noi umani diventiamo *eterni*, senza bisogno di alcun dio. Il dio è la sostanza che non può impedirci di esistere. E se ci siamo autocreati, è del tutto irrilevante sapere quando e come ciò sia avvenuto. Il segreto della nostra autocreazione è destinato a rimanere tale, appunto perché fa parte della illimitatezza della nostra essenza. Un segreto non solo non si svela, ma neppure si autorivela.

Chi pretende di andare oltre questo *apofatismo*, rischia di perdere il legame tra finito e infinito, rischia l'alienazione, la depressione, rischia di attribuire falsamente la causa della propria frustrazione al fatto che non riesce a trovare le risposte a tutte le proprie domande. Quando una cosa è infinita (come lo spazio, il tempo, la coscienza), non si possono trovare risposte finite, determinate, univoche. Al cospetto di talune domande, le risposte sono destinate (per il bene dell'uomo) a restare *indeterminate*, proprio perché in questo sta la loro forza. Abbiamo accettato, in campo fisico, il "principio di indeterminazione" di Heisenberg: non si capisce perché non dovremmo accettarlo in campo meta-fisico.

Infatti *qualunque determinazione è anche una negazione* (questo lo sappiamo da millenni), sicché l'unico modo per uscire da questo circolo vizioso, è quello di restare nell'indeterminato, che è una garanzia di alterità, di diversità, e che ci permette d'essere umani sino in fondo. Noi non possiamo sapere tutto delle cose, proprio perché, per il nostro bene, le cose non si fanno conoscere del tutto. È un bene per noi che qualcosa, in ultima istanza, ci sfugga sempre: infatti è proprio questo lato sfuggente delle cose che stimola la ricerca, gli interrogativi.

Voler andare al di là di certe cose ci porterebbe in un vortice pericoloso, in una spirale da cui non riusciremmo a uscire: nei labirinti di specchi s'impazzisce, proprio perché l'immagine che si vede, moltiplicata cento, mille volte, è in realtà sempre la stessa. Noi in realtà abbiamo bisogno di vedere cento, mille milioni di persone diverse da noi, prima di poter dire "chi siamo". "Io sono nella misura in cui non sono", ecco quello che dovremmo dirci quotidianamente, non per annullarci (come quella protagonista pirandelliana che diceva: "io sono colei che mi si crede"), ma per uscire da noi stessi, dalla nostra mera individualità.

Aver la pretesa di dire "io sono colui che sono", è una forma di supponenza, di autoidolatria, di narcisismo. Il mondo ebraico ha usato questa formula per negare consistenza alle divinità pagane, ma, così facendo, l'ha negata anche all'essere umano. Infatti se solo dio è, l'uomo è sempre un non-essere. È vero che noi in realtà siamo (e lo siamo tanto più) nella misura in cui c'è qualcuno che, con la sua presenza, ci dice quel che non siamo, ma questo "altro da noi" è *chiunque, cioè qualunque altro essere umano diverso da noi. L'essere, senza il non-essere, non è.*

Senza alterità l'identità uccide, sopprime l'identità altrui e quindi se stessa. L'alienato mentale più pericoloso è colui che, in nome della democrazia, della libertà, della difesa delle proprie tradizioni, nega valore all'alterità, è un malato di egocentrismo, un autistico volontario, che non sente le ragioni altrui, un sordomuto della propria coscienza. Soggetti del genere, politicamente, creano soltanto lager, gulag, carceri, controlli massivi della popolazione, stermini pianificati.

Costoro non si rendono conto che noi siamo fatti in modo tale che solo stando con gli altri, diversi da noi, sappiamo veramente chi siamo. E questi "altri" non ce li possiamo scegliere, poiché rischieremmo di relazionarci con dei "doppioni", con dei cloni. Dobbiamo accettare l'idea che gli incontri avvengano per caso e che su questo "caso" si possa costruire una "storia".

Teniamo sempre ferma questa proposizione, necessariamente ambigua nella sua formulazione, in quanto il soggetto è qualcosa di reale e non un semplice pronome indefinito che sta per qualcos'altro: "Nulla può esistere". Cioè un nonnulla, la più piccola cosa dell'universo, può esistere ed è diversa da noi, come un opposto che ci cerca e ci respinge. *Non siamo monadi, siamo diadi.*

Noi non abbiamo bisogno di conoscere l'universo per conoscere noi stessi, poiché in noi c'è già l'universo intero, inclusa la materia oscura, quella invisibile. Abbiamo soltanto bisogno di applicare sulla Terra le stesse sue leggi. In tal senso la teoria del "Big Bang" ha un che di mistico, in quanto lascia supporre una "prima mossa", una sorta di "messa in moto" voluta da qualcuno. Molto meglio la tesi del fisico Andrej Linde, che nel 1982 disse che all'origine dell'universo, cioè dell'essere, c'è il *non-essere.*

*

Posto che ormai, almeno teoricamente (in quanto ci mancano solo i mezzi adeguati, non le conoscenze), saremmo in grado di costruire nell'universo un pianeta analogo al nostro, cos'altro dobbiamo sapere per poterlo fare nel migliore dei modi non solo sul piano fisico, ma anche su quello "metafisico"?

Anzitutto dobbiamo capire l'esatta differenza tra natura ed essere umano. Entrambi sottostanno a medesime leggi, ma mentre la natura lo fa in modo *necessario*, l'uomo invece lo fa anche per *scelta*.

La vita, sul nostro pianeta, si autoregola e dipende dal sole. L'uomo dipende anche da qualcosa che non si vede: la *coscienza*. Un uomo privo di coscienza non è un uomo, non è neppure un animale: è un mostro di cui aver paura, o un malato di cui aver pena. Di fronte all'eventualità ch'egli usi la propria intelligenza nel modo peggiore, che cos'è possibile fare per indurlo a pentirsi? Nessuno può essere obbligato a pentirsi, questo è certo. Lo si può imprigionare, ma ciò di sicuro non basta. Il soggetto disumanizzato va recuperato e, a tale scopo, bisogna fargli capire che può farcela. Solo se una persona è libera, può capire d'aver sbagliato e può impegnarsi a migliorare.

In attesa che lo faccia, o meglio, al fine di favorire l'autoconsapevolezza dei propri errori, come possiamo utilizzare la natura senza violare la libertà di coscienza? Sembra una domanda insensata, poiché, in questo momento, nelle condizioni terrene che viviamo, non possiamo utilizzare la natura in questa maniera. Però non è detto che non potremo farlo nell'universo. Se ci sarà la possibilità di usare la natura per far capire all'uomo l'uso sbagliato della propria intelligenza, si dovrà comunque indurre l'uomo a credere che la necessità di un determinato fenomeno naturale non è cieca o casuale o irrazionale, ma fa parte di un *progetto*, di cui si può anche non avere piena consapevolezza.

Riflessioni sull'uomo e sul suo universo

Esiste una storia del genere umano che è parte di una più generale storia della Terra e dell'universo che la contiene.

Poiché la storia del genere umano occupa solo gli ultimi istanti - relativamente parlando - della storia del luogo fisico che l'ha generata, dobbiamo necessariamente supporre che esista un processo evolutivo all'interno dell'universo, di cui forse lo stesso universo è oggetto, che parte sì dalle forme più semplici, ma che ha in sé gli elementi per sviluppare queste forme in una complessità crescente, praticamente illimitata.

Si badi che col concetto di "forme" non necessariamente si devono intendere quelle dell'organizzazione materiale della vita. La complessità può anche riferirsi al livello di profondità o d'intensità in cui viene vissuto il valore umano - cosa che è del tutto indipendente dall'involucro materiale in cui esso si esprime.

Quindi qualunque cosa possa essere avvenuta all'origine dell'universo o all'origine della nascita della Terra, questo qualcosa aveva *in nuce* tutte le caratteristiche per svilupparsi in maniera complessa.

Sotto questo aspetto si può dire che l'essere umano sia "umano" sin dalla nascita. Cioè se si può accettare l'idea di un'evoluzione dall'animale all'uomo, si deve altresì ammettere che tra animale e uomo si pone una rottura segnata proprio dalla presenza dell'*autocoscienza*. L'animale vive d'istinto, secondo leggi di natura, ma la legge più profonda della natura - la *consapevolezza della libertà* - non la conosce.

È la stessa differenza che passa tra un neonato e un adulto. Il neonato ha in sé tutte le potenzialità per diventare un adulto consapevole di sé, anche se le circostanze a lui esterne possono portarlo a vivere una vita innaturale.

L'essere umano non è che la natura consapevole di sé, libera di essere se stessa per volontà propria. Ovviamente questa è una definizione astratta, in quanto nel concreto l'uomo ha la possibilità di impedire ad altri esseri umani di esercitare la loro libertà secondo natura.

Qui però ci si vuole limitare ad osservare come la comparsa del genere umano abbia coinciso, in un certo senso, con l'evoluzione della natura verso uno stadio di autoconsapevolezza, da cui è oggettivamente impossibile prescindere.

La comparsa dell'uomo sulla Terra obbliga l'intera natura a tenerne conto. La natura non può più tornare indietro, può andare solo avanti. Questo significa che se anche fosse ipotizzabile l'idea di una fine del mondo o dell'universo, risulterebbe poco spiegabile la fine della progressiva consapevolezza di sé.

Se esiste infatti un percorso evolutivo, allora il mutamento delle forme non può incidere in maniera determinante su questo percorso. L'autocoscienza, lo sviluppo progressivo della consapevolezza di sé deve procedere in rapporto alle condizioni esterne ma anche indipendentemente da queste condizioni.

Cioè in ultima istanza non può essere la forma esterna a determinare lo sviluppo di quella interna. Se esistono forme esterne che impediscono al genere umano di essere se stesso, non sono forme naturali, ma forme che l'uomo stesso si è dato, usando la propria libertà in modo negativo.

L'unico nemico dell'uomo è l'uomo stesso. E la percezione stessa della negatività, che è negazione dell'esercizio generale della libertà, è un indizio tanto più sicuro della presenza di un rapporto umano innaturale, quanto più la percezione è patrimonio di un soggetto collettivo.

Oggi, sulla base delle conoscenze che abbiamo, possiamo dire con relativa sicurezza che nell'universo esiste un processo evolutivo il cui esito ultimo, sul piano naturale, è la consapevolezza dell'identità umana. Questo ci deve portare ad affermare, con non meno sicurezza, che nell'intero universo non esiste altra consapevolezza che non sia umana.

Se esiste una consapevolezza superiore o anche solo diversa da quella umana, essa non può far parte dell'universo, cioè della forma in cui la coscienza è nata e si è sviluppata, o comunque non può mettersi in rapporto con le condizioni umane dell'esistenza, che sono quelle che permettono all'essere umano di vivere.

La coscienza umana è il fine dell'intero universo, poiché non esiste nulla che possa raggiungere la complessità, la profondità e la vastità di questo elemento dell'identità umana. Qualunque ricerca l'uomo faccia di altri esseri viventi nell'universo è destinata all'insuccesso, poiché se esistono altri esseri viventi, in forme diverse da quelle che concepiamo secondo natura, esse non fanno parte dell'universo.

La nascita dell'universo ha come scopo ultimo lo sviluppo dell'autocoscienza umana, quindi nell'intero universo il genere umano si trova in una posizione centrale.

Lo stesso universo è soggetto a una linea evolutiva, che segna lo scorrere del tempo e lo sviluppo della coscienza umana, al punto che dobbiamo supporre una stretta correlazione tra l'attuale configurazione dell'universo e l'attuale stadio di sviluppo della coscienza umana. Quindi noi potremmo anche supporre, volendo, che l'ulteriore sviluppo della coscienza umana possa richiedere una diversa configurazione dell'universo, più idonea a contenere livelli superiori di consapevolezza.

Il tempo è un processo irreversibile in cui la coscienza umana, per essere se stessa, può soltanto svilupparsi. Questo non significa che non possano esserci "ritorni alle origini", ma significa che in casi del genere il "ritorno" avverrebbe in forme diverse, tant'è che si parla del tempo non come di una linea retta o di un circolo ma come di una spirale, in cui c'è sì il ricongiungimento dell'alfa con l'omega ma in forme e modi diversi da quelli originari.

Una coscienza che non voglia svilupparsi in senso umano, procede contro le leggi del tempo, ovvero si pone in maniera innaturale: detto in parole semplici, "perde tempo". L'essere umano è destinato a diventare quello che è, perché solo quello che è e quindi quello che deve essere, lo rende conforme a natura. Ogni violazione di questa legge non fa che rallentare un processo irreversibile, che va comunque compiuto in libertà.

Sotto questo aspetto non è esatto dire che l'evoluzione del genere umano coincide di per sé con l'esperienza sempre più profonda della libertà, dell'autoconsapevolezza umana. Proprio perché sul piano storico si ha a che fare con un elemento sconosciuto al mondo animale, e cioè la *libertà*, gli esseri umani devono affrontare un problema che gli animali non conoscono, se non indirettamente, come conseguenza subita: i condizionamenti di una libertà vissuta negativamente, contronatura.

Ora, se la natura ha bisogno di una libertà che non la neghi, ma anzi che le permetta di riprodursi agevolmente, di perpetuare le sue proprie leggi, è evidente che di tutte le formazioni sociali esistite fino ad oggi, quella capitalistica è la meno adatta a offrire garanzie del genere.

Se consideriamo che dal punto di vista ideale il socialismo va considerato decisamente superiore al capitalismo (in quanto al capitale oppone il primato del lavoro o al profitto privato il bisogno sociale) e se, nonostante questo, il socialismo s'è trovato ad un certo punto a dover ammettere il proprio fallimento storico, in quanto l'esercizio negativo della libertà alla fine ha prevalso su quello positivo, ancor più bisogna credere che il capitalismo sia privo di futuro ai fini dello sviluppo dell'autoconsapevolezza umana.

Con il crollo del socialismo amministrato l'umanità, da un lato, è andata avanti, in quanto ha preso consapevolezza che non era possibile, in quella forma autoritaria, sviluppare la libertà umana; dall'altro però l'umanità è andata indietro, poiché non ha saputo trovare un'alternativa vera al crollo del socialismo di Stato che non fosse una pura e semplice riedizione delle modalità obsolete del capitalismo.

L'unico modo di garantire alla natura la propria sopravvivenza e, con questa, quella del genere umano, non è quello d'inventarsi forme inedite di esistenza vitale, ma quello di ripristinare le forme più antiche della civiltà umana, che gli storici definiscono, con pregiudizio, col termine di "preistoria", quelle forme in cui valori come la proprietà sociale dei mezzi produttivi, il senso dell'appartenenza a un collettivo, la stretta correlazione dell'agire umano coi ritmi e le leggi della natura, erano prassi dominante, i cui significati vitali venivano trasmessi oralmente, di generazione in generazione. Come noto, queste forme sono durate migliaia e migliaia di anni.

*

La Terra è un concentrato dell'universo. Anzi, considerando che vi è presente l'essere umano, è un qualcosa che supera la vastità e la profondità degli spazi cosmici. Non esiste nulla nell'universo che possa sondare i confini della coscienza, nulla che possa essere più vasto e profondo della libertà di coscienza, nulla di più sensibile della sensibilità umana, nulla di più illimitato del pensiero umano. Preoccuparsi di conoscere le caratteristiche materiali dell'universo è del tutto inutile ai fini della comprensione dell'essere umano.

La Terra è il luogo dove dobbiamo sperimentare tutte le possibilità di un'esistenza umana autentica, che possa essere considerata soddisfacente sul piano etico (o spirituale) ed economico (o materiale). Soltanto quando avremo capito quale sarà il modo migliore per esistere, dovremo porci il compito di come riviverlo su altri pianeti.

Un movimento eterno

Perché tutto questo incredibile movimento nello spazio dell'universo? Perché tutta questa materia ed energia di dimensione e di potenza enormi, incalcolabili? Probabilmente l'essere umano deve comprendere che nell'universo non vi è nulla di statico e nulla di finito o di definito o semplicemente nulla di limitato.

Tutto è in perenne movimento e trasformazione. Proprio questo fatto garantisce a qualunque oggetto del cosmo assoluta libertà e creatività. Il movimento e la trasformazione sembrano non avere limiti né di spazio né di tempo, né di sostanza né di forma. Anche gli esseri umani sembrano essere destinati all'eternità, in una perenne trasformazione del loro essere.

Tuttavia c'è un altro aspetto da considerare: ogni elemento dell'universo fa parte di un elemento più grande che lo contiene o che lo attrae. Non esistono cose che vivano separatamente. Gli oggetti dell'universo sono disposti in ordine concentrico, a volte gerarchico, molte altre volte sono soggetti a reciproche influenze.

Tutto sembra essere strettamente interconnesso, interdipendente, come se l'universo fosse una gigantesca rete, e tutte queste caratteristiche fisiche, materiali sembrano essere concentrate nell'oggetto più importante dell'intero universo: l'*essere umano*.

La Terra come banco di prova

A che pro un universo che a noi appare infinito o illimitato, quando di esso solo una piccolissima parte risulta abitata, o comunque quando le distanze che separano gli astri sono così enormi da rendere impossibile qualsivoglia comunicazione tra gli abitanti di possibili pianeti abitati?

L'universo appare come un enorme spreco di risorse e di energia. Per quale motivo risulta abitabile un unico sistema solare quando potrebbero essercene infiniti? Se è l'uomo al centro dell'universo, questo stesso uomo dovrebbe poterlo abitare interamente.

Forse possiamo supporre che il pianeta Terra stia vivendo nell'universo una sorta di dimostrazione pratica di vivibilità dell'intero universo. Se noi umani riusciamo a vivere e a riprodurci su questo pianeta, allora potremo farlo su qualunque altro. Non è forse questa l'aspettativa della scienza con cui si finanzia la ricerca spaziale? Il fatto è però che proprio la scienza contemporanea è l'esempio più lampante di come non si dovrebbe vivere.

Se dovremo essere noi stessi a decidere le condizioni ottimali di vivibilità in tutti gli altri pianeti, come potremo farlo col modo attuale di usare la scienza e la tecnologia, che è quanto di più innaturale e antiumanistico si possa pensare?

Al momento - si potrebbe dire - noi stiamo sperimentando tutte le forme possibili di vivibilità della dimensione umana: quando si saranno stabilite le migliori, quelle eco-compatibili, potremo riprodurle in altri sistemi solari.

La Terra è solo un banco di prova, una sorta di laboratorio in cui si sperimentano le possibili forme di esistenza dell'essere umano, tutte le variazioni su un unico tema. La fine della Terra avverrà quando le avremo provate tutte, cioè quando avremo dimostrato, dopo averle provate tutte, che solo alcune non contraddicono l'essenza della natura e della natura umana: questo perché, provandole tutte, finiremo col rendere il nostro pianeta sempre meno vivibile, sempre più desertico.

Col tempo noi dovremo prendere atto che esistono alcune forme di vita che devastano l'ambiente in maniera irreparabile, rendendo impossibile qualunque forma di esistenza. Sarà molto importante essere ben consapevoli di questi limiti e registrarli nella memoria storica.

L'evoluzione dell'essere umano non è altro che lo sviluppo di una memoria storica in cui vengono registrate tutte le possibili forme di esistenza, in modo che la scelta definitiva per la migliore di esse possa esser fatta a ragion veduta.

Universo, tempo e caos

Nell'universo (ma sarebbe meglio dire nel "nostro universo") esistono due fasi che si alternano continuamente: quella *caotica* (o disordinata) e quella *cosmica* (o ordinata), secondo tempi per noi impensabili sulla Terra (l'attuale fase di espansione, p.es., sta viaggiando a oltre tre milioni di km l'ora).

Vi è molto più *caos*, cioè nucleo materico-energetico ipercompresso e buio, di quanto non si pensi: gli scienziati parlano di almeno l'80%. Quanto dell'universo riusciamo a conoscere è solo un'infinitesima parte dell'intera materia e anti-materia.

Ma il termine "caos" può generare equivoci, benché risulti prevalente negli studi degli scienziati contemporanei. Spesso infatti viene usato per dimostrare che non esiste alcun creazionismo teo-onnipotente e, così facendo, si finisce col sostituire un dio che-sa-quel-che-fa, con una natura che, vivendo in una condizione primordiale di assoluta indeterminatezza, non-sa-quel-che-fa. Questo perché si teme che il voler attribuire alla natura un'eccessiva intelligenza comporti il rischio di cedere posizioni alle cosmogonie religiose. In realtà la natura, di cui l'essere umano è parte organica, non ha bisogno di alcun dio, avendo in sé ogni elemento (razionale) per legittimarsi.

Sarebbe meglio comunque chiamare questi agglomerati iperdensi col termine di "incipienti", semplici potenzialità inespresse, che attendono di esplodere (ma si potrebbe dire anche di "essere inseminate o fecondate", che sarebbe lo stesso).

Quello che chiamiamo "universo" è soltanto *una* delle realtà espresse, uno degli spazi che si allarga di continuo, fino al punto in cui, presumibilmente, sarà costretto a comprimersi o contrarsi, come una sorta di ventre materno in atto di partorire. Tutta la creazione è una specie d'impollinazione. E il fatto che queste cose noi le possiamo quotidianamente constatare sul nostro pianeta, è la dimostrazione più lampante che microcosmo e macrocosmo per molti versi coincidono.

Di tutto l'universo noi non sappiamo se quello che vediamo sia l'unica realtà espressa e neppure sappiamo se il nostro universo sia l'unico possibile. I cosiddetti "buchi neri", p. es., ci affascinano e ci angosciano allo stesso tempo. Noi sappiamo soltanto che là dove c'era "densità" ora c'è "espansione"; là dove dominava il buio, ora impera la luce.

Non possiamo dire che "qualcuno" ha creato qualcosa. Però possiamo dire che "qualcosa" si è creata. Potremmo addirittura usare l'espressione "autocreata", in quanto noi esseri umani non abbiamo la percezione di avervi contribuito.

Non sappiamo il motivo di questa "autocreazione", ma possiamo immaginarlo. "Creare" vuol dire "esprimersi", "comunicare", dirsi facendo, dirsi - in particolare - a qualcuno in grado di capire, di apprezzare il risultato (che si suppone intenzionale e non casuale). Non ha senso comunicare qualcosa a chi non sarebbe in grado d'intenderla.

Se però questa ipotesi è vera, allora bisogna dedurre che all'origine dell'universo vi sia qualcosa di "umano" e che questo qualcosa abbia avvertito, ad un certo punto, il bisogno di comunicarsi, come se esistesse una sorta di "malinconia indeterminata" che cerca qualcosa al di fuori di sé.

Di qui l'idea, giustissima, che si applica all'universo, per capirne le leggi, di *unità degli opposti*. La migliore riproduzione di sé (la creazione è in fondo un atto generativo) non è la clonazione (la copia identica di se stessi), ma la relazione con altro da sé. Questo porta a escludere che all'origine di tutto vi possa essere un'individualità isolata, un *unicum* onnipotente e onnisciente e assolutamente perfettissimo. In origine non vi è l'uno ma il *due*, cioè un'opposizione produttiva, anzi riproduttiva, poiché la creazione non è solo qualcosa di artistico, di materiale, di scientifico, ma anche di sensuale, di emotivo e di passionale insieme.

Sotto questo aspetto dovremmo rivalutare, in chiave laica, la differenza che la teologia pone tra "creare" e "generare". All'origine della creazione vi è forse un atto simile alla "generazione" o, se si vuole, alla "copulazione" tra esseri che si attraggono irresistibilmente, pur restando diversi nella loro essenza. È come se l'universo fosse stato "inseminato" da un agente esterno, che lo ha fatto uscire dalla propria latenza e diventare dinamico.

I monaci cristiani parlavano di "logos spermatikos", che tutto feconda, e lo stesso Paolo, nelle sue lettere, parla di creazione che soffre le doglie del parto. In sostanza è come se vivessimo all'interno di un sacco amniotico, la cui fase espansiva ha un tempo determinato.

La creazione è insita nell'universo. Non si è creato l'universo, ma ciò che vi è contenuto. Avevano ragione i filosofi greci a dire che l'universo è sempre esistito, seppur in forma caotica, anche se non avevano torto gli ebrei a vedere nella creazione una sorta di finalismo (cosa in cui anche molti filosofi greci credevano). Quando noi parliamo di universo tendiamo a non fare distinzione tra *contenuto* e *contenitore*, semplicemente perché non riusciamo a immaginarci un contenitore assolutamente vuoto. Ci apparirebbe insensato (nell'antichità lo definivano "*horror vacui*").

Eppure, se in principio non era vuoto, di sicuro non era così pieno come noi ora lo vediamo. Noi non sappiamo come in questo contenitore sia avvenuta un'esplosione che l'ha riempito di contenuto. In origine doveva esserci una materia-energia molto densa, un nucleo che ad un certo punto è esploso. Perché? Aveva raggiunto temperature molto elevate? È esploso da solo? o vi ha contribuito un elemento esterno?

Con un certo margine di approssimazione gli scienziati sono in grado di datare il momento dell'esplosione, e subito dopo, inevitabilmente, si chiedono: "Perché non prima?". Cioè il fatto di supporre una data, ancorché molto approssimativa, ci porta a credere in un inizio, e quindi a negare l'infinità dell'universo.

In realtà noi ipotizziamo una data solo per il *contenuto* dell'universo, non per il *contenitore*. L'attuale fase di espansione, cui siamo soggetti, è parte in causa di una certa configurazione dell'universo-contenitore (che riusciamo a vedere). Ma essa non significa affatto che non possano esistere altre configurazioni o altri universi o altre potenzialità esplosive. Se siamo come un feto nel ventre di una madre, è evidente che la configurazione di universo che in questo momento possiamo osservare è un nulla a confronto di quella che ci attende. Il feto ha una percezione assolutamente vaga di ciò che può esistere oltre la placenta.

La cosa che più stupisce è che noi esseri umani del pianeta Terra siamo al momento, per quanto ci consta, gli unici che ci poniamo domande sul senso dell'universo: come se volessimo guardare cosa c'è al di fuori del "contenitore". Tutte queste domande "meta-fisiche" sono in un certo senso equivalenti alla posizione cefalica del feto: ci stiamo mettendo nell'ordine di idee di dover uscire dal nostro contenitore.

*

Forse dovremmo cercare di capire meglio il concetto di "caos". Quand'è che si ha una situazione caotica? Quando è fuori controllo, diciamo. P.es. se tutti i semafori stradali si spegnessero improvvisamente nello stesso momento, avremmo migliaia di incidenti, il caos urbano più assoluto. Il caos è la mancanza di regole, quando queste sono indispensabili per far funzionare un certo meccanismo o una certa azione. Tuttavia, nella fattispecie (la circolazione degli autoveicoli), verrebbero violate delle regole su cui ci sarebbe molto da discutere, poiché un eccessivo inurbamento della popolazione è cosa del tutto innaturale. Un caos provocato da regole non rispettate che, in ultima istanza, sono assurde, non è un caos che ci può interessare.

Prendiamo ora le centinaia di tessere di un puzzle da costruire. Ci si presentano in maniera del tutto caotica e solo con molta pazienza, logica, intuito e un pizzico di fortuna riusciremo a metterle insieme tutte quante, nessuna esclusa, proprio perché sappiamo che sono tutte necessarie alla realizzazione dell'immagine. Quando l'avremo fatto però, dopo un po' il puzzle ci verrà a noia, in quanto l'immagine ricomposta sarà sempre quella.

Il caos delle singole tessere non può essere considerato particolarmente creativo. Lo sarebbe solo a una condizione, che il puzzle, dopo un certo tempo, si frantumasse in nuove mille tessere, ancora più difficili da ricomporre e ciò al fine di creare un'immagine completamente diversa. Ma nessun puzzle, con le stesse tessere, sarebbe in grado di fare una cosa del genere.

Noi però sappiamo che per non annoiarci, abbiamo bisogno di una retroazione o di un feedback che modifichi le stesse condizioni di partenza. Sotto questo aspetto anche gli incidenti automobilistici, dovuti all'improvviso spegnimento dei semafori, potrebbero essere visti come un fenomeno positivo, se ci portassero a riflettere sugli aspetti assurdi delle nostre città.

Noi abbiamo bisogno di un tipo particolare di caos, qualcosa che dalla complessità ci riporti alla semplicità e che però ci permetta nuovamente di accedere alla complessità, ovviamente sulla base di una nuova consapevolezza delle cose. Ci vuole un caos non disordinato, ma intelligente, di tipo psico-pedagogico: un caos che ci faccia capire che oltre un certo limite si rischia il "non-essere", la perdita di identità umana, e che, per questo motivo, ci obblighi a tornare alla semplicità primordiale, tenendo conto però del nostro vissuto.

Il caos non può essere qualcosa privo di significato, non può essere una mente impazzita che va sedata o un virus che va debellato, un antagonista che, come in certi film di fantascienza, viva al di là del bene e del male. Il caos primordiale deve porsi come qualcosa di positivo, capace di ricondurci all'essenzialità quando ci perdiamo nei labirinti delle nostre voragini mentali, che sono sempre frutto di un uso arbitrario della *libertà di coscienza*.

Dovremmo riflettere di più sul fatto che la vecchiaia è un ritorno all'infanzia. Quando siamo anziani torniamo ad essere come bambini, ma con una coscienza da adulti. Che significato etico può avere questo processo? Cosa ci vuole insegnare la natura? È come se l'universo fosse fatto di assoluta innocenza primordiale, che, in nome della libertà di coscienza, può diventare qualunque cosa, salvo poi rendersi conto che l'unica cosa davvero importante è quella di sentirsi "innocenti".

Dunque il caos primordiale, che si autorigenera continuamente, deve essere fatto, insieme, di *innocenza* e di *libertà di coscienza*, un po' come descritto nel racconto del *Genesi*, dove però la parola "dio" è andata a sostituire quella di "comunità ancestrale".

L'*essere* (o l'*essere se stessi*) non è altro che questa *esistenza innocente vissuta secondo coscienza*, un appagamento maturo, consapevole, adulto, in grado di recuperare una dimensione fanciullesca (così ben descritta nella poetica del Pascoli).

La storia dell'universo, il suo tempo, non è che la storia di un'innocenza di cui si deve prendere coscienza sulla base della propria esperienza. Ecco perché non possiamo già nascere adulti. Noi, spontaneamente, nasciamo innocenti, per ridiventarlo consapevolmente, dopo aver affrontato e superato tutto ciò che ce lo impediva.

Anche le religioni, quando parlano di "redenzione universale", di "vittima sacrificale", di "remissione dei peccati"... sono sulla stessa lunghezza d'onda: il loro problema è che parlano di queste cose non per emancipare gli uomini, ma per tenerli sottomessi. Non dobbiamo tuttavia buttare il bambino con l'acqua sporca: se si elimina la nozione di "dio", molte cose delle religioni possono essere recuperate (si pensi p.es. all'idea di "apofatismo", di "diarchia o sinfonia", di "kenosis", di "perichoresis", di "theosis" e ai tanti concetti della teologia palamitica).

Le tentazioni che, quando vi cediamo, ci rendono colpevoli di qualcosa, sono soltanto una perdita di tempo. La nostra fortuna è che il tempo per rimediare, essendo eterno, non ci può essere tolto da nessuno. Parlare di "inferno eterno", come fosse una condanna impostaci dall'esterno, è semplicemente un'aberrazione, un'idea contronatura. La religione si renderà conto delle proprie assurdità soltanto quando sarà posta di fronte a un *umanesimo laico* di molto superiore.

Per una moderna cosmogonia

Se uno volesse inventarsi una moderna *cosmogonia*, in cui ovviamente fosse compreso l'essere umano, e avesse soltanto poche fonti da consultare, come p.es. Platone, Aristotele e Agostino, quale sintesi riuscirebbe a fare in sintonia con una visione non tradizionalmente religiosa dell'universo?

Diciamo anzitutto che l'idea aristotelica di una materia eterna, in perenne divenire, i cui singoli elementi si trasformano di continuo (nascendo, morendo e rinascendo), è decisamente quella più moderna. In verità quasi tutta la filosofia greca era ben disposta a credere in questa concezione dell'universo. Per i greci gli dèi non erano "creatori", ma al massimo "regolatori" di un caos primordiale.

Si può concedere ad Agostino che se il nostro pianeta ha avuto un inizio, può anche avere una fine, ma chiunque sia l'autore di questa bellezza e, insieme, di questa catastrofe, non può certo essere un dio. Nell'universo o al di fuori di esso non esiste alcun dio totalmente diverso dall'uomo. Se esiste, la diversità, rispetto all'uomo, può consistere unicamente nel fatto che noi siamo stati *generati*, poiché comunque occorre porre un inizio delle cose che ci riguardano da vicino, ma, a questo punto, la differenza tra un dio (o meglio una coppia di dèi) e le loro creature sarebbe del tutto simile a quella che vi è tra una coppia di genitori e i loro figli. Se esiste un dio, i nostri antichi progenitori potevano tranquillamente vederlo "passeggiare" nell'Eden.

Quindi, dovendo scegliere tra Agostino e Aristotele, dovremmo preferire il primo, quando parla di un *dio-persona* e non di un astratto *motore immobile*. Tuttavia Agostino considerava gli uomini una "massa dannata", incapace di compiere il bene a causa del peccato originale, per cui il suo dio aveva caratteristiche tutt'altro che umane. Agostino era un teologo mentalmente disturbato, dalla personalità alienata: non si può fare troppo affidamento su di lui, anche perché si serviva della sua visione pessimistica della vita per indurre gli uomini a sottomettersi docilmente alla chiesa e allo Stato.

Aveva però ragione a dire, contro Platone, che il corpo non è un carcere dal quale l'anima desidera evadere. Anima e corpo, sebbene distinti tra loro, sono inscindibilmente uniti. A dir il vero tutte le considerazioni che ha fatto per dimostrare l'esistenza dell'anima, oggi le riteniamo delle mere sciocchezze, però ci piace pensare, visto che crediamo nell'*eternità della materia*, che esista una sorta di *immortalità dell'essere umano*, cioè che esista dentro di noi qualcosa di energetico, di non-materiale, che possa sopravvivere al nostro corpo e che eventualmente possa darsi un'altra forma corporea per far fronte alle nuove condizioni dell'universo (p.es. nell'universo, ove le distanze sono enormi, bisognerà quanto meno viaggiare alla velocità della luce).

In tal senso ci sentiamo di escludere l'idea platonica (ricavata da quelle orfico-pitagoriche) secondo cui l'anima, finché non è del tutto pura, è costretta a reincarnarsi sul nostro pianeta. Se esiste una "reincarnazione" dell'anima, non sarà certamente su questo pianeta, né all'interno di un corpo identico o inferiore al nostro. In natura nulla si ripete mai in maniera identica. L'idea di "purificarsi" in sé non è sbagliata (l'aldilà, anzi, potrebbe essere un gigantesco "purgatorio" per chi ha vissuto sulla Terra una vita indegna), ma non ha davvero alcun senso pensare che uno si possa "purificare" tornando a vivere in un luogo che per tutta la sua vita è stato fonte di tentazioni, di conflitti sociali, di insopportabili antagonismi. Per "purificarsi" ci vuole ascesi, concentrazione, serenità interiore, condizioni ottimali in cui poterlo fare. Una vita indegna può anche essere stata il prodotto di circostanze indipendenti dalla propria volontà.

Quel che è certo è che se tutto è stato creato non da dio ma dall'universo, che è insieme materia e antimateria, luce e oscurità, essere e non-essere, allora dentro di noi c'è qualcosa che va oltre noi stessi, almeno al di là di ciò che all'apparenza noi percepiamo di noi stessi. Su questo aspetto Agostino arrivò a pensarla come Platone, che, con la sua teoria della *reminiscenza*, aveva detto che nell'anima vi è già tutto l'essenziale, al punto che basta solo uno sforzo per ricordarselo. Platone lo diceva perché detestava il corpo, fonte di passioni; Agostino invece perché detestava l'uomo in quanto tale, sostenendo che l'unico vero oggetto d'amore era dio, che aveva creato anima e corpo in maniera perfetta, ma che nell'uomo l'avevano tradito.

Sbagliavano entrambi. Diciamo che dentro ogni essere umano vi sono tutte le condizioni per apprendere qualunque cosa, ma diciamo anche che il criterio per apprenderle va deciso da qualcosa che appartiene solo allo stesso soggetto che vuole apprendere e che non può essere obbligato da nessuno: è la *libertà di coscienza*, che è la legge più profonda dell'universo, quella più invisibile, quella i cui effetti più visibili possono essere riscontrati solo nei rapporti tra gli esseri umani.

Questa cosa non fu capita né da Platone né da Aristotele e tanto meno da Agostino, che pur poteva avvalersi di una tradizione culturale ebraico-cristiana. Forse le riflessioni più interessanti Agostino le ha fatte sul *tempo*, intuendo che la dimensione principale che l'uomo deve vivere è il *presente* e che in essa si racchiudono, in maniera misteriosa, tutto il passato e tutto il futuro. Il presente non è che l'esperienza di una memoria e di un desiderio che s'incrociano in un punto, che ci è sempre presente. Agostino arrivò persino a dire, con una intuizione geniale, che i veri tempi sono il presente del passato, del presente e del futuro.

Conclusione

Abbiamo il tempo contato. Per quanti sforzi noi si faccia di durare il più a lungo possibile, per quanto ci si possa illudere di restare sempre giovani - il destino è segnato. Su questa Terra, che per molti versi amiamo, non possiamo restare in eterno. La odiassimo a morte, non c'importerebbe nulla; anzi, forse non vedremmo l'ora di andarcene. Il fatto è che, accanto a motivi di rabbia e di sofferenza, ce ne sono molti di soddisfazione, e questi, alla fine, sembrano prevalere. Ci dispiace andarcene. Anche se ci dicessero che passeremo a miglior vita, non sarebbe per noi una grande consolazione.

Alla Terra ci siamo abituati; ci è diventata familiare; la sentiamo come la nostra seconda casa. È per noi difficile pensare a qualcosa di più bello, anche perché, guardandoci attorno, nell'universo, vediamo soltanto pianeti aridi e inospitali, infinitamente più brutti del nostro. Non riusciamo a immaginare qualcosa di più bello della Terra.

L'unico vero motivo che può spingerci a desiderare d'andarcene, è la progressiva devastazione ambientale che le abbiamo procurato, che è poi una devastazione frutto di rapporti umani fortemente competitivi.

Tuttavia, se davvero siamo destinati ad andarcene, è bene precisare almeno una cosa: ricominciare da capo, nell'universo, nelle stesse condizioni in cui lasceremo la Terra, è una prospettiva assolutamente da rifiutare. Non sarebbe in alcun modo sopportabile. Quindi, se qualcosa ci costringe ad esistere anche al di fuori del nostro pianeta, occorre che vengano ripristinate le condizioni della *vivibilità umana e naturale*. Non è possibile che chi vuole tornare a vivere in pace con se stesso, a contatto diretto con la natura, in armonia con tutto l'ambiente che lo circonda, debba essere condizionato negativamente da chi si oppone a queste sue aspettative. Deve essere data a chiunque la possibilità di realizzarsi come *persona*, cioè di *essere quel che si vuole essere*. E questo non è possibile se qualcuno o qualcosa ce lo impedisce.

Certo, noi stessi non possiamo pensare di realizzarci a danno degli altri, impedendo l'esercizio dell'altrui libertà; ma questo deve valere anche nei nostri confronti. In fondo l'universo è infinito: ognuno può scegliersi lo stile di vita che preferisce. La condizione, valida per tutti, è che non si devono danneggiare gli altri in alcuna maniera, non si deve dar fastidio alla libertà altrui.

Questa cosa avremmo già dovuto metterla in pratica sulla Terra, e anzi per moltissimi secoli l'abbiamo fatto. Poi qualcosa s'è spezzato e non siamo più riusciti a ricomporlo. Quindi se l'universo, per noi, vuole essere una nuova possibilità, dobbiamo utilizzarla nel migliore dei modi.

L'ideale sarebbe che fossimo messi in grado di ricostruirci un habitat adatto alle nuove caratteristiche umane e naturali che avremo. Sarebbe infatti alquanto frustrante trovare le cose già pronte. L'essere umano è un lavoratore e soprattutto un creativo. Ha bisogno di agire in prima persona sull'ambiente in cui vuole andare a vivere.

Indubbiamente oggi siamo diventati così ignoranti in materia di eco-compatibilità, che, prima di fare qualunque cosa nell'universo, dovremmo essere rieducati come scolaretti delle elementari. Probabilmente i nostri maestri saranno gli stessi uomini primitivi che, con fare sprezzante e supponente, abbiamo considerato "preistorici". In ogni caso avremo tutto il tempo che vogliamo per imparare: ne avremo un'eternità.

*

— Che cos'è la Terra?
— È una scintilla del Sole che si è raffreddata. Più ci si allontana dal Sole e più si è freddi.
— Eppure il raffreddamento è solo superficiale: all'interno continua a bruciare come il Sole.
— La Terra continua a bruciare anche perché, a differenza di tutti gli altri pianeti, è come un uovo fecondato: l'unico del sistema solare e forse dell'intero universo.
— E perché solo noi saremmo stati fecondati?
— Questo non lo sappiamo, ma non possiamo pensare che sia stato fatto per farci star male.
— E quindi cosa sarebbe il Sole?
— È solo un simbolo della nostra origine.
— Ma perché dici che potremmo essere gli unici ad abitare l'universo?
— Forse perché siamo gli unici destinati a popolarlo.
— Speriamo allora di poterlo fare nel migliore dei modi.
— Dipenderà da noi, da nessun altro.

Bibliografia su Lulu

www.lulu.com/spotlight/galarico

- Cinico Engels. Oltre l'Anti-Dühring
- Amo Giovanni. Il vangelo ritrovato
- Pescatori di uomini. Le mistificazioni nel vangelo di Marco
- Contro Luca. Moralismo e opportunismo nel terzo vangelo
- Arte da amare
- Letterati italiani
- Letterati stranieri
- Pagine di letteratura
- L'impossibile Nietzsche
- In principio era il due
- Da Cartesio a Rousseau
- Le teorie economiche di Giuseppe Mazzini
- Rousseau e l'arcantropia
- Esegeti di Marx
- Maledetto capitale
- Marx economista
- Il meglio di Marx
- Io, Gorbaciov e la Cina (pubblicato dalla Diderotiana)
- Il grande Lenin
- Società ecologica e democrazia diretta
- Stato di diritto e ideologia della violenza
- Democrazia socialista e terzomondiale
- La dittatura della democrazia. Come uscire dal sistema
- Etica ed economia. Per una teoria dell'umanesimo laico
- Preve disincantato
- Che cos'è la coscienza? Pagine di diario
- Che cos'è la verità? Pagine di diario
- Scienza e Natura. Per un'apologia della materia
- Siae contro Homolaicus
- Sesso e amore
- Linguaggio e comunicazione
- Homo primitivus. Le ultime tracce di socialismo
- Psicologia generale
- La colpa originaria. Analisi della caduta
- Critica laica
- Cristianesimo medievale
- Il Trattato di Wittgenstein

- Laicismo medievale
- Le ragioni della laicità
- Diritto laico
- Ideologia della Chiesa latina
- Esegesi laica
- Per una riforma della scuola
- Interviste e Dialoghi
- L'Apocalisse di Giovanni
- Spazio e Tempo
- I miti rovesciati
- Pazìnzia e distèin in Walter Galli
- Zetesis. Dalle conoscenze e abilità alle competenze nella didattica della storia
- La rivoluzione inglese
- Cenni di storiografia
- Dialogo a distanza sui massimi sistemi
- Scoperta e conquista dell'America
- Il potere dei senzadio. Rivoluzione francese e questione religiosa
- Dante laico e cattolico
- Grido ad Manghinot. Politica e Turismo a Riccione (1859-1967)
- Ombra delle cose future. Esegesi laica delle lettere paoline
- Umano e Politico. Biografia demistificata del Cristo
- Le diatribe del Cristo. Veri e falsi problemi nei vangeli
- Ateo e sovversivo. I lati oscuri della mistificazione cristologica
- Risorto o Scomparso? Dal giudizio di fatto a quello di valore
- Cristianesimo primitivo. Dalle origini alla svolta costantiniana
- Le parabole degli operai. Il cristianesimo come socialismo a metà
- I malati dei vangeli. Saggio romanzato di psicopolitica
- Gli apostoli traditori. Sviluppi del Cristo impolitico
- Grammatica e Scrittura. Dalle astrazioni dei manuali scolastici alla scrittura creativa
- La svolta di Giotto. La nascita borghese dell'arte moderna
- Poesie: Nato vecchio; La fine; Prof e Stud; Natura; Poesie in strada; Esistenza in vita; Un amore sognato

Indice

Premessa..5
Uomo e natura...7
   La natura e il suo fardello insopportabile............................11
   La natura e il suo becchino..13
   Natura innaturale..14
   Uomo e natura possono coesistere?......................................18
   Uomo e animale nel rapporto con la natura.........................19
   Produzione e riproduzione...21
   Cinque o sei sensi?...21
   Uomo e natura: la soluzione finale.......................................23
   L'uomo teleologico...24
Sul concetto di materia..26
   Coscienza e materia..27
   Dal semplice al complesso..30
   Materia e oltre...31
   Il mistero del riconoscimento...32
   Essere e nulla..33
   Un rapporto osmotico tra materia ed energia......................34
   Materia e materialismo...35
   Materia e coscienza della materia..37
   Materia ed energia..39
   Materia, energia e coscienza...42
   Il roveto ardente come simbologia della materia.................44
   Le leggi della natura e le idee del materialismo..................46
   Un'essenza umana primordiale..47
   Eternità e infinità della materia..48
Che cos'è la scienza?...49
   La fine della matematica..49
   Aboliamo lo zero e relativizziamo l'uno..............................51
   Le quattro operazioni...53
   Filosofia della matematica...55
   Il punto e i cerchi...57
   Le astrazioni della matematica nella teoria degli insiemi...........59
   Le tendenze dell'evoluzione umana.....................................66
   La scienza inutile..72

Fondamentalismo ed evoluzionismo..74
Scienza moderna e schiavismo...78
Le pretese della scienza moderna..79
Che cos'è il positivismo?..81
L'evoluzione tecnologica in occidente......................................82
La sicurezza scientifica..83
Scienza e tecnologia...84
Le presunzioni della scienza...85
Mettere la retromarcia..88
Riflessione e razionalità nello sviluppo scientifico...................89
È possibile una riunificazione del sapere scientifico?...............96
Scienza e filosofia verso il futuro...101
La scienza occidentale..107
Per un superamento dei limiti della scienza occidentale........108
Davvero non esiste una scienza proletaria?............................109
Scienza e coscienza..112
Lo scientismo...114
I limiti della tecnologia..117
Quale nuova tecnologia per il socialismo democratico?........118
Disincantamento e nuova mentalità.......................................120
Per un'etica della scienza...123
Scienza, tecnica e società: un rapporto alla resa dei conti.....127
Quale nuovo rapporto tra scienza ed etica?...........................130
Macchinismo, natura e guerre..135
Sull'origine dell'uomo e sulla sua evoluzione........................138
Forza interiore e forza esteriore...141
La scienza come nuova religione...143
Deduzione e induzione...145
Il senso dell'universo..151
Dall'origine dell'universo all'origine dell'uomo...................153
Origine dell'universo..153
Universo inflazionario..154
La costituzione di nuclei e atomi.....................................155
Materia oscura..156
La convergenza di fisica e cosmologia............................157
Terra...158
Moto...159
Età e origine della Terra...160

Essere umano e universo..163
    L'universo ci attende..163
    L'universo: ipotesi fantascientifica di origine...................167
    L'universo: ipotesi di sviluppo.................................169
Fine dell'universo..171
Esistono gli extraterrestri?..174
    Le ambiguità..174
    I presunti avvistamenti..174
    Testimoni oculari?...175
    Spiegazione degli avvistamenti...............................175
L'obiettivo teorico di Hawking..176
Che cosa vuol dire "progresso"?....................................179
L'essere umano all'origine dell'universo?........................181
Che cos'è l'universo?..188
In che senso l'universo è asimmetrico?..........................193
Noi e l'universo..196
L'universo siamo noi..198
Scienza e coscienza in rapporto all'universo..................199
Terra e universo..200
L'uomo e l'universo..202
Vita e morte nell'universo...202
Universo materico ed energetico..................................205
Universo o pluriversi?..208
Riflessioni sull'uomo e sul suo universo........................212
Un movimento eterno...216
La Terra come banco di prova.....................................216
Universo, tempo e caos...217
Per una moderna cosmogonia.....................................222
    Conclusione..225
Bibliografia su Lulu..227

www.ingramcontent.com/pod-product-compliance
Lightning Source LLC
Chambersburg PA
CBHW051307220526
45468CB00004B/1242